住房和城乡建设部"十四五"规划教材

职业教育本科建设工程管理类专业融媒体系列教材

浙江省普通高校"十三五"新形态教材

安装工程计量与计价

主编　金剑青

U0250602

中国建筑工业出版社

图书在版编目（CIP）数据

安装工程计量与计价／金剑青主编. — 北京：中
国建筑工业出版社，2023.3（2024.11重印）
住房和城乡建设部"十四五"规划教材 职业教育本
科建设工程管理类专业融媒体系列教材 浙江省普通高校
"十三五"新形态教材
ISBN 978-7-112-28386-6

Ⅰ.①安… Ⅱ.①金… Ⅲ.①建筑安装工程－工程造
价－高等学校－教材 Ⅳ.①TU723.3

中国国家版本馆 CIP 数据核字（2023）第 031300 号

本书为住房和城乡建设部"十四五"规划教材、职业教育本科建设工程管理
类专业融媒体系列教材、浙江省普通高校"十三五"新形态教材。本书整合了课
程体系、证书考试、技能竞赛、工学结合等多种教学理念，"岗课证赛"融通，本
书内容按工作过程划分为初识安装工程造价、安装工程设计概算编制、安装工程
施工图预算编制、安装工程结算编制四大学习情境，突出与对应的职业岗位要求
相对接，体现概算、预算、结算等全过程造价咨询内容，对安装工程造价岗位应
具备的职业能力训练和职业素质养成起支撑作用。

本书可作为高校本科工程造价、建设工程管理、建筑工程等相关专业教材，
也可作为高等职业教育工程造价、建设工程管理、建设工程监理、建筑工程技术
等相关专业教材，还可作为相关工程技术人员的参考资料。

本书提供数字化资源，以图文、视频方式呈现，读者用微信扫描书中二维码
即可免费查看数字资源内容。

为了更好地支持相应课程的教学，我们向采用本书作为教材的教师提供课件，
有需要者可与出版社联系。建工书院：http://edu. cabplink. com，邮箱：jckj@
cabp. com. cn，2917266507@qq. com，电话：(010)58337285。

责任编辑：聂 伟 张 晶 吴越恺
责任校对：芦欣甜

住房和城乡建设部"十四五"规划教材
职业教育本科建设工程管理类专业融媒体系列教材
浙江省普通高校"十三五"新形态教材
安装工程计量与计价
主编 金剑青
*
中国建筑工业出版社出版、发行（北京海淀三里河路 9 号）
各地新华书店、建筑书店经销
北京红光制版公司制版
建工社（河北）印刷有限公司印刷
*
开本：787 毫米×1092 毫米 1/16 印张：18 字数：409 千字
2023 年 3 月第一版 2024 年 11 月第二次印刷
定价：**46. 00** 元（附数字资源及赠教师课件）
ISBN 978-7-112-28386-6
(40806)

出 版 说 明

党和国家高度重视教材建设。2016 年，中办国办印发了《关于加强和改进新形势下大中小学教材建设的意见》，提出要健全国家教材制度。2019 年 12 月，教育部牵头制定了《普通高等学校教材管理办法》和《职业院校教材管理办法》，旨在全面加强党的领导，切实提高教材建设的科学化水平，打造精品教材。住房和城乡建设部历来重视土建类学科专业教材建设，从"九五"开始组织部级规划教材立项工作，经过近 30 年的不断建设，规划教材提升了住房和城乡建设行业教材质量和认可度，出版了一系列精品教材，有效促进了行业部门引导专业教育，推动了行业高质量发展。

为进一步加强高等教育、职业教育住房和城乡建设领域学科专业教材建设工作，提高住房和城乡建设行业人才培养质量，2020 年 12 月，住房和城乡建设部办公厅印发《关于申报高等教育职业教育住房和城乡建设领域学科专业"十四五"规划教材的通知》（建办人函〔2020〕656 号），开展了住房和城乡建设部"十四五"规划教材选题的申报工作。经过专家评审和部人事司审核，512 项选题列入住房和城乡建设领域学科专业"十四五"规划教材（简称规划教材）。2021 年 9 月，住房和城乡建设部印发了《高等教育职业教育住房和城乡建设领域学科专业"十四五"规划教材选题的通知》（建人函〔2021〕36 号）。为做好"十四五"规划教材的编写、审核、出版等工作，《通知》要求：（1）规划教材的编著者应依据《住房和城乡建设领域学科专业"十四五"规划教材申请书》（简称《申请书》）中的立项目标、申报依据、工作安排及进度，按时编写出高质量的教材；（2）规划教材编著者所在单位应履行《申请书》中的学校保证计划实施的主要条件，支持编著者按计划完成书稿编写工作；（3）高等学校土建类专业课程教材与教学资源专家委员会、全国住房和城乡建设职业教育教学指导委员会、住房和城乡建设部中等职业教育专业指导委员会应做好规划教材的指导、协调和审稿等工作，保证编写质量；（4）规划教材出版单位应积极配合，做好编辑、出版、发行等工作；（5）规划教材封面和书脊应标注"住房和城乡建设部'十四五'规划教材"字样和统一标识；（6）规划教材应在"十四五"期间完成出版，逾期不能完成的，不再作为《住房和城乡建设领域学科专业"十四五"规划教材》。

住房和城乡建设领域学科专业"十四五"规划教材的特点，一是重点以修订教育部、住房和城乡建设部"十二五""十三五"规划教材为主；二是严格按照专业标准规范要求编写，体现新发展理念；三是系列教材具有明显特点，满足不同层次和类型的学校专业教学要求；四是配备了数字资源，适应现代化教学的要求。规划教材的出版凝聚了作者、主审及编辑的心血，得到了有关院校、出版单位的大力支持，教材建设管理过程有严格保障。希望广大院校及各专业师生在选用、使用过程中，对规划教材的编写、出版质量进行反馈，以促进规划教材建设质量不断提高。

住房和城乡建设部"十四五"规划教材办公室

2021 年 11 月

前　言

本书为住房和城乡建设部"十四五"规划教材、职业教育本科建设工程管理类专业融媒体系列教材、浙江省普通高校"十三五"新形态教材。

本书整合了课程体系、证书考试、技能竞赛、工学结合等多种教学理念,"岗课证赛"融通,遴选教材内容,按工作过程划分为初识安装工程造价、安装工程设计概算编制、安装工程施工图预算编制、安装工程结算编制四大学习情境九个工作任务,内容包含电气工程、给排水、采暖、燃气工程、消防工程、通风空调工程等专业,突出与对应的职业岗位要求对接,体现概算、预算、结算等全过程造价咨询内容,对安装工程造价岗位应具备的职业能力训练和职业素质养成起支撑作用。

在编写过程中,本书充分吸收了最新颁布的有关工程造价管理的法规、规范、标准及政策,主要依据《建设工程工程量清单计价规范》GB 50500—2013、《浙江省建设工程计价依据》(2018版)、综合解释及动态调整补充等文件,力求体现行业最新发展动态。

本书融合互联网新技术,结合课堂教学改革,创新教材形态,即通过移动互联网技术,以嵌入二维码的纸质教材为载体,嵌入视频、作业、拓展资源等数字资源,将教材、课堂、教学资源三者融合,实现线上线下结合的教材新模式。

本书由浙江广厦建设职业技术大学金剑青担任主编,浙江广厦建设职业技术大学吕泽红、尹依、唐冰松担任副主编,参加编写的人员还有浙江广厦建设职业技术大学的杨莹、王瑜玲,浙江安泰工程咨询有限公司的李陈科。全书由浙江广厦建设职业技术大学黄丽华主审。

鉴于编者水平和经验有限,书中不足之处在所难免,恳请专家和读者批评指正。

目 录

学习情境 1　初识安装工程造价

1.1　安装工程计价依据

【学习目标】

1. 能力目标：具备初步应用安装工程计价依据的能力。

2. 知识目标：了解建设工程计价依据；熟悉安装工程计价依据；熟悉安装计算规范、其他费用定额、浙江计价规则、安装概算定额、安装预算定额的主要内容。

3. 素质目标：培养学生精益求精、不断进取的职业精神，建立工程思维和创新意识，激发学生的爱国热情和大国自信。

【项目流程图】

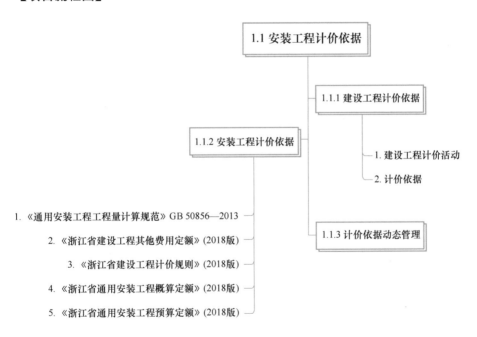

1.1.1　建设工程计价依据

1. 建设工程计价活动

建设工程计价活动包括但不限于下列内容：编审投资估算；编审设计概算；编审工程量清单；编审招标控制价、施工图预算；编制投标价；确定与调整合同价款；工程计量与价款支付；编审竣工结算；工程计价纠纷调解；工程造价鉴定。

建设工程计价应实施全过程管理，遵循估算控制概算，概算控制预算（招标控制价），预算（招标控制价）控制结算的原则，积极推行分阶段或按月确定工程造价、按月支付工程价款的结算模式，以达到合理确定和有效控制工程造价、及时供给建设资金的目的。

2. 计价依据

浙江省计价活动的基础性依据（以下简称"计价依据"）主要有：《建设工程工程量清单计价规范》GB 50500—2013（以下简称《计价规范》）及相关工程的国家计算规范、《浙江省建设工程计价规则》（2018 版）（以下简称《浙江计价规则》）、《浙江省房屋建筑与装饰工程预算定额》（2018 版）、《浙江省通用安装工程预算定额》（2018 版）（以下简称《安装预算定额》）、《浙江省市政工程预算定额》（2018 版）、《浙江省园林绿化及仿古建筑工程预算定额》（2018 版）（上、下册）、《浙江省城市轨道交通工程预算定额》（2018 版）、《浙江省建设工程施工机械台班费用定额》（2018 版）、《浙江省建筑安装材料基期价格》（2018 版）等定额以及浙江省工程造价管理机构发布的人工、材料、施工机械台班市场价格信息、工程造价指数、指标等。

"计价依据"是编审工程投资估算、设计概算、施工图预算、招标控制价、竣工结算等工程计价活动的指导性依据，是投标人投标报价的参考性依据，也是全部使用国有资金投资或国有资金投资为主（以下简称"国有资金投资"）的建设工程造价的控制性标准。

1.1.2 安装工程计价依据

以浙江省为例，安装工程计价的现行计价依据主要有：《通用安装工程工程量计算规范》GB 50856—2013（以下简称《安装计算规范》）、《浙江省建设工程计价规则》（2018 版）、《浙江省通用安装工程预算定额》（2018 版）、《浙江省建设工程施工机械台班费用定额》（2018 版）、《浙江省建筑安装材料基期价格》（2018 版）、《浙江省建设工程其他费用定额》（2018 版）（以下简称《其他费用定额》）、《浙江省通用安装工程概算定额》（2018 版）（以下简称《安装概算定额》）等。

1. 《通用安装工程工程量计算规范》GB 50856—2013

（1）概况

《安装计算规范》自 2013 年 7 月 1 日起开始实施。《安装计算规范》是统一工程量清单编制，规范工程清单计价的国家标准，是调整建设工程工程量清单计价活动中发包人和承包人各种关系的规范性文件。

（2）主要内容

《安装计算规范》包括正文和附录两大部分，两者具有同等效力。正文共五章，包括总则、术语、工程量清单编制、工程量清单计价、工程量清单及其计价格式等内容，分别就《安装计算规范》的适用范围、遵循的原则、编制工程量清单应遵循的规则、工程量清单计价活动的规则、工程量清单及其计价格式作了明确规定。附录包括：

附录 A 机械设备安装工程；

附录 B 热力设备安装工程；

附录 C 静置设备与工艺金属结构制作安装工程；

附录 D 电气设备安装工程；

码1.1-2 《通用安装工程工程量计算规范》GB 50856—2013 封面

附录 E 建筑智能化工程；

附录 F 自动化控制仪表安装工程；

附录 G 通风空调工程；

附录 H 工业管道工程；

附录 J 消防工程；

附录 K 给排水、采暖、燃气工程；

附录 L 通信设备及线路工程；

附录 M 刷油、防腐蚀、绝热工程；

附录 N 措施项目。

附录中包括了项目编码、项目名称、项目特征、计量单位、工程量计算规则和工作内容。

（3）主要特点

1）强制性。主要表现在：一是由建设主管部门按照强制性国家标准的要求批准颁布，规定全部使用国有资金和国有资金为主的大中型建设工程应按计价规范执行；二是明确工程量清单是招标文件的组成部分，并规定了招标人在编制工程量清单时必须遵守的规则，做到五统一，即统一项目编码、统一项目名称、统一项目特征、统一计量单位、统一工程量计算规则。

2）实用性。附录中工程量清单项目及计算规则的项目名称表现的是工程实体项目，项目名称明确清晰，工程量计算规则简洁明了；特别还列有项目特征和工程内容，易于编制工程量清单时确定具体项目名称和投标报价。

3）竞争性。一是《安装计算规范》中的措施项目，在工程量清单中只列"措施项目"一栏，具体采用什么措施，如模板、脚手架、临时设施、施工排水等详细内容由投标人根据企业的施工组织设计，视具体情况报价，因为这些项目在各个企业间各有不同，是企业竞争项目、留给企业竞争的空间；二是《安装计算规范》中人工、材料和施工机械没有具体的消耗量，投标企业可以依据企业的定额和市场价格信息，也可以参照建设行政主管部门发布的社会平均消耗量定额进行报价，《安装计算规范》将报价权交给了企业。

4）通用性。采用工程量清单计价与国际惯例接轨，符合工程量计算方法标准化、工程量计算规则统一化、工程造价确定市场化的要求。

2. 《浙江省建设工程其他费用定额》（2018 版）

（1）概况

《其他费用定额》自 2020 年 10 月 1 日起施行，适用于浙江省境内的工程建设项目，是政府投资项目投资估算、概算的编制依据，也可供企业投资项目时参考。

（2）主要内容

《其他费用定额》包括正文和附录两大部分，正文共六章，包括总则、工程建设其他费用（房屋建筑工程、市政工程、地铁工程）、工程预备费、建设期贷款利息及固定资产投资方向调节税（暂停征收）、有关专业工程建设其他费用、工程设计概算编制规定。附录包括政府投资条例（中华人民共和国国务院令第 712 号）等 43 个文件。

码1.1-3 《浙江省建设工程其他费用定额》（2018版）封面

码1.1-4《浙江省建设工程计价规则》(2018版)封面

3.《浙江省建设工程计价规则》(2018 版)

（1）概况

《浙江计价规则》自 2019 年 1 月 1 日起开始实施。本规则适用于浙江省行政区域范围内从事房屋建筑工程、市政基础设施工程、轨道交通工程的发承包及实施阶段的计价活动，其他专业工程可参照执行。

（2）主要内容

《浙江计价规则》共十章，具体内容如下：

第一章　总则：共 14 条，主要阐述了本规则制定的目的、依据、适用范围、计价活动的类型、计价活动应遵循的原则以及计价依据的作用、建设工程施工取费费率项目、风险分担要求等内容。

第二章　术语：共 28 条，对本规则中涉及的特有的或计价时常用的术语给予定义，尽可能避免本规则贯彻执行时，由于不同理解而造成的争议。

第三章　工程造价组成及计价方法：共 4 条，主要规定了通用安装工程费用构成要素、通用安装工程造价组成内容、通用安装工程费用计算程序、通用安装工程计价方法。

第四章　通用安装工程施工取费费率：共 7 条，内容包括房屋建筑与装饰工程施工取费费率、通用安装工程施工取费费率、市政工程施工取费费率、城市轨道交通工程施工取费费率、园林绿化及仿古建筑工程施工取费费率、人防工程施工取费费率、通用安装工程概算费率。

第五章　建设工程计价要素动态管理：共 6 条，内容包括动态管理、工作分工、使用规定、价差调整、指数与指标、工期延误。

第六章　设计概念：共 6 条，内容包括设计概算编制的基本要求、编制依据、设计概算文件组成、设计总概算表的内容组成、单位工程概算包括的内容以及工程建设其他费用等规定。

第七章　工程量清单与计价：共 5 条，内容包括工程量清单部分、工程量清单计价一般规定、招标控制价、投标报价、成本价。

第八章　合同价款调整与工程结算：共 13 条，内容主要包括合同价款的确定、合同价款的类型、合同价款调整、不可抗力事件、工程索赔、合同价款期中支付工程结算与支付等规定。

第九章　工程计价纠纷处理：共 3 条，主要阐述了工程计价纠纷处理的方式、依据、诉讼或仲裁。

第十章　标准（示范）格式：共 2 条，主要阐述了工程前期（概算）计价表式、工程建设实施期计价表式。

4.《浙江省通用安装工程概算定额》(2018 版)

（1）概况

《安装概算定额》自 2020 年 10 月 1 日起施行，适用于浙江省行政区域范围内新建、扩建项目中的通用安装工程。

（2）主要内容

《安装概算定额》共六章，具体内容如下：

码1.1-5《浙江省通用安装工程概算定额》(2018版)封面

第一章 机械设备安装工程，内容包含：起重设备安装；起重机轨道安装；风机安装；泵安装；压缩机安装；制冷设备安装；低压锅炉设备安装；输送设备安装；其他机械及非标设备。

第二章 电气及智能化系统设备安装工程，内容包含：10kV 以下变配电装置；电力配电装置；照明配电装置；电缆工程；防雷与接地；智能化系统设备安装。

第三章 通风空调安装工程，内容包含：风管系统制作、安装；空调水系统安装；空调设备安装；送吸风及人防设备安装；净化系统设施安装；风管零部件制作、安装；风管绝热工程；系统调试。

第四章 管道安装工程，内容包含：民用管道工程；民用管道配套工程；工业管道安装工程；刷油、防腐、绝热工程。

第五章 消防工程，内容包含：水灭火系统安装；火灾自动报警系统安装；消防系统调试。

第六章 通用项目和措施项目工程，内容包含：通用项目工程；措施项目工程。

5.《浙江省通用安装工程预算定额》(2018 版)

（1）概况

《安装预算定额》自 2019 年 1 月 1 日起开始实施，适用于浙江省行政区域范围内新建、扩建、改建项目中的安装工程。

（2）主要内容

《安装预算定额》共十三册，具体组成如下：

码1.1-6 《浙江省通用安装工程预算定额》(2018版) 封面

第一册 机械设备安装工程，内容包括：切削设备安装；锻压设备安装；铸造设备安装；起重设备安装；起重机轨道安装；输送设备安装；风机安装；泵安装；压缩机安装；工业炉设备安装；制冷设备安装；其他机械安装及设备灌装。

第二册 热力设备安装工程，内容包括：锅炉安装工程；锅炉附属、辅助设备安装工程；汽轮发电机安装工程；汽轮发电机附属、辅助设备安装工程；燃煤供应设备安装工程；燃油供应设备安装工程；除渣、除灰设备安装工程；发电厂水处理专用设备安装工程；脱硫、脱硝设备安装工程；炉墙保温与砌筑、耐磨衬砌工程；工业与民用锅炉安装工程；热力设备调试工程。

第三册 静置设备与工艺金属结构制作、安装工程，内容包括：静置设备制作；静置设备安装；金属储罐制作、安装；球形罐组对安装；气柜制作、安装；工艺金属结构制作、安装；撬块安装；综合辅助项目。

第四册 电气设备安装工程，内容包括：变压器安装工程；配电装置安装工程；绝缘子、母线安装工程；控制设备及低压电器安装工程；蓄电池安装工程；发电机、电动机检查接线工程；滑触线安装工程；电缆敷设工程；防雷与接地装置安装工程；10kV 以下架空线路输电工程；配管工程；配线工程；照明器具安装工程；电气设备调试工程。

第五册 建筑智能化工程，内容包括：计算机及网络系统工程；综合布线系统工程；建筑设备自动化系统工程；有线电视、卫星接收系统工程；音频、视频系统工程；安全防范系统工程；智能建筑设备防雷接地；住宅小区智能化系统设备安装工程。

第六册　自动化控制仪表安装工程，内容包括：过程检测仪表；过程控制仪表；机械量监控装置；过程分析及环境监测装置；安全、视频及控制系统；工业计算机安装与试验；仪表管路敷设、伴热及脱脂；自动化通信设备安装和试验；仪表盘、箱、柜及附件安装；仪表附件制作与安装。

第七册　通风空调工程，内容包括：通风空调设备及部件制作、安装；通风管道制作、安装；通风管道部件制作、安装；人防通风设备及部件制作、安装；通风空调工程系统调试。

第八册　工业管道工程，内容包括：管道安装；管件安装；阀门安装；法兰安装；管道压力试验、吹扫与清洗；无损检测与焊口热处理；其他。

第九册　消防工程，内容包括：水灭火系统；气体灭火系统；泡沫灭火系统；火灾自动报警系统；消防系统调试。

第十册　给排水、采暖、燃气工程，内容包括：管道安装；管道附件；卫生器具；采暖、给排水设备；供暖器具；燃气工程；医疗气体设备及附件；其他。

第十一册　通信设备及线路工程，内容包括：线路工程施工；架空敷设光（电）缆；安装分光、分线、配线设备；光（电）缆接续与测试；通信设备安装工程。

第十二册　刷油、防腐蚀、绝热工程，内容包括：防锈工程；刷油工程；防腐蚀涂料工程；绝热工程；手工糊衬玻璃钢工程；橡胶板及塑料板衬里工程；衬铅及搪铅工程；喷镀（涂）工程；块材衬里工程；管道补口补伤工程；阴极保护工程。

第十三册　通用项目和措施项目工程，内容包括：通用项目工程；措施项目工程。

（3）《安装预算定额》的总说明及其要点

1）《安装预算定额》的性质和作用：是完成规定计量单位分项工程计价所需的人工、材料、施工机械台班的消耗量标准，是统一浙江省安装工程预算工程量计算规则、项目划分、计量单位的依据；是指导设计概算、施工图预算、投标报价的编制以及工程合同价约定、竣工结算办理、工程计价纠纷调解处理、工程造价鉴定等的依据。全部使用国有资金或国有资金投资为主的工程建设项目，编制招标控制价应执行本定额。

2）《安装预算定额》编制的基本依据：是在《通用安装工程消耗量定额》TY02-31-2015、《通用安装工程工程量计算规范》GB 50856—2013、《浙江省安装工程预算定额》（2010 版）的基础上，依据国家、省有关现行产品标准、设计规范、施工验收规范、技术操作规程、质量评定标准和安全操作规程，同时参考行业、地方标准，以及有代表性的工程设计、施工资料和其他相关资料，结合浙江省实际情况编制的。

3）《安装预算定额》编制的水平：按目前大多数施工企业在安全条件下采用的施工方法、机械化装备程度、合理的工期、施工工艺和劳动组织条件制定的，反映了社会平均消耗量水平。

4)《安装预算定额》是按下列正常的施工条件进行编制的：

① 设备、材料、成品、半成品、构件完整无损，符合质量标准和设计要求，附有合格证书和试验记录。

② 安装工程和土建工程之间的交叉作业正常。

③ 安装地点、建筑物、设备基础、预留孔洞等均符合安装要求。

④ 水、电供应均能满足安装施工正常使用。

⑤ 正常的气候、地理条件和施工环境。

5) 人工工日消耗量及单价的确定：

①《安装预算定额》的人工工日不分列工种和技术等级，一律以综合工日表示，内容包括基本用工、超运距用工、辅助用工和人工幅度差。

② 综合工资的单价采用二类日工资单价 135 元计。

6) 材料消耗量及单价的确定：

① 本定额中的材料消耗量包括直接消耗在安装工作内容中的主要材料、辅助材料和零星材料等，并计入了相应损耗，其内容和范围包括：从工地仓库、现场集中堆放地点或现场加工地点到操作或安装地点的运输损耗、施工操作损耗、施工现场堆放损耗。

② 凡本定额未注明单价的材料均为主材，定额基价不包括主材价格，主材价格应根据"（　）"内所列的用量，按实际价格结算。

③ 对用量很少，影响基价很小的零星材料合并为其他材料费，计入材料费内。

④ 施工措施性消耗部分，周转性材料按不同施工方法、不同材质分别列出一次使用量和一次摊销量。

⑤ 材料单价是按《浙江省建筑安装材料基期价格》（2018 版）编制。

⑥ 主要材料损耗率见各册附录。

⑦ 除另有说明外，施工用水、电（包括试验、空载、试车用水和用电）已全部进入基价，建设单位在施工中应装表计量，由施工单位自行支付水、电费。

7) 施工机械台班消耗量及单价的确定：

① 本定额的机械台班消耗量是按正常合理的机械配备和大多数施工企业的机械化装备程度综合取定的。

② 施工机械台班单价是按《浙江省建设工程施工机械台班费用定额》（2018 版）取定的。

8) 施工仪器仪表台班消耗量的确定：

本定额的施工仪器仪表消耗量是按大多数施工企业的现场校验仪器仪表配备情况综合取定的。

9) 关于水平和垂直运输：

① 设备：包括自安装现场指定堆放地点运至安装地点的水平和垂直运输。

② 材料、成品、半成品：包括自施工单位现场仓库或现场指定堆放地点运至安装地点的水平和垂直运输。

③ 垂直运输基准面：室内以室内地平面为基准面，室外以安装现场地平面为

基准面。

10）关于各项费用的执行原则，定额各项技术措施费一律按第十三册定额的相关规定执行。

11）定额中注有"×××以内"或"×××以下"者均包括×××本身，"×××以外"或"×××以上"者，均不包括×××本身。

1.1.3　计价依据动态管理

2020年7月24日，住房和城乡建设部办公厅发布《关于印发工程造价改革工作方案的通知》（建办标〔2020〕38号），决定在全国房地产开发项目，以及部分有条件的国有资金投资项目进行工程造价改革试点。通过改进工程计量和计价规则、完善工程计价依据发布机制、加强工程造价数据积累、强化建设单位造价管控责任、严格施工合同履约管理等措施，推行清单计量、市场询价、自主报价、竞争定价的工程计价方式，进一步完善工程造价市场形成机制。

2020年12月23日，浙江省住房和城乡建设厅关于印发《浙江省工程造价改革实施意见》的通知（以下简称《实施意见》），决定在舟山、金华、嘉兴三市选择2～3个投资额1亿元以内的房屋建筑和市政基础设施施工发承包项目，开展"取消最高投标限价按定额计价"的改革试点。《实施意见》明确分三个阶段分步实施，引导建设各方主体通过历史积累数据分类整理逐步建立工程造价数据库，试点项目可采用市场询价或者利用工程造价数据库和造价指数动态调整等方式编制招标控制价，反映拟建工程的市场实际价格水平。稳步推进浙江省工程造价改革工作，从而促进浙江省建筑业高质量发展，更好地服务浙江自贸试验区建设和"一带一路"建设，并为全国的工程造价改革提供宝贵的经验。

2021年3月17日，浙江省住房和城乡建设厅印发《关于进一步推进工程造价改革试点相关工作的通知》，通过印发一个实施意见、出台一项指导意见、组建一个专家团队、明确一批任务清单、遴选一批试点项目、制定一系列配套举措等系列措施，加快推进工程造价市场化改革。在试点项目工程量清单和招标控制价编制、投标报价、招标投标、合同签订等方面提出了指导意见。在现行《浙江省建设工程计价规则》（2018版）的基础上，统一规范了试点项目工程计价的表式模板，为造价改革顺利推进提供技术保障。

浙江省建设工程造价管理总站印发的《浙江省标准造价数字化改革实施方案》，明确"十四五"期间浙江省标准造价数字化改革的主要目标、重点任务和保障措施。聚焦数字造价、数字标准、数字科技推广三大领域，提出了四项重点任务：

（1）打造全省标准造价业务全覆盖、横向纵向全贯通的数字化管理综合应用平台，实现"PC端"＋"掌上"的多端运用。

（2）构建工程造价数据标准体系，全面发挥标准化在数字化改革中的规范支撑引领作用。打造多元化价格信息发布、动态造价指标分析、计价依据动态管理、招标投标管理、价款结算调解、造价咨询企业及执业人员管理等数字化应用场景。

（3）构建工程建设标准数据库，强化工程建设标准数字化管理。

（4）强化科技创新策源作用，引导新技术、新产品的推广应用；建立绿色建材采信机制和应用数据库，全力助推建筑业绿色低碳发展。

浙江省建设工程造价管理总站在"建立计价依据动态管理""完善数字化平台建设""强化工程造价监管与服务的改革措施"等方面一直积极探索、创新实践。制定计价依据动态管理办法，组建动态管理专家库，以云平台为基础，AI＋大数据应用为核心，以"数字造价站"建设为切入口，开发计价依据动态管理应用系统，通过计价依据动态补充、调整、解释，使计价依据水平更加贴近市场实际。推动工程造价行业全面数字化转型，市场化改革。

浙江省计价依据动态补充、调整、解释详见附件1～附件13。

1.2　建设项目总投资构成

码1.2-1　建设
项目总投资构成

【学习目标】

1. 能力目标：具有分析建设项目概算总投资的能力。

2. 知识目标：了解建设项目总投资的概念；掌握建设项目概算总投资的构成；了解各费用的基本组成。

3. 素质目标：恪守职业道德，传承工匠精神，建立工程思维和创新意识。

【项目流程图】

建设项目总投资是为完成工程项目建设并达到使用要求或生产条件，在建设期内预计或实际投入的全部费用总和。生产性建设项目总投资包括建设投资、建设期利息和流动资金三部分；非生产性建设项目总投资包括建设投资和建设期利息两部分。建设项目概算总投资的具体构成内容详见表1.2-1。

建设项目概算总投资组成表　　　　　　表1.2-1

		第一部分：工程费用	建筑工程费
建设项目概算总投资	建设投资	第一部分：工程费用	设备购置费
			安装工程费
		第二部分：工程建设其他费用	建设管理费
			建设用地费
			可行性研究费
			研究试验费
			勘察设计费
			环境影响评价费
			节能评估费

续表

		场地准备及临时设施费
建设项目概算总投资	建设投资	第二部分：工程建设其他费用
		第三部分：工程预备费
	建设期贷款利息	
	固定资产投资方向调节税（暂停征收）	
	铺地流动资金	

第二部分：工程建设其他费用：
- 引进技术和引进设备其他费
- 工程保险费
- 联合试运转费
- 市政公用设施费
- 专利及专有技术使用费
- 生产准备及开办费

第三部分：工程预备费：
- 基本预备费
- 涨价预备费

1. 建设投资

建设投资是为完成工程项目建设，在建设期内投入且形成现金流出的全部费用。建设投资包括工程费用、工程建设其他费用和工程预备费三部分。工程费用是指建设期内直接用于工程建造、设备购置及其安装的建设投资，可以分为建筑工程费、安装工程费和设备购置费。工程建设其他费用是指建设期发生为项目建设或运营必须发生的但不包括在工程费用中的费用。工程预备费是指在建设期内因各种不可预见因素的变化而预留的可能增加的费用，包括基本预备费和涨价预备费。

2. 流动资金

流动资金指为进行正常生产运营，用于购买原材料、燃料、支付工资及其他运营费用等所需的周转资金。在可行性研究阶段用于财务分析时计为全部流动资金，在初步设计及以后阶段用于计算"项目报批总投资"或"项目概算总投资"时计为铺底流动资金。铺底流动资金是指生产经营性建设项目为保证投产后正常的生产运营所需，并在项目资本金中筹措的自有流动资金。

1.3　建筑安装工程费用构成要素

码1.3-1　建筑安装工程费用构成要素

【学习目标】

1. 能力目标：具有分析、判别建筑安装工程各费用构成要素的能力。

2. 知识目标：掌握建筑安装工程费用构成要素的组成；熟悉各费用的基本概念。

3. 素质目标：培养学生精益求精、不断进取的职业精神，培养学生严谨细致的工作作风和公平公正的匠心品质。

【项目流程图】

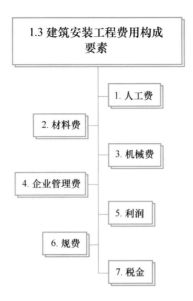

建筑安装工程费按照费用构成要素划分，由人工费、材料费、机械费、企业管理费、利润、规费和税金组成，具体详见表 1.3-1。

建筑安装工程费用构成要素　　　　　　　表 1.3-1

建筑安装工程费	1. 人工费	(1) 计时工资或计件工资	
		(2) 奖金	
		(3) 津贴补贴	
		(4) 加班加点工资	
		(5) 特殊情况下支付的工资	
		(6) 职工福利费	
		(7) 劳动保护费	
	2. 材料费	(1) 材料及工程设备原价	
		(2) 运杂费	
		(3) 采购及保管费	
	3. 机械费	(1) 施工机具使用费	① 折旧费
			② 检修费
			③ 维护费
			④ 安拆费及场外运费
			⑤ 人工费
			⑥ 燃料动力费
			⑦ 其他费用
		(2) 仪器仪表使用费	
	4. 企业管理费	(1) 管理人员工资	
		(2) 办公费	
		(3) 差旅交通费	
		(4) 固定资产使用费	
		(5) 工具用具使用费	
		(6) 劳动保险费	
		(7) 检验试验费	
		(8) 夜间施工增加费	

建筑安装工程费	4. 企业管理费	(9) 已完工程及设备保护费	
		(10) 工程定位复测费	
		(11) 工会经费	
		(12) 职工教育经费	
		(13) 财产保险费	
		(14) 财务费	
		(15) 税费	
		(16) 其他	
	5. 利润		
	6. 规费	(1) 社会保险费	① 养老保险费
			② 失业保险费
			③ 医疗保险费
			④ 生育保险费
			⑤ 工伤保险费
		(2) 住房公积金	
	7. 税金	增值税	

1. 人工费

人工费是指按工资总额构成规定，支付给从事通用安装工程施工的生产工人和附属生产单位工人的各项费用（包含个人缴纳的社会保险费与住房公积金）。其内容包括：

（1）计时工资或计件工资：是指按计时工资标准和工作时间或对已做工作按计件单价支付给个人的劳动报酬。

（2）奖金：是指对超额劳动和增收节支支付给个人的劳动报酬，如节约奖、劳动竞赛奖等。

（3）津贴补贴：是指为了补偿职工特殊或额外的劳动消耗和因其他特殊原因支付给个人的津贴，以及为了保证职工工资水平不受物价影响支付给个人的物价补贴，如流动施工津贴、特殊地区施工津贴、高温（寒）作业临时津贴、高空津贴等。

（4）加班加点工资：是指按规定支付的在法定节假日工作的加班工资和在法定日工作时间外延时工作的加点工资。

（5）特殊情况下支付的工资：是指根据国家法律、法规和政策规定，因病、工伤、产假、计划生育假、婚丧假、事假、探亲假、定期休假、停工学习、执行国家或社会义务等原因按计时工资标准或计时工资标准的一定比例支付的工资。

（6）职工福利费：是指企业按规定标准计提并支付给生产工人的集体福利费、夏季防暑降温、冬季取暖补贴、上下班交通补贴等。

（7）劳动保护费：是指企业按规定标准发放的生产工人劳动保护用品的支出，如工作服、手套、防暑降温饮料以及在有碍身体健康的环境中施工的保健费用等。

2. 材料费

材料费是指工程施工过程中所耗费的原材料、辅助材料、构配件、零件、半成品或成品的费用，以及周转材料等的摊销费用。材料费由下列三项费用组成：

（1）材料及工程设备原价：是指材料、工程设备的出厂价格或商家供应价格。

原价包括为方便材料的运输和保护而进行必要的包装所需要的费用。

（2）运杂费：是指材料、工程设备自来源地运至工地仓库或指定堆放地点所发生的全部费用，包括装卸费、运输费、运输损耗费及其他附加费等费用。

（3）采购及保管费：是指为组织采购、供应和保管材料、工程设备的过程中所需要的各项费用，包括采购费、仓储费、工地保管费、仓储损耗等。

3. 机械费

机械费是指施工机械作业所发生的施工机械、仪器仪表使用费，包括施工机具使用费和仪器仪表使用费。

（1）施工机具使用费

施工机械使用费是指施工机械作业所发生的机械使用费。施工机械使用费以施工机械台班耗用量与施工机械台班单价的乘积表示，施工机械台班单价由下列七项费用组成：

1）折旧费：是指施工机械在规定的耐用总台班内，陆续收回其原值的费用。

2）检修费：是指施工机械在规定的耐用总台班内，按规定的检修间隔进行必要的检修，以恢复其正常功能所需的费用。

3）维护费：是指施工机械在规定的耐用总台班内，按规定的维护间隔进行各级维护和临时故障排除所需的费用。其包括为保障机械正常运转所需替换设备与随机配备工具附具的摊销费用、机械运转及日常维护所需润滑与擦拭的材料费用及机械停滞期间的维护费用等。

4）安拆费及场外运费：安拆费是指施工机械在现场进行安装与拆卸所需的人工、材料、机械和试运转费用以及机械辅助设施的折旧、搭设、拆除等费用；场外运费是指施工机械整体或分体自停放地点运至施工现场或由一施工地点运至另一施工地点的运输、装卸、辅助材料等费用。

5）人工费：是指机上司机（司炉）和其他操作人员的人工费。

6）燃料动力费：是指施工机械在运转作业中所耗用的燃料及水、电等费用。

7）其他费用：指施工机械按照国家和有关部门规定应缴纳的车船使用税、保险费及年检费用等。

（2）仪器仪表使用费

仪器仪表使用费是指工程施工所发生的仪器仪表使用费。仪器仪表使用费以仪器仪表台班耗用量与仪器仪表台班单价的乘积表示，仪器仪表台班单价由折旧费、维护费、校验费和动力费组成。

4. 企业管理费

企业管理费是指通用安装企业组织施工生产和经营管理所需的费用。其内容包括：

（1）管理人员工资：是指按规定支付给管理人员的计时工资、奖金、津贴补贴、加班加点工资、特殊情况下支付的工资及相应职工福利费、劳动保护费等。

（2）办公费：是指企业管理办公用的文具、纸张、账表、印刷、邮电、书报、办公软件、现场监控、会议、水电、烧水和集体取暖降温（包括现场临时宿舍取暖降温）等费用。

（3）差旅交通费：是指职工因公出差、调动工作的差旅费、住勤补助费，市内交通费和误餐补助费，职工探亲路费，劳动力招募费，职工退休、退职一次性路费，工伤人员就医路费，工地转移费以及管理部门使用的交通工具的油料、燃料等费用。

（4）固定资产使用费：是指管理和试验部门及附属生产单位使用的属于固定资产的房屋、设备、仪器等的折旧、大修、维修或租赁费。

（5）工具用具使用费：是指企业施工生产和管理使用的不属于固定资产的工具、器具、家具、交通工具和检验、试验、测绘、消防用具等的购置、维修和摊销费。

（6）劳动保险费：是指由企业支付的离退休职工易地安家补助费、职工退职金、六个月以上的病假人员工资、职工死亡丧葬补助费、抚恤金、按规定支付给离休干部的各项经费等。

（7）检验试验费：是指施工企业按照有关标准规定，对建筑以及材料、构件和建筑安装物进行一般鉴定、检查所发生的费用，包括自设试验室进行试验所耗用的材料等费用，不包括新结构、新材料的试验费，对构件做破坏性试验及其他特殊要求检验试验的费用和建设单位委托检测机构进行专项及见证取样检测的费用。对此类检测所发生的费用，由建设单位在工程建设其他费用中列支，但对施工企业提供的具有合格证明的材料进行检测不合格的，该检测费用应由施工单位支付。

（8）夜间施工增加费：是指因施工工艺要求必须持续作业而不可避免的夜间施工所增加的费用，包括夜班补助费、夜间施工降效、夜间施工照明设备摊销及照明用电等费用。

（9）已完工程及设备保护费：是指竣工验收前，对已完工程及设备采取的必要保护措施所发生的费用。

（10）工程定位复测费：是指工程施工过程中进行全部施工测量放线和复测工作的费用。

（11）工会经费：是指企业按《中华人民共和国工会法》规定的全部职工工资总额比例计提的工会经费。

（12）职工教育经费：是指按职工工资总额的规定比例计提，企业为职工进行专业技术和职业技能培训，专业技术人员继续教育、职工职业技能鉴定、职业资格认定以及根据需要对职工进行各类文化教育所发生的费用。

（13）财产保险费：是指施工管理用财产、车辆等的保险费用。

（14）财务费：是指企业为施工生产筹集资金或提供预付款担保、履约担保、职工工资支付担保等所发生的各种费用。

（15）税费：是指根据国家税法规定应计入通用安装工程造价内的城市维护建设税、教育费附加和地方教育附加，以及企业按规定缴纳的房产税、车船使用税、土地使用税、印花税、环保税等。

（16）其他：包括技术转让费、技术开发费、投标费、业务招待费、绿化费、广告费、公证费、法律顾问费、审计费、咨询费、保险费（包括危险作业意外伤害保险）等。

5. 利润

利润是指施工企业完成所承包工程获得的盈利。

6. 规费

规费是指按国家法律、法规规定，由省级政府和省级有关权力部门规定必须缴纳的，应计入通用安装工程造价内的费用。内容包括：

（1）社会保险费

1）养老保险费：是指企业按照规定标准为职工缴纳的基本养老保险费。

2）失业保险费：是指企业按照规定标准为职工缴纳的失业保险费。

3）医疗保险费：是指企业按照规定标准为职工缴纳的基本医疗保险费。

4）生育保险费：是指企业按照规定标准为职工缴纳的生育保险费。

5）工伤保险费：是指企业按照规定标准为职工缴纳的工伤保险费。

（2）住房公积金

住房公积金是指企业按规定标准为职工缴纳的住房公积金。

7. 税金

税金是指国家税法规定的应计入通用安装工程造价内的建筑服务增值税。

码1.4-1　安装工程计价方法

1.4　安装工程计价方法

【学习目标】

1. 能力目标：初步具备采用国标清单综合单价法和定额清单综合单价法计价的能力。

2. 知识目标：熟悉安装工程计价方法；掌握综合单价法的概念和计价原则；了解工料单价法的概念和计价原则。

3. 素质目标：遵守建筑行业规范，恪守职业道德，传承工匠精神，建立工程思维和创新意识。

【项目流程图】

```
┌─────────────────────┐
│  1.4 安装工程计价方法  │
└─────────────────────┘
        │
        ├──── ┌──────────────┐
        │     │ 1. 综合单价法 │
        │     └──────────────┘
   ┌──────────────┐
   │ 2. 工料单价法 │
   └──────────────┘
```

我国各省（市）计价规则及计价办法存在一定差异，安装工程计价方法一般分为综合单价法和工料单价法。浙江省根据本省实际，遵循国家清单计价规范指导原则，将安装工程计价方法分为国标清单计价法和定额清单计价法。

1. 综合单价法

综合单价法对应于工程量清单计价，是指项目单价采用全费用单价（规费、税金按规定程序另行计算）的一种计价方法。建筑安装工程施工费用（即工程造价）

由税前工程造价和税金（增值税销项税或征收率，下同）组成，计价内容包括分部分项工程费、措施项目费、其他项目费、规费和税金，即：

工程造价＝分部分项工程清单计价表合计＋措施项目清单计价表合计＋其他项目清单计价表合计＋规费＋税金

《浙江计价规则》规定，建筑安装工程统一按照综合单价法进行计价，包括国标工程量清单计价（以下简称"国标清单计价"）和定额项目清单计价（以下简称"定额清单计价"）两种计价方法。两种综合单价法除分部分项工程费、施工技术措施项目费分别依据计量规范规定的清单项目和专业定额规定的定额项目列项计算外，其余费用的计算原则及方法应当一致。

（1）分部分项工程费

分部分项工程费是指完成招标文件所提供的分部分项工程量清单项目所需的费用，按分部分项工程数量乘以综合单价以其合价之和进行计算，即：

分部分项工程费＝∑（分部分项工程数量×综合单价）

1）工程数量

国标清单计价法：分部分项工程数量应根据计量规范中清单项目（含浙江省补充清单项目）规定的工程量计算规范和浙江省有关规定进行计算。

定额清单计价法：分部分项工程数量应根据专业定额中定额项目规定的工程量计算规则进行计算。

2）综合单价

综合单价是指完成一个规定清单项目所需的人工费、材料费、机械费和企业管理费、利润以及一定范围内的风险费用。

综合单价＝规定计量单位项目人工费＋规定计量单位项目材料费＋规定计量单位项目机械费＋取费基数×（企业管理费率＋利润率）＋风险费用

① 规定计量单位项目人工费＝∑（人工消耗量×单价）。

② 规定计量单位项目材料费＝∑（材料消耗量×单价）。

③ 规定计量单位项目机械费＝∑（机械台班消耗量×单价）。

④ 安装工程中，"取费基数"为规定计量单位项目的人工费和机械费之和。

⑤ 风险费用是指隐含于综合单价之中用于化解发承包双方在工程合同中约定风险内容和范围（幅度）内人工、材料、施工机械（仪器仪表）台班的市场价格波动的费用。以"暂估单价"计入综合单价的材料不考虑风险费用。

（2）措施项目费

措施项目的内容应根据招标人提供的措施项目清单和投标人投标时拟定的施工组织设计或施工方案确定。措施项目费按施工技术措施项目费与施工组织措施项目费之和进行计算，即：

措施项目费＝施工技术措施项目费＋施工组织措施项目费

1）施工技术措施项目费

施工技术措施项目费应以施工技术措施项目工程数量乘以综合单价以其合价之和进行计算，即：

施工技术措施项目费＝∑（施工技术措施项目工程数量×综合单价）

施工技术措施项目工程数量及综合单价的计算原则参照分部分项工程费相关内容。

2）施工组织措施项目费

施工组织措施项目费应以分部分项工程费与施工技术措施项目费中的"人工费＋机械费"乘以各施工组织措施项目相应费率以其合价之和进行计算，即：

施工组织措施项目费＝Σ［（分部分项工程费的"人工费＋机械费"＋施工技术措施项目费中的"人工费＋机械费"）×相应费率］

编制投标报价时，安全文明施工基本费费率应以不低于相应基准费率的90％（即施工取费费率的下限）计取，其余施工组织措施项目费（标化工地增加费除外）可参考《浙江计价规则》中有关施工组织措施项目费费率标准，由企业自主确定。

（3）其他项目费

其他项目费的计算应视工程实际情况按照不同阶段的计价需要进行列项或计算。

1）编制招标控制价和投标报价

其他项目费＝暂列金额＋暂估价＋计日工＋施工总承包服务费

2）编制竣工结算

其他项目费＝专业工程结算价＋计日工＋施工总承包服务费＋索赔与现场签证费＋优质工程增加费

（4）规费

按各省建设工程计价规则和计价办法有关规定计取。根据《浙江计价规则》规定，规费不得作为竞争性费用。

（5）税金

税金是指国家税法规定的应计入建筑安装工程造价内的建筑服务增值税，按各省建设工程计价规则和计价办法有关规定计取。根据《浙江计价规则》规定：

1）税金应依据国家税法所规定的计税基数和税率进行计算，不得作为竞争性费用。

2）税金按税前工程造价乘以增值税相应税率进行计算。遇税前工程造价包含甲供材料、甲供设备金额的，应在计税基数中予以扣除；增值税税率应根据计价工程按规定选择的适用计税方法分别以增值税销项税税率或增值税征收率取定。

根据浙江省住房和城乡建设厅2019年3月27日发布的《关于增值税调整后我省建设工程计价依据增值税税率及有关计价调整的通知》（浙建建发〔2019〕92号），计算增值税销项税额时，增值税税率由10％调整为9％，自2019年4月1日起执行。

2. 工料单价法

工料单价法对应于预算定额计价法，是指项目单价由人工费、材料费、机械费组成，施工组织措施费、企业管理费、利润、规费、税金、风险费用等按规定程序另行计算的一种计价方法。工料单价法计价的价款应包括预算定额分部分项工程费、施工组织措施费、企业管理费、利润、规费、施工总承包服务费、风险费、暂列金额、税金，即：

工程造价＝预算定额分部分项工程费＋施工组织措施费＋企业管理费＋利润＋规费＋施工总承包服务费＋风险费＋暂列金额＋税金

码1.5-1 检查
评估的参考答案

1.5 检 查 评 估

1. 单选题

(1) 根据浙江省现行计价依据的相关规定，特殊地区施工津贴属于（　　　）。

A. 人工费　　　　　　　　　　　B. 企业管理费

C. 施工组织措施费　　　　　　　D. 劳动保险费

(2) 根据《浙江计价规则》相关规定，安装工程计价方法统一按照综合单价法进行计价，包括国标清单计价和定额清单计价，关于这两种计价方法说法错误的是（　　　）

A. 国标清单计价的分部分项工程费是依据计量规范规定的清单项目列项的

B. 定额清单计价的分部分项工程费是依据专业定额规定的定额项目列项的

C. 国标清单计价和定额清单计价的施工技术措施费都是依据计量规范规定的清单项目列项的

D. 国标清单计价和定额清单计价除分部分项工程费和施工技术措施费的列项依据不一样外，其余费用的计算原则及方法应当一致

(3) 根据浙江省现行计价依据的相关规定，在有碍身体健康的环境中施工的保健费用属于（　　　）。

A. 人工费　　　　　　　　　　　B. 企业管理费

C. 施工组织措施费　　　　　　　D. 劳动保险费

(4) 对构件和建筑安装物进行一般鉴定和检查所发生的费用列入（　　　）。

A. 材料费　　　　　　　　　　　B. 措施费

C. 研究试验费　　　　　　　　　D. 企业管理费

(5) 关于建筑安装工程费用中的规费，下列说法中错误的是（　　　）。

A. 规费是由省级政府和省级有关权力部门规定必须缴纳或计取的费用

B. 规费包括社会保险费、住房公积金

C. 社会保险费中包括财产保险

D. 投标人在投标报价时填写的规费不可高于规定的标准

(6) 施工现场项目经理的医疗保险费应计入（　　　）。

A. 人工费　　　　　　　　　　　B. 社会保险费

C. 劳动保险费　　　　　　　　　D. 企业管理费

(7) 小规模纳税人提供应税服务适用（　　　）计税。

A. 简易计税方法　　　　　　　　B. 简单计税方法

C. 一般计税方法　　　　　　　　D. 复杂计税方法

(8) 企业按照规定从生产工人的工资中提取的工会经费属于（　　　）。

A. 建筑安装工程中的分部分项工程费

B. 建筑安装工程中的措施费

C. 建筑安装工程中的规费

D. 建筑安装工程中的企业管理费

2. 多选题

下列(　　)属于企业管理费的范畴。

A. 检验试验费

B. 危险作业意外伤害保险费

C. 教育费附加

D. 工伤保险费

E. 城市维护建设税

3. 案例分析

以 3.2.5 节中照明回路工程为背景，参考《浙江计价规则》中关于编制说明的格式内容编写完善编制说明，填入表 1.5-1。

编制说明　　　　　　　　　　　　　　　　　　　　表 1.5-1

工程名称：　　　　　　　　　　　　　　　　　　　　　　　　第　页　共　页

（1）工程概况：建设地址、建筑面积、建筑高度、占地面积、经济指标、层高、层数、结构形式、定额（计划）工期、质量目标、施工现场情况、自然地理条件、环境保护要求等。

（2）编制依据：计价依据、标准与规范、施工图纸、标准图集等。

（3）采用（或经合同双方批准、确认）的施工组织设计。

（4）综合单价需（或已）包括的风险因素、范围（幅度）。

（5）采用计价、计税方法。

（6）其他需要说明的问题。

注：1）工程概况须根据不同专业工程特征要求进行表述；

　　2）必要时有关工程内容、数量、数据、工程特征等可列表表示；

　　3）不同计价阶段应列明相应阶段涉及量、价、费的计价依据及取定标准。

学习情境 2　安装工程设计概算编制

2.1　工作任务一　安装工程设计概算编制

【学习目标】

1. 能力目标：具有利用概算费用计算程序表计算建筑安装工程概算费用的能力；具有电气工程、给排水工程、消防工程、通风空调工程概算工程量计算和概算分部分项工程量清单计价的能力。

2. 知识目标：掌握建筑安装工程概算费用计算程序和费用计价方法；掌握电气设备安装工程、给排水工程、消防工程、通风空调工程等专业概算定额说明和工程量计算规则。

3. 素质目标：培养学生毫厘之间守匠心，恪守规范践初心的品质。

【项目流程图】

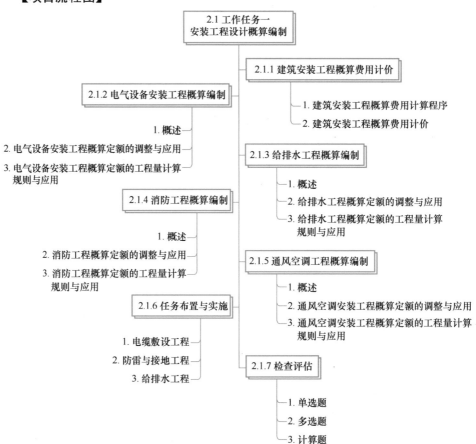

2.1.1　建筑安装工程概算费用计价

1. 建筑安装工程概算费用计算程序（表2.1.1-1）

建筑安装工程概算费用计算程序　　　　　表 2.1.1-1

序号	费用项目		计算方法（公式）
一	概算分部分项工程费		Σ（概算分部分项工程数量×综合单价）
	其中	1. 人工费＋机械费	Σ概算分部分项工程（定额人工费＋定额机械费）
二	总价综合费用		1×税率
	概算其他费用		2＋3＋4
三	其中	2. 标化工地预留费	1×费率
		3. 优质工程预留费	（一＋二）×费率
		4. 概算扩大费用	（一＋二）×扩大系数
四	税前概算费用		一＋二＋三
五	税金（增值税销项税）		四×税率
六	建筑安装工程概算费用		四＋五

【注】① 本计算程序适用于单位工程的概算编制。

② 概算分部分项工程费所列"人工费＋机械费"仅指用于取费基数部分的定额人工费与定额机械费之和。

2. 建筑安装工程概算费用计价

码2.1-1　建筑安装工程概算费用计价

建筑安装工程概算费用由税前概算费用和税金（增值税销项税，下同）组成，计价内容包括概算分部分项工程（包含施工技术措施项目，下同）费、总价综合费用、概算其他费用和税金。建筑安装工程概算应采用一般计税法计税。

（1）概算分部分项工程费

概算分部分项工程费按概算分部分项工程数量乘以综合单价以其合价之和进行计算。其中：

1）工程数量。概算分部分项工程数量应根据概算"专业定额"中定额项目规定的工程量计算规则进行计算。

2）综合单价。

① 综合单价所含人工费、材料费、机械费应按照概算"专业定额"中的人工、材料、施工机械（仪器仪表）台班消耗量以概算编制期对应月份省、市工程造价管理机构发布的市场信息价进行计算。遇未发布市场信息价的，可通过市场调查以询价方式确定价格。

② 综合单价所含企业管理费、利润应以概算"专业定额"中定额项目的"定额人工费＋定额机械费"乘以单价综合费用费率进行计算。单价综合费用费率由企业管理费费率和利润费率构成，按相应施工取费费率的中值取定。

（2）总价综合费用

总价综合费用按概算分部分项工程费中的"定额人工费＋定额机械费"乘以总价综合费用费率进行计算。总价综合费用费率由施工组织措施项目费相关费率和规费费率构成，所含施工组织措施项目费费率只包括安全文明施工基本费、提前竣工增加费、二次搬运费、冬雨期施工增加费费率，不包括标化工地增加费和行车、行人干扰增加费费率。其中：

1）安全文明施工基本费费率按市区工程相应基准费率（即施工取费费率的中值）取定；

2）提前竣工增加费费率按缩短工期比例为10%以内施工取费费率的中值取定；

3）二次搬运费、冬雨期施工增加费费率按相应施工取费费率的中值取定；

4）规费费率按相应施工取费费率取定。

【注】根据《省建设厅关于调整建筑工程安全文明施工费的通知》（浙建建发〔2022〕37号），建设单位在编制工程概算时，总价综合费用按照《浙江省建设工程计价规则》（2018版）规定的费率乘以1.04系数。该通知自2022年4月1日起执行。

（3）概算其他费用

概算其他费用按标化工地预留费、优质工程预留费、概算扩大费用之和进行计算。其中：

1）标化工地预留费是指因工程实施时可能发生的标化工地增加费而预留的费用。

① 标化工地预留费应以概算分部分项工程费中的"定额人工费＋定额机械费"乘以标化工地预留费费率进行计算。

② 标化工地预留费费率按市区工程标化工地增加费相应标化等级的施工取费费率取定，设计概算编制时已明确创安全文明施工标准化工地目标的，按目标等级对应费率计算。

2）优质工程预留费是指因工程实施时可能发生的优质工程增加费而预留的费用。

① 优质工程预留费应以"概算分部分项工程费＋总价综合费用"乘以优质工程预留费费率进行计算。

② 优质工程预留费费率按优质工程增加费相应优质等级的施工取费费率取定，设计概算编制时已明确创优质工程目标的，按目标等级对应费率计算。

3）概算扩大费用是指因概算定额与预算定额的水平幅度差、初步设计图纸与施工图纸的设计深度差异等因素，编制概算时应予以适当扩大需考虑的费用。

① 概算扩大费用应以"概算分部分项工程费＋总价综合费用"乘以扩大系数进行计算。

② 扩大系数按1%～3%进行取定，具体数值可根据工程的复杂程度和图纸的设计深度确定。其中，较简单工程或图纸设计深度达到要求的取1%，一般工程取2%，较复杂工程或设计图纸深度不够要求的取3%。

（4）税前概算费用

税前概算费用按概算分部分项工程费、总价综合费用、概算其他费用之和进行计算。

（5）税金

税金按税前概算费用乘以增值税销项税税率进行计算。

（6）建筑安装工程概算费用

建筑安装工程概算费用按税前概算费用、税金之和进行计算。

【案例 2.1.1-1】某市区住宅楼电气工程，其概算分部分项工程费为 1000000 元（未含进项税），其中概算定额人工费和机械费之和为 200000 元。该项目明确以设区市级安全文明施工标准化工地为目标，不创优质工程。扩大系数取 2%。

任务：试按浙江省现行有关计价规定，利用表 2.1.1-2 计算该电气工程概算费用，计算结果取整数。计算程序见表 2.1.1-2。

例题解析：

建筑安装工程概算费用计算程序

表 2.1.1-2

工程名称：某市区住宅楼电气工程

序号	费用项目		计算方法	金额（元）
一	概算分部分项工程费		1000000	1000000
	其中	1. 人工费＋机械费	200000	200000
二	总价综合费用		200000×（7.1%＋0.83%＋0.26%＋0.13%＋30.63%）×1.04	81016
三	概算其他费用		2+3+4	25080
	其中	2. 标化工地预留费	200000×1.73%	3460
		3. 优质工程预留费	0	0
		4. 概算扩大费	（1000000＋81016）×2%	21620
四	税前概算费用		1000000＋81016＋25080	1106096
五	税金（增值税销项税）		1106096×9%	99549
六	建筑安装工程概算费用		1106096＋99549	1205645

2.1.2 电气设备安装工程概算编制

1. 概述

《安装概算定额》第二章电气及智能化系统设备安装工程设六节，主要包括10kV 以下变配电装置；电力配电装置；照明配电装置；电缆工程；防雷与接地等内容。

2. 电气设备安装工程概算定额的调整与应用

（1）10kV 以下变配电装置

10kV 以下变配电装置包括 10kV 以下室内变配电装置附属设施安装、变压器安装、高压电力配电装置安装、避雷器安装、高压配电柜及共箱母线桥安装、成套箱式变配电站安装，变配电装置调试，配电智能设备安装调试等内容，共 8 个部分。

1）定额均未包括变压器、屏（柜）等主要设备本身的价值。变压器、屏（柜）等设备的安装已综合了基础槽钢制作、安装及除锈刷油。

2）送配电装置系统调试中的 1kV 以下定额适用于从变电所低压配电装置输出的供电回路。

3）本节定额不包括变压器干燥费用，确需干燥的，干燥费用另行计算。

码2.1-2 电气设备安装工程概算编制

4）非晶合金变压器安装根据容量执行相应的变压器安装定额子目。

（2）电力配电装置

电力配电装置内容包括电力配电装置线路安装、电力配电装置安装、滑触线安装、插接式母线槽安装，共4个部分。

1）电力配电装置线路安装定额适用于配电总箱（柜）或母线槽插接箱后配电设备电力线路的安装，分为民用建筑和一般工业建筑，钢管、电缆、电线、线槽（桥架）等主材费按设计要求规格、型号、材质计算。其中公共建筑中的公寓、星级酒店、展馆馆的电力配电装置线路安装执行"一般公共建筑"相应子目，计价及未计价主材消耗量乘以系数1.30。

2）定额中均未包括箱、柜、屏、台、母线槽等本身的价值。

3）各种箱、柜的安装定额均已综合铜接线端子，支架制作、安装及除锈刷漆等内容。

4）滑触线、插接式母线槽的安装已综合支架制作、安装及除锈刷漆。

5）滑触线安装定额按照安装高度小于或等于10m编制，若安装高度大于10m时，超出部分的安装工程量按照定额人工乘以系数1.10。

6）三相安全型滑触线执行单相滑触线安装定额，基价乘以系数2.0。

7）民用建筑电力配电装置线路安装子目中住宅的建筑高度按建筑室外设计地面至檐口底的高度，不包括突出屋面的电梯机房、屋顶亭子间及屋顶水箱的高度。

（3）照明配电装置

照明配电装置包括照明配电线路安装、楼宇亮化配电线路安装、一般灯具安装、楼宇亮化灯具安装、太阳光导入照明系统安装及其他电器安装，共6个部分。

1）照明配电线路安装定额适用于建筑物室内照明装置安装及管线敷设，内容包括照明系统（含应急照明系统）配电箱后的配管、配线、接线盒、开关、开关盒、插座、插座盒安装；如初步设计图在二次装修区域仅配置了应急照明系统，则相应区域的照明配电线路安装执行本节定额时，基价乘以系数0.40，如住宅户内各功能房间仅配置"一灯一开一插"时，则相应区域照明配电线路安装执行本节定额时，基价乘以系数0.40。

2）楼宇亮化配电线路安装定额已包括了灯具自控回路的配管配线，但不包括自控设备及安装点光源的铝合金线槽或钢丝绳索。

3）照明灯具安装定额仅考虑一般灯具安装，装饰灯具安装执行《安装预算定额》的相应定额子目。

4）路灯、障碍灯、广场灯的安装定额，均考虑了超高安装（操作超高）因素。

5）照明配电箱、电表箱、分户箱（板）安装执行《安装概算定额》第二章第二节"电力配电装置"的相应子目。

6）定额"照明配电线路安装"子目中住宅的建筑高度按建筑室外设计地面至檐口底的高度，不包括突出屋面的电梯机房、屋顶亭子间及屋顶水箱的高度。

（4）电缆工程

电缆工程包括电缆保护管附属设施、电缆排管内敷设、电缆其他方式敷设、电缆头制作安装、电缆桥架（线槽）安装、电缆保护管安装，共6个部分。

1）电缆保护管附属设施定额已综合考虑了管沟土方的开挖、保护管碎石垫层、铺砂回填、夯实等内容，如遇石方开挖或设计要求其他材质垫层回填料时，执行《浙江省市政工程预算定额》（2018 版）的相应定额子目。

2）排管外钢筋混凝土包封、素混凝土包封定额不区分管道排布层数，已综合单层、双层、三层的排布情况。

3）电缆其他方式敷设定额综合了除直埋敷设、排管内敷设以外的各种不同敷设方式，直埋电缆敷设执行《安装预算定额》中的相应定额子目。

4）电缆排管内敷设、电缆其他方式敷设定额已包括电缆敷设、电缆绝缘电阻测试等，排管内铝芯电缆敷设参照排管内铜芯电缆相应定额子目，人工费乘以系数 0.70。

5）1kV 以下户内电力电缆终端头和中间头的制作安装定额不区分电缆头制作安装方式，已综合干包式、浇注式、热（冷）缩式三种方式的制作、安装。

6）电缆终端头和中间头的制作、安装均按铜芯电缆考虑的，铝芯电缆终端和中间头制作、安装执行相应定额子目，基价乘以系数 0.80。

7）电缆桥架的安装均按成品考虑。钢制、玻璃钢、铝合金电缆桥架已综合了槽式、梯式和托盘式各种电缆桥架的安装，并已包括桥架支撑架的安装和接地跨接。钢制桥架主结构设计厚度大于 3mm 时，执行相应安装定额子目，人工、机械乘以系数 1.20。不锈钢桥架安装执行相应钢制桥架定额子目，基价乘以系数 1.10。防火桥架执行钢制桥架定额子目；耐火桥架执行钢制桥架定额子目，人工、机械乘以系数 2.00；网格式桥架执行相应钢制桥架定额子目，基价乘以系数 0.80。

8）电缆若沿支架敷设时，电缆支架执行《安装概算定额》第六章通用项目和措施项目工程的相应定额子目。

9）线槽安装定额子目区分支架固定、沿地面敷设两种方式，综合考虑了不同规格的金属线槽和塑料线槽的安装，但未包含线槽本身价值，支架固定的线槽安装定额子目已包含支架的制作安装、除锈刷油。

10）电缆保护管定额子目按埋地敷设考虑，公称直径小于或等于 25mm 时，参照 DN50 的相应定额子目，基价乘以系数 0.70；多孔梅花管安装以梅花管外径参照相应的塑料管定额子目，基价乘以系数 1.20。

11）预制分支电缆敷设分别以主干和分支电缆的截面执行"电缆敷设"的相应定额子目，分支器按主电缆截面执行户内电力电缆终端头制作安装（1kV）定额子目，定额内除其他材料费保留外，其余计价材料全部删除，分支器主材另行计算。

12）矿物绝缘电缆敷设定额适用于铜或铜合金护套、波纹铜护套的矿物绝缘电缆，其他护套的矿物绝缘电缆执行电力电缆敷设相应定额子目，人工乘以系数 1.10，其电缆头制作安装执行户内电力电缆终端头制作安装（1kV）定额子目。

【注】依据《浙江省建设工程计价依据（2018 版）综合解释及动态调整补充（二）》（浙建站计〔2021〕4 号），本条说明调整如下：

矿物绝缘电缆敷设定额适用于铜或铜合金护套的矿物绝缘电缆。

波纹铜护套的矿物绝缘电缆执行铜芯电力电缆敷设的相应定额，人工乘以系数1.3，其电缆头制作安装执行户内电力电缆终端头制作安装（1kV）的定额子目。

其他护套的矿物绝缘电缆执行电力电缆敷设的相应定额，人工乘以系数1.1，其电缆头制作安装执行户内电力电缆终端头制作安装（1kV）的定额子目。

13）防火封堵定额按防火封堵（盘柜下）及防火封堵（电缆桥架、线槽、母线槽）进行划分。防火封堵洞面积按每处 0.25m² 以内考虑。防火材料的主材费已含在封堵定额子目中，不另行计算。

（5）防雷与接地

防雷与接地包括建筑物防雷接地（综合），等电位装置安装，避雷网安装，避雷引下线安装，接地极（板）制作、安装，避雷针制作、安装，接地母线敷设、接地跨接线安装，桩承台接地，设备防雷装置安装，接地装置试验，共10个部分。

1）建筑物防雷接地（综合）定额已综合考虑了避雷网安装、引下线敷设、均压环敷设、接地极（板）制作安装、接地母线敷设、接地跨接线安装、桩承台接地、接地装置试验、挖填土等内容，不含独立避雷针塔、等电位装置、设备防雷装置安装及调试，发生时另行计算。设计未明确防雷接地做法时，执行本定额，设计明确或者有特殊要求时，执行本节定额其他相应子目。

2）卫生间等电位联结定额已综合考虑了等电位端子箱与金属管道（构件）、卫生器具的联结，卫生间底板钢筋网焊接等内容，不含等电位端子箱的安装及端子箱本身价值，发生时执行本节定额相应子目。

设计未明确卫生间等电位联结做法时，执行卫生间等电位联结子目。卫生间内仅安装等电位端子箱的，不得执行卫生间等电位联结子目。

3）避雷网安装定额已综合了避雷网沿混凝土块和沿折板支架敷设、避雷小针制作安装、混凝土块制作。均压环安装定额按利用建筑物梁内主筋作为防雷接地连接线考虑的，每一梁内按焊接两根主筋编制，当焊接主筋数超过两根时，可按比例调整。

4）利用建筑结构钢筋作为接地引下线安装定额是按照每根柱子内焊接两根主筋编制的，当焊接主筋超过两根时，可按比例调整。

5）接地极（板）制作、安装定额包括接地试验等内容，未包括接地极（板）本身的价值。铜板（钢板）接地按一块铜板（钢板）做一组接地试验考虑，如设计不一致时按实调整。

6）避雷针制作、安装定额已综合考虑了不同针高；独立避雷针塔安装不含塔架制作、基础浇筑，相关费用需另行计算。

7）接地母线其他方式敷设安装定额已综合考虑了沿砖混结构敷设（明敷、暗敷）、沿桥架支架（电缆沟支架）敷设等敷设方式。接地网安装"利用基础（或地梁）钢筋"定额按两根主筋焊接连通考虑，当焊接主筋数超过两根时，可按比例调整。卫生间接地中的底板钢筋网焊接无论跨接或点焊，均执行本节定额"均压环安装"子目，基价乘以系数1.20，工程量按卫生间周长计算。

8）桩承台接地定额已综合了不同根数桩承台连接的形式。

3. 电气设备安装工程概算定额的工程量计算规则与应用

（1）10kV 以下变配电装置

1）室内变配电装置附属设施安装，分别按变压器总容量以"座"为计量单位。

2）变压器、断路器、隔离开关、互感器、高压配电柜安装均以"台（组）"为计量单位。

3）避雷器安装以"组"为计量单位。

4）共箱母线桥安装以"组"为计量单位。

5）成套箱式变电站安装以"台"为计量单位。

6）送配电装置系统调试以"系统"为计量单位。

7）电气装置调试以"套（台）"为计量单位，避雷器、电容器调试以"组"为计量单位。特殊保护装置调试，均以构成一个保护回路系统为一套。

8）配电智能设备安装调试按配电智能设备工作站数量以"系统"为计量单位。定额按照变配电室低压侧配电屏数量 20 台、每台配电屏采集器点位 3 处来考虑。

（2）电力配电装置

1）电力配电装置线路安装按实际用电设备的容量以"kW"为计量单位。

2）配电箱、柜、屏、台安装均以"台"为计量单位。

3）滑触线安装以"m/单相"为计量单位，滑触线指示灯安装以"套"为计量单位。

4）母线槽安装以"m"为计量单位，母线槽进线箱、始端箱安装以"台"为计量单位。

（3）照明配电装置

1）照明配电线路安装按建筑面积以"m^2"为计量单位。

2）楼宇亮化配电线路安装按灯具数量以"点"为计量单位，其中线性灯具设计已明确的，按设计图纸数量计入，设计不明确的，按每米一个点计算。

3）灯具安装均以"套""m"为计量单位，其他电器安装以"台"为计量单位。

（4）电缆工程

1）电缆保护管附属设施参照图标图集《110kV 及以下电缆敷设》12D101-5 计算，定额按照两层三列管道排布进行考虑，塑料管外径按 $D=160mm$、钢管外径按 $D=165mm$，管枕上层顶到地面按埋深 $H=680mm$，开挖放坡按 $i=1:3$，沟槽按砂回填，两侧工作面分别按 $L_1=50mm$ 进行考虑，如遇设计不同时，按实调整。电缆保护管附属设施以"m"为计量单位。

2）防火封堵（盘柜下）、防火封堵（电缆桥架、线槽、母线槽）以"处"为计量单位。其中，防火封堵（电缆桥架、线槽、母线槽）按电缆桥架、线槽、母线槽穿楼板、穿越不同防火区墙体等需做防火封堵的处数进行计算。

3）电缆终端头、电缆中间头均以"个"为计量单位。

4）电缆桥架、线槽安装均以"m"为计量单位。

5）电缆敷设以"m"为计量单位。电缆敷设长度应根据敷设路径的水平和垂直敷设长度计算，并考虑因波形敷设、弛度、电缆绕梁（柱）所增加的长度以及电缆与设备连接、电缆接头等必要的预留长度。预留长度按照设计规定计算，设计无规定时，按照表 2.1.2-1 规定计算。

电缆敷设附加长度计算表   表 2.1.2-1

序号	项目	预留长度（附加）	说明
1	电缆敷设弛度、波形弯度、交叉	2.5%	按电缆全长计算
2	电缆进入建筑物	2.0m	规范规定最小值
3	电缆进入沟内或吊架时引上（下）预留	1.5m	规范规定最小值
4	变电所进线、出线	1.5m	规范规定最小值
5	电力电缆终端头	1.5m	检修余量最小值
6	电缆中间接头盒	两端各留 2.0m	检修余量最小值
7	电缆进控制、保护屏及模拟盘	高+宽	按盘面尺寸
8	高压开关柜及低压配电盘、箱	2.0m	盘下进出线
9	电缆至电动机	0.5m	从电机接线盒起算
10	厂用电压器	3.0m	从地坪起算
11	电缆绕过梁柱等增加面积	按实计算	按被绕物的断面情况计算增加面积
12	电梯电缆与电缆架固定点	每处 0.5m	规范最小值

【注】若设计图纸材料表统计的工程量已考虑电缆附加及预留的长度，则采用该表的工程量时不得重复计算附加及预留的长度。

（5）防雷与接地

1）建筑物防雷与接地（综合）按建筑面积以"m²"为计量单位。

2）卫生间等电位联结以"间"为计量单位；仅考虑带淋浴或浴盆的卫生间数，及按设计要求设置局部等电位箱并进行等电位联结的卫生间数。

3）避雷网安装以"m²"为计量单位；均压环安装以"m"为计量单位。

4）避雷引下线、接地母线安装均以"m"为计量单位。

5）接地极（板）制作安装以"组""根""块"为计量单位；接地装置试验以"组（系统）"为计量单位。

6）避雷针制作安装以"根"为计量单位，独立避雷针塔安装以"基"为计量单位。

7）桩承台接地以"基"为计量单位。

2.1.3 给排水工程概算编制

1. 概述

（1）《安装概算定额》第四章管道安装工程设四节，主要内容包括民用管道工程，民用管道配套工程，工业管道工程，刷油、防腐、绝热工程。

（2）民用管道工程适用于生活用给排水、燃气管道工程。

（3）民用管道室内外界限的划分：

1）给水管道以建筑物外墙皮 1.5m 为界。

2）排水管道以出户后第一个排水检查井为界。

2. 给排水工程概算定额的调整与应用

（1）民用管道工程

民用管道工程包括室内给水干（立）管、室内排水立管、室内排水干管、用水点管道（支管）、室内雨水管道、室外给水管道和燃气管道安装，共 7 个部分。

码2.1-3 给排水工程概算编制

1）民用管道工程中用水点管道安装定额未包括给水干（立）管及排水干（立）管部分的管道安装，仅包括用水点、排水点除干（立）管外的支管安装，干（立）管按实计算执行干（立）管相关定额。

2）民用管道工程中用水点管道（支管）安装定额按住宅、办公楼、宾馆、其他公共建筑设置子目，其中，医院的门诊楼工程执行办公楼相应项目，住院楼工程执行宾馆相应项目。

3）虹吸雨水管道安装、燃气管道安装定额均已包括了干（立）管及水平支管的安装。

4）民用管道工程中除上述管道工程以外，其他的如蒸汽管道、空压管道、真空管道、氧气管道等安装工程均执行工业管道安装工程相应项目。

5）雨水管道安装除虹吸雨水管道安装、室内塑料雨水管（粘接）外，其余执行《安装概算定额》的相关定额。

6）管道安装项目中未包括低压器具、水表组成与安装、阀门安装，低压器具、水表组成与安装、阀门安装执行"民用管道配套工程"的相关定额。

7）管道穿墙、过楼板套管制作与安装，执行《安装概算定额》第六章通用项目和措施项目工程中"一般穿墙套管制作、安装"的相应子目，其中过楼板套管执行"一般穿墙套管制作、安装"相应子目时，主材按 0.2m 计，其余不变。

8）若设计要求穿楼板的管道要安装刚性防水套管，执行《安装概算定额》第六章通用项目和措施项目工程中"刚性防水套管制作、安装"相应子目，基价乘以系数 0.30。

9）铸铁排水管安装定额中已包括管道沥青漆两遍的涂刷。

【案例 2.1.3-1】依据《安装概算定额》，民用管道穿墙、过楼板套管制作与安装，执行该定额第（　　）章。

A. 三　　　　　　　B. 二　　　　　　　C. 六　　　　　　　D. 四

答案：C。

（2）民用管道配套工程

"民用管道配套工程"定额与"民用管道工程"配套使用，包括成品防火套管安装，低压器具、水表组成与安装，卫生器具安装，给排水设备安装，阀门安装，共 5 个部分。

橡胶软接头、水过滤器执行阀门安装定额。

【案例 2.1.3-2】焊接法兰水表（无旁通管）DN75，其概算基价为（　　）元/组。

A. 191.38　　　　B. 199.37　　　　C. 200.88　　　　D. 185.77

答案：A。

（3）工业管道工程

工业管道工程定额适用于浙江省新建、扩建工业建筑项目中厂区范围内的车间、装置、站、罐区及其相互之间各种生产用介质输送管道的安装工程，包括低压管道、中压管道、阀门安装，共 3 个部分。

1）管道公称压力分为低、中、高三个压力等级，其等级范围划分如下：

低压：$P \leqslant 1.6\text{MPa}$；

中压：1.6MPa＜P≤10MPa；

高压：P＞10MPa。

考虑浙江省的实际情况，定额仅列入低、中压管道，若为高压管道，执行《安装概算定额》的相应项目。

2）管道安装包括管道安装、管件连接、管口焊缝热处理、无损探伤、焊口局部充氩保护焊接、管道液压试验、吹（冲）洗、清洗、气密性试验、管道支架制作与安装、管道及支架的除锈刷油等工作内容。

3）阀门安装包括法兰安装与阀门安装，适用于低压阀门安装，若为中压阀门，定额基价乘以系数1.20。

（4）刷油、防腐、绝热工程

刷油、防腐、绝热工程定额适用于新建、扩建项目中的设备、管道、金属结构等的刷油、防腐、绝热工程。该定额包括刷油及防腐、绝热工程，共2个部分。

1）如需要标志色环等零星刷油，执行定额相应项目，其人工乘以系数2.00。

2）刷油、防腐、绝热工程定额按安装场地内涂刷油漆考虑，如安装前集中刷油，人工乘以系数0.45（暖气片除外）。如安装前集中喷涂，执行刷油子目，人工乘以系数0.45，材料乘以系数1.16，增加喷涂机械电动空气压缩机3m³/min（其台班消耗量同调整后的合计工日消耗量）。

3. 给排水工程概算定额的工程量计算规则与应用

（1）民用管道工程

1）给排水干（立）管安装包括主干管、主立管、不分明装和暗装，均按设计图示管道中心线长度，以"m"为计量单位，不扣除阀门、管件（包括减压器、疏水器、水表、伸缩器等组成安装）所占长度。

2）给水系统用水点管道安装，不分明装和暗装，以"点"为计量单位，每一给水处为一点［包括除干（立）管以外的支管安装］，当一个用水点分冷、热水供水时，则按两个给水点计算工程量。

3）排水系统支管安装，不分明装和暗装，以"点"为计量单位，每一排水处为一点［包括除排水干（立）管以外的支管安装］。

4）虹吸雨水管道安装以"点"为计量单位，一个雨水斗为一点。

5）室内燃气管道以"点"为计量单位。

（2）民用管道配套工程

1）成品防火套管安装按不同管径，以"个"为计量单位。

2）减压器、疏水器按不同的连接方式和不同管径，以"组"为计量单位。

3）水表按不同的连接方式和不同管径，以"组"为计量单位。

4）水表箱安装按箱体容纳表位，以"个"为计量单位。

5）卫生器具以"组"或"个"为计量单位。

6）各种给排水设备安装项目除另有说明外，按设计图示规格、型号，均以"台"为计量单位。

7）变频、稳压、无负压给水设备按同一底座为一套设备，不分泵组出口管道公称直径，以"套"为计量单位。

8）太阳能集热装置区分平板、玻璃真空管形式，以"m²"为计量单位。

9）地源热泵机组，以"组"为计量单位。

10）电热水器分挂式、立式安装，以"台"为计量单位。

11）水箱安装项目按水箱设计容量，以"台"为计量单位。

12）阀门安装以"个"为计量单位。

（3）工业管道安装工程

1）各种管道，均按设计管道所示中心线长度，以"延长米"计算，不扣除阀门、管件所占长度。

2）管道安装以"m"为计量单位。

3）阀门安装以"个"为计量单位。

（4）刷油、防腐、绝热工程

1）刷油、防腐工程：工程量计算分别以"m²"或"kg"为计量单位。

2）绝热工程：伴热管道、设备绝热工程量计算方法是：主绝热管道或设备的直径加伴热管道的直径，再加 10～20mm 的间隙作为计算的直径，即：$D=D_{主}+d_{伴}+（10～20)$mm。

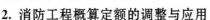

工程量计算分别以"m³"或"m²"为计量单位。

2.1.4 消防工程概算编制

1. 概述

《安装概算定额》第五章消防工程设三节，主要内容包括水灭火系统安装、火灾自动报警系统安装、消防系统调试等。

2. 消防工程概算定额的调整与应用

（1）章说明

1）消防工程界限划分

① 消防水灭火系统室内外管道以距建筑物外墙皮 1.5m 为界，入口处设阀门者以阀门为界。

② 消防泵房管道以泵房外墙皮为界。

③ 消防泵房管道、室外消防管道安装，阀门安装执行《安装概算定额》第四章"管道安装工程"的相应定额子目。

2）管道穿墙、过楼板套管制作安装执行《安装概算定额》第六章通用项目和措施项目工程中"一般穿墙套管制作、安装"相应子目，其中过楼板套管制作、安装执行"一般穿墙套管制作、安装"相应子目时，主材按 0.2m 计，其余不变。

若设计要求穿楼板的管道要安装刚性防水套管，执行《安装概算定额》第六章通用项目和措施项目工程中"刚性防水套管制作、安装"相应子目，基价乘以系数 0.30。

【案例 2.1.4-1】某消火栓系统穿墙钢套管管径为 DN100，则穿墙钢套管制作安装的概算基价为（　　）元/个。

　　A. 71.88　　　　　　B. 45.98　　　　　　C. 35.37　　　　　　D. 21.47

答案：C。

【案例 2.1.4-2】某消火栓系统穿楼板刚性防水套管管径为 DN150，则该套管

码2.1-4 消防工程概算编制

制作安装的概算基价为（　　）元/个。

A. 217.18　　　　B. 81.35　　　　C. 131.76　　　　D. 535.4

答案：B。

3）气体灭火系统、泡沫灭火系统安装及调试执行《安装概算定额》的相应定额子目。

（2）水灭火系统安装

1）消防管道安装定额均已包括了干（立）管及水平支管的安装。

2）消防炮安装仅适用于额定流量小于或等于5L/s的消防炮，大于此流量的，按实调整。

3）阀门安装执行《安装概算定额》第四章管道安装工程的相应定额子目。

（3）火灾自动报警系统安装

1）火灾自动报警系统由消控中心至端子箱的线缆为干线，其他为支路管线。

2）火灾自动报警系统的干线及桥架安装执行《安装概算定额》第二章电气及智能化系统设备安装工程相应定额子目。

3）各类设备安装定额中均已包括支路管线的安装。

4）短路隔离器安装执行消防专用模块安装定额子目。

【案例2.1.4-3】短路隔离器安装执行的《安装概算定额》的子目是（　　）。

A. 5-2-5　　　　B. 5-2-6　　　　C. 5-2-7　　　　D. 5-2-8

答案：B。

5）电源监控主机、防火门监控主机安装执行报警联动一体机安装定额子目，基价乘以系数0.7。

6）探测器模块安装执行消防专用模块安装定额子目。

7）温度传感器安装执行探测器定额子目，剩余电流互感器安装执行《安装概算定额》的相应定额子目。

（4）消防系统调试

防火门监控系统、消防电源监控系统、电气火灾监控系统的调试，执行自动报警系统调试的相应定额子目。

3. 消防工程概算定额的工程量计算规则与应用

（1）水灭火系统安装

1）消防喷淋管道安装定额包括消防喷淋系统室内管道安装，按喷淋头数量以"点"为计量单位。

2）室内消火栓管道安装定额包括消火栓系统室内管道安装，按消火栓箱数量以"套"为计量单位。

3）消防炮管道安装定额包括消防炮系统室内管道安装，按消防炮数量以"点"为计量单位。

4）湿式报警装置安装、温感水幕装置安装、末端试水装置安装以"组"为计量单位。

5）水流指示器安装、减压板安装以"个"为计量单位。

6）集热板安装、消火栓安装、水泵接合器安装以"套"为计量单位。

（2）火灾自动报警系统安装

火灾自动报警系统设备安装按设计图示数量计算，以"台""个"或"m"为计量单位。

（3）消防系统调试

1）自动报警系统调试按报警控制器台数以"系统"为计量单位。

2）消火栓灭火系统调试点数按消火栓启泵按钮数量计算，以"点"为计量单位。

3）自动喷水灭火系统调试点数按水流指示器数量计算，以"点"为计量单位。

4）消防水炮控制装置系统调试点数按水炮数量计算，以"点"为计量单位。

5）防火控制装置调试按设计图示控制装置的数量计算，以"点"为计量单位。

6）切断非消防电源的点数以执行切断非消防电源的模块数量计算，以"点"为计量单位。

2.1.5　通风空调工程概算编制

1. 概述

码2.1-5　通风空调工程概算编制

《安装概算定额》第三章通风空调安装工程分为八节，主要内容有风管系统制作、安装，空调水系统安装，空调设备安装，送吸风及人防设备安装，净化系统设施安装，风管零部件制作、安装，风管绝热工程，系统调试。

2. 通风空调安装工程概算定额的调整与应用

（1）风管系统制作、安装

风管系统制作、安装定额包括一般通风空调系统风管制作、安装，空调净化系统风管制作、安装，不锈钢风管制作、安装，铝板风管制作、安装，塑料风管制作、安装，成品玻璃钢风管安装，玻纤复合风管制作、安装，机制玻镁复合风管制作、安装，彩钢复合风管制作、安装，铝箔复合风管制作、安装，成品固定式挡烟垂壁安装，共 11 个部分。

1）风管系统制作、安装定额包括下列工作内容：

① 薄钢板风管（镀锌钢板与普通钢板）：直管及管件、法兰、加固框、导流叶片、风管检查口、支（吊、托）架的制作、安装，除锈刷油（镀锌板风管除外）。

② 净化风管：直管及管件、法兰、加固框、导流叶片、风管检查孔、支（吊、托）架的制作与安装，支架、法兰除锈刷油及净化特别要求的材料清洗、加装特殊辅材等除锈刷油。

③ 不锈钢风管：直管及管件、法兰、加固框、导流叶片、风管检查孔、支（吊、托）架的制作、安装，支架除锈刷油。

④ 铝板风管：直管及管件、法兰、加固框、支（吊、托）架的制作、组对焊接，支（吊、托）架除锈刷油、安装。

⑤ 塑料风管：胎具制作，风管、管件、法兰加热成型，支（吊、托）架的制作安装，支架除锈刷油。

⑥ 玻璃钢风管：按成品风管现场安装，包括支（吊、托）架制作及埋设，风管配合修补，粘接、组装就位、固定，支架除锈刷油。

⑦ 玻纤复合风管、机制玻镁复合风管、彩钢复合风管、铝箔复合风管：直管及管件制作安装、法兰风管的法兰制作安装，风管加固，支（吊、托）架制作安装

及除锈刷油、安装。

⑧ 成品固定式挡烟垂壁安装包括定位、安装、固定。

2）薄钢板风管整个通风系统设计采用渐缩管均匀送风者，圆形风管按平均直径，矩形风管按平均周长执行相应规格的定额子目，其人工乘以系数 2.50。

【案例 2.1.5-1】 镀锌薄钢板法兰矩形风管（咬口）渐缩管 1400mm×800mm～800mm×600mm，均匀送风，钢板厚度 1.0mm，厚度 1.0mm 的镀锌薄钢板价格为 80 元/m²，试求该风管制作、安装的概算定额基价、人工费、机械费、未计价主材价值。

例题解析： 套用《安装概算定额》的定额 3-1-2 换

基价＝576.72×2.5＋262.99＋26.51＝1731.3 元/10m²

其中，人工费＝576.72×2.5＝1441.8 元/10m²

机械费＝26.51 元/10m²

未计价主材价值＝11.38×80＝910.4 元/10m²

3）各种风管安装均包括支（吊、托）架制作、安装、埋设及除锈刷油，但不包括风管的落地支架制作与安装，落地支架制作、安装执行《安装概算定额》第六章通用项目和措施项目工程中设备支架定额的相应子目。

4）通风管道制作安装子目中，可根据设计要求以确定板材的厚度，但人工费、机械费不变。

5）净化系统风管制作安装子目中，型钢未包括镀锌费，如设计要求镀锌时，镀锌费用另行计算。

6）净化通风管道子目按空气洁净度 100000 级编制。

7）不锈钢板风管咬口连接制作、安装参照镀锌薄钢板制作、安装子目，其中材料乘以系数 3.50。

8）玻璃钢风管未计价主材在组价时应包括同质法兰和加固框，其重量暂按风管全重的 15% 计。

9）圆弧形风管制作、安装参照相应规格子目执行，人工费、机械乘以系数 1.40。

【案例 2.1.5-2】 镀锌薄钢板净化圆形风管的圆弧形风管制作安装，风管直径 420mm，钢板厚度 0.6mm，厚度 0.6mm 的镀锌薄钢板价格为 45 元/m²，试求该风管制作、安装的概算定额基价、人工费、机械费、未计价主材价值。

例题解析： 套用《安装概算定额》的定额 3-1-1 换

基价＝（632.88＋23.68）×1.4＋202＝1121.18 元/10m²

其中，人工费＝632.88×1.4＝886.03 元/10m²

机械费＝23.68×1.4＝33.15 元/10m²

未计价主材价值＝11.38×45＝512.1 元/10m²

（2）空调水系统安装

空调水系统安装定额包括空调水系统配管及辐射供暖供冷装置安装，共 2 个部分。

1）空调水系统配管定额工作内容包括从冷冻站房主机引出到各风机盘管、变风量空调器的送回水管道、冷凝水管道的安装、保温、管道刷油、支（吊、托）架制作、安装和刷油，以及水系统中的阀门安装，不包括各用水空调设备处阀门、温度计、压力表和用水空调的本体及其安装费。系统管道中如需镀锌者，镀锌费用另行计算。

2）空调水系统配管定额适用二管制水系统的安装，若设计采用四管制水系统时执行相应定额，基价乘以系数 1.80。

【案例 2.1.5-3】空调水系统配管，设计采用四管制水系统，试求该项目概算基价。

例题解析：套用《安装概算定额》的定额 3-2-1 换

基价＝327.11×1.8＝588.80 元/kW

3）辐射供暖供冷装置安装包括毛细管席安装、一体化预制辐射供暖（冷）板安装、预制沟槽保温板辐射供暖供冷系统安装。毛细管席安装、一体化预制辐射供暖（冷）板安装不包括集配及计量装置安装工作内容。预制沟槽保温板辐射供暖供冷系统安装不包括集配及计量装置安装、发泡水泥绝热层或发泡混凝土、填充层、隔离层、找平层、装饰面层安装工作内容。

（3）空调设备安装

空调设备安装定额包括分体式及窗式空调器安装、多联体空调机安装、空调机组安装、风机盘管安装、VAV 变风量末端装置安装、空气幕安装，共 6 个部分。

1）主要包括下列工作内容：

① 开箱检查设备、附件、底座螺孔。

② 吊装、找平、找正、垫垫、灌浆、螺栓固定、装梯子。

③ 找标高、打支架墙洞、配合预留孔洞、埋设吊托支架、组装、找正、垫垫、上栓紧固、除锈、刷油。

④电气检查接线、单机试运行。

2）成套分体式空调器安装定额中包括室内机、室外机安装，随设备带来的支架安装，长度在 5m 以内的冷媒管及其保温、保护层安装、电气接线工作。窗式空调器安装定额中包括随设备带来的支架安装。

3）多联体空调室内机安装定额中包括多联体空调室内机冷媒铜管安装、冷凝水管道安装、橡塑保温及其保护带包扎、检查接线、温控开关及其控制线路安装、支架制作与安装及除锈刷油等。

4）多联机空调室内机安装定额适用于 1 台室外机带动 5 台以上、10 台及以下的室内机空调系统，如采用 1 台室外机带动 5 台及以下室内机的空调系统，执行本定额，基价乘以系数 0.75。

【案例 2.1.5-4】多联机空调室内机安装，1 台室外机带动 4 台室内机（制冷量40kW），套用《安装概算定额》，并计算概算基价。

例题解析：套用《安装概算定额》的定额 3-3-5 换

基价＝1565.92×0.75＝1174.44 元/台

5）空调机组安装定额中已包含阀门（电动阀除外）、水过滤器、温度计、压力表、软管接口安装、设备支架制作安装及除锈刷油、电机检查接线及调试。

6）风机盘管（两管制）的安装，包括风机盘管、检查接线、风机盘管温控开关及控制线路、阀门、水过滤器、软接头、减振器、支架制作、安装及刷油等。

（4）送吸风及人防设备安装

送吸风及人防设备安装定额包括轴流式通风机安装、离心式风机安装、除尘设备安装、人防设备及部件安装，共 4 个部分。

1）包括下列工作内容：

① 开箱检查设备、附件、底座螺孔。

② 吊装、找平、找正、垫层、灌浆、螺栓固定、装梯子。

③ 找标高、打支架墙洞、配合预留孔洞、埋设吊托支架、组装、找正、垫垫、上螺栓、紧固、除锈刷油。

④ 电机检查接线、单机试运行。

2）斜流式、混流式通风机安装执行轴流式通风机安装项目。

【案例 2.1.5-5】 混流式通风机安装 10 号，套用《安装概算定额》，并计算概算基价。

例题解析： 套用《安装概算定额》的定额 3-4-3，基价为 1358.99 元/台。

3）箱体式风机安装执行通风机安装的相应子目，基价乘以系数 1.20；轴流式通风机如果安装在墙体里，参照轴流式通风机安装相应定额子目，人工、材料乘以系数 0.70。

【案例 2.1.5-6】 轴流式通风机 7 号，安装在墙体里，试求该项目概算基价。

例题解析： 套用《安装概算定额》的定额 3-4-2 换

基价＝491.40×0.7＋239.33×0.7＋66.38＝577.89 元/台

4）密闭穿墙套管为成品安装时，按密闭穿墙套管制作安装定额，基价乘以系数 0.30，穿墙套管主材另计。

（5）净化系统设施安装

净化系统设施安装定额包括过滤器框架制作安装，净化过滤器、净化工作台、洁净室、风淋室安装。

1）包括下列工作内容：

①开箱、检查、配合钻孔、垫垫、口缝涂密封胶、试装、正式安装。

②过滤器框架包括刷油。

2）净化系统的其他部件、空调设备、通风设备的安装均执行通风空调安装工程相应定额子目。

（6）风管零部件制作、安装

风管零部件制作、安装定额包括各种成品阀类、风口、消声器、静压箱的安装，各种罩类、风帽等部件的制作、安装，共 6 个部分。

1）铝及铝合金阀门安装执行碳钢阀门安装相应定额，人工乘以系数 0.80。

【案例 2.1.5-7】 铝合金风管蝶阀安装，试求该项目概算基价。

例题解析： 套用《安装概算定额》的定额 3-6-1 换

基价＝37.67×0.8＋8.92＋3.43＝42.49 元/个

2）碳钢风口、木风口、玻璃钢风口安装执行风口安装相应定额，人工乘以系数 1.20；风口宽与长之比小于或等于 0.125 为条缝型风口，执行百叶风口相应定额，人工乘以系数 1.10。

3）带调节阀（过滤器）百叶风口、带调节阀散流器安装，按照风口安装相应定额，基价乘以系数 1.50。

4）风机防虫网罩安装执行风口安装相关定额，基价乘以系数 0.80。

（7）风管绝热工程

风管绝热工程包括带铝箔离心玻璃棉板安装、橡塑板安装，共 2 个部分。

风管绝热工程包括下列工作内容：

① 带铝箔离心玻璃棉板安装包括运料、拆包、裁料、粘钉、安装、粘缝、修理找平。

② 橡塑板安装包括运料、下料、安装、涂胶、贴缝、修理找平。

（8）系统调试

综合考虑空调水系统调试、通风空调系统调试、变风量系统调试。

1）包括下列工作内容：

① 空调水系统调试包括系统平衡调试。

② 通风空调系统调试包括通风管道漏光试验、漏风试验、风量测定、温度测定、各系统风口风阀调整。

③ 变风量系统调试包括通风管道漏光试验、漏风试验、风系统平衡调试。

2）变风量系统调试定额仅适用于变风量空调风系统，不得再重复计算通风空调系统调试项目。

3. 通风空调安装工程概算定额的工程量计算规则与应用

（1）风管系统制作、安装

1）风管制作、安装按设计图示内径尺寸以展开面积计算，以"m²"为计量单位，不扣除检查孔、测定孔、送风口、吸风口等所占面积。

2）计算风管长度时均以设计图示中心线长度为准，包括弯头、三通、变径管、天圆地方等管件的长度，但不包括部件所占长度。

3）柔性软风管安装按图示管道中心线长度计算，以"m"为计量单位。

（2）空调水系统安装

1）空调水系统配管定额按冷冻机组的总制冷量以"kW"为单位计算。不含各分体式空调器或组装式空调器等的制冷量。

2）辐射供暖供冷装置安装以"m²"为单位计算。

（3）空调设备安装

1）各式空调器按不同的安装方式，以"台"为计量单位。

2）多联体空调机安装，以"台"为计量单位。

3）空调机组按不同的风量及安装方式，以"台"为计量单位。

4）风机盘管按不同安装方式，以"台"为计量单位。

5）空气幕按不同长度，以"台"为计量单位。

（4）送吸风及人防设备安装

1）风机安装按设计不同型号以"台"为计量单位。

2）除尘设备安装按设备不同重量以"台"为计量单位。

3）人防两用风机、人防过滤吸收器、预滤器、除湿器、探头式含磷毒气报警器、γ射线报警器安装以"台"为计量单位。

4）人防手动密闭阀安装，人防穿墙密闭套管制作、安装，自动排气活门安装，测压装置、换气堵头、波导窗安装以"个"为计量单位；LWP油网滤尘器安装以"m²"为计量单位。

（5）净化系统设施安装

1）净化过滤器、净化工作台、洁净室、风淋室等安装均以"台"为计量单位。

2）过滤器框架制作安装以"kg"为计量单位。

3）净化过滤器若设计数量未明者按表2.1.5-1计算。

净化过滤器设计数量表   表2.1.5-1

净化等级	高效过滤器（台/10m²）	净化等级	高效过滤器（台/10m²）
100级	8.72	10000级	0.83
1000级	3.28	50000级	0.78
5000级	2.38	100000级	0.36

（6）风管零部件制作、安装

1）各种成品阀类安装均以"个"为计量单位。

2）成品风口安装以"个"为计量单位，除不锈钢风口、塑料直片式散流器、塑料空气分布器以"kg"为计量单位。

3）成品消声器安装以"个"为计量单位。

4）静压箱制作、安装以"m²"为计量单位。

5）各种罩类制作、安装以"kg"为计量单位，厨房油烟排气罩成品安装以"个"为计量单位。

6）风帽制作、安装以"kg"为计量单位。

（7）风管绝热工程

带铝箔离心玻璃棉板安装、橡塑板安装均以"m²"为计量单位。

（8）系统调试

1）空调水系统调试费按空调水系统工程人工总工日数计算，以"工日"为计量单位。

2）通风空调系统调试费按通风空调系统工程人工总工日数计算，以"工日"为计量单位。

3）变风量系统调试费按变风量系统工程人工总工日数计算，以"工日"为计量单位。

2.1.6　任务布置与实施

1. 电缆敷设工程

（1）工程概况

如图2.1.6-1～图2.1.6-4所示为某厂房的部分电气图。本任务说明如下：

1）本工程采用相对标高，单位以"m"计；尺寸以"mm"计。

2）厂房为五层砖混结构。

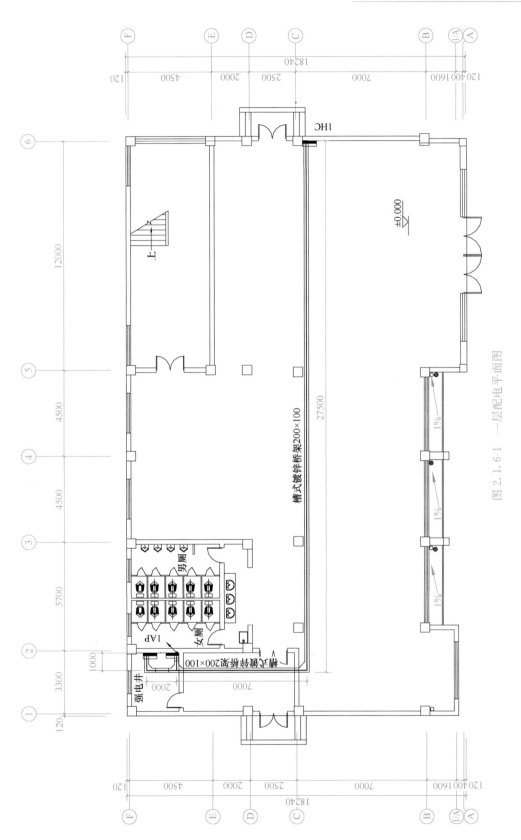

图 2.1.6-1　一层配电平面图

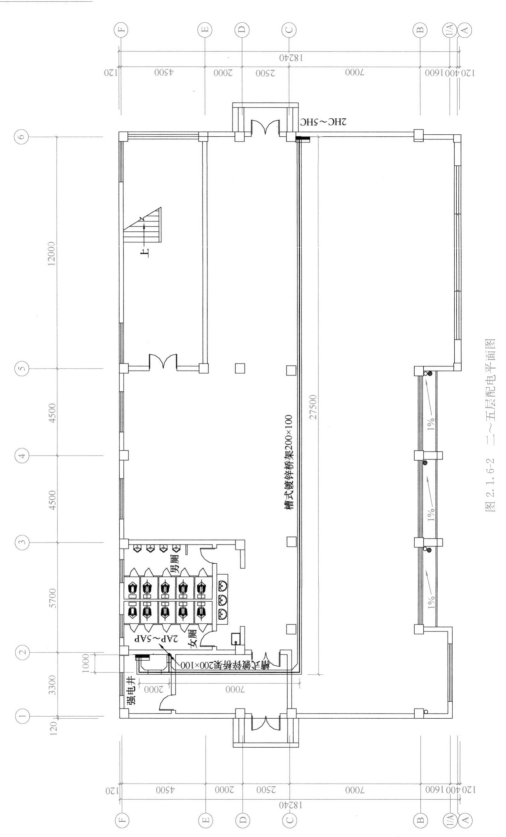

图 2.1.6-2 二~五层配电平面图

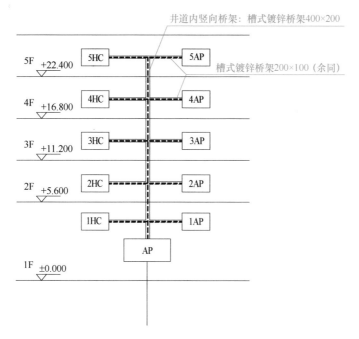

图 2.1.6-3　配电干线图

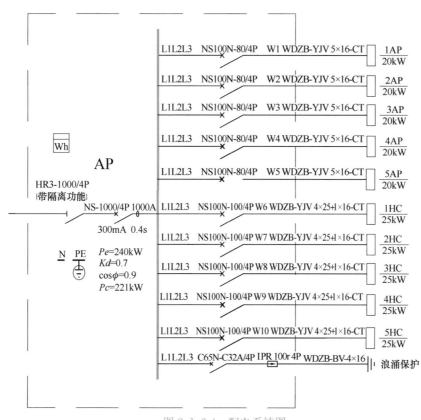

图 2.1.6-4　配电系统图

3）GGD 型低压配电柜 AP（尺寸：宽×高×厚 1000mm×2200mm×600mm）安装在 8 号基础槽钢上；

配电箱 1AP~5AP（尺寸：宽×高×厚 500mm×300mm×200mm），挂墙明装，底边距地 1.5m；

配电箱 1HC~5HC（尺寸：宽×高×厚 500mm×300mm×200mm），挂墙明装，底边距地 1.5m。

4）低压配电柜 AP 出线回路沿桥架敷设，GQJ-C 型槽式镀锌桥架安装高度为距地面 4.8m。

5）槽钢理论质量为 8.045kg/m。

6）企业管理费费率取 21.72%，利润率取 10.4%。

7）不考虑系统调试费、电力电缆终端头预留长度、桥架支架及防火封堵。

8）主要材料及设备价格详见表 2.1.6-1。

主要材料及设备价格表　　　　　　　　表 2.1.6-1

序号	材料或设备名称	单位	除税单价（元）	备注
1	低压配电柜 AP	台	4800.00	—
2	配电箱 1AP~5AP	台	3000.00	—
3	配电箱 1HC~5HC	台	2800.00	—
4	电力电缆	m	68.57	—
5	碳素结构钢焊接钢管 综合	m	3.98	—
6	铜芯塑料绝缘线	m	1.65	—
7	电缆桥架 综合	m	79.55	—
8	碳素结构钢镀锌焊接钢管 综合	m	4.38	—
9	控制电缆	m	89.13	—

任务：试根据说明、系统图、干线图、平面图，按浙江省现行计价依据的相关规定，完成概算工程量计算，并填写设备及安装工程概算表。

（2）概算工程量计算

概算工程量计算见表 2.1.6-2。

工程量计算表　　　　　　　　表 2.1.6-2

工程名称：某厂房电气工程

序号	名称	单位	计算式	合计
1	一般工业建筑电力配电线路	kW	20×5+25×5	225
2	GGD 型低压配电柜 AP	台	1	1
3	配电箱 1AP~5AP	台	5	5
4	配电箱 1HC~5HC	台	5	5

（3）设备及安装工程概算（见表 2.1.6-3）

设备及安装工程概算表

工程名称：某厂房电气工程

表 2.1.6-3

序号	定额编码	工程项目或费用名称	单位	数量	单价（元）					合价（元）				
					设备和主材费	定额单价（元）				设备和主材费	定额合价（元）			
						合计	人工费	材料费	机械费		合计	人工费	材料费	机械费
1	2-2-4	一般工业建筑电力配电线路	kW	225	271.24	78.45	64.26	8.37	5.82	61029.00	17651.25	14458.50	1883.25	1309.50
	主材	电力电缆	m	0.505	68.57	—	—	—	—	34.63	—	—	—	—
	主材	碳素结构钢焊接钢管 综合	m	1.03	3.98	—	—	—	—	4.10	—	—	—	—
	主材	铜芯塑料绝缘线	m	5.88	1.65	—	—	—	—	9.70	—	—	—	—
	主材	电缆桥架 综合	m	0.97	79.55	—	—	—	—	77.16	—	—	—	—
	主材	碳素结构钢镀锌焊接钢管 综合	m	0.206	4.38	—	—	—	—	0.90	—	—	—	—
	主材	控制电缆	m	1.624	89.13	—	—	—	—	144.75	—	—	—	—
2	2-2-11	GGD型低压配电柜AP安装 在8号基础槽钢上（1000mm×2200mm×600mm）	台	1	4800	678.59	431.33	157.42	89.84	4800	678.59	431.33	157.42	89.84
	主材	GGD型低压配电柜AP（1000mm×2200mm×600mm）	台	1	4800	—	—	—	—	4800	—	—	—	—
3	2-2-12	配电箱 1AP~5AP（500mm×300mm×200mm）挂墙明装	台	5	3000	337.19	250.83	74.35	12.01	15000	1685.95	1254.15	371.75	60.05
	主材	配电箱 AP（500mm×300mm×200mm）	台	1	3000	—	—	—	—	3000	—	—	—	—
4	2-2-12	配电箱 1HC~5HC（500mm×300mm×200mm）挂墙明装	台	5	2800	337.19	250.83	74.35	12.01	14000	1685.95	1254.15	371.75	60.05
	主材	配电箱 HC（500mm×300mm×200mm）	台	1	2800	—	—	—	—	2800	—	—	—	—

2. 防雷与接地工程

（1）工程概况

某厂房（框架结构）屋面防雷工程如图 2.1.6-5 所示。

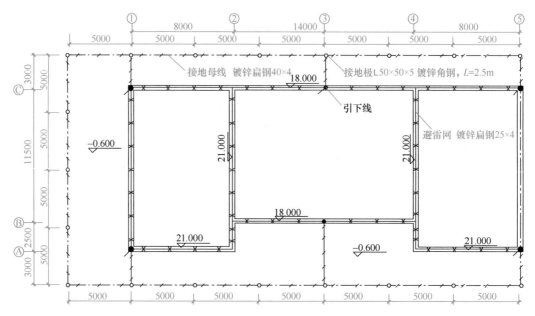

图 2.1.6-5　标准厂房防雷接地平面图

1）室内外地坪高差 0.60m，不考虑墙厚，也不考虑引下线与避雷网、引下线与断接卡子的连接耗量。

2）避雷网采用 25×4 镀锌扁钢（理论质量为 1.459kg/m），沿屋顶女儿墙折板支架敷设。

3）引下线利用建筑物柱内主筋引下，每一处引下线均需焊接两根主筋，每一引下线离地坪 1.8m 处设一断接卡子。

4）户外接地母线均采用 40×4 镀锌扁钢，埋深 0.7m。

5）接地极采用 L50×50×5 镀锌角钢制作，L=2.5m，土质坚土。

6）接地电阻要求小于 10Ω。

7）图中标高单位以"m"计，其余均为"mm"，调试不计。

8）主要材料价格见表 2.1.6-4。

主要材料价格表　　　　　　　　　　　　　表 2.1.6-4

序号	名称	单位	除税单价（元）
1	接地极角钢 L50×50×5　L=2.5m	根	42.41
2	接地母线 镀锌扁钢 40×4	m	10.92
3	避雷网 镀锌扁钢 25×4	t	4500.00

任务：试根据说明、平面图，按浙江省现行计价依据的相关规定，完成概算工程量计算，并填写设备及安装工程概算表。

（2）概算工程量计算

概算工程量计算见表 2.1.6-5。

工程量计算表　　　　　　　　　　　表 2.1.6-5

序号	项目名称	单位	计算式	合计（元）
1	避雷网安装	m²	$8 \times 14 \times 2 + 14 \times 11.5$	385.00
2	避雷引下线 利用建筑结构钢筋引下	m	$(21 - 1.8 + 0.6) \times 4 + (18 - 1.8 + 0.6) \times 2$	112.80
3	接地母线 埋地 镀锌扁钢 40×4	m	$5 \times 18 + 3 \times 5 + (0.7 + 1.8) \times 6 + (3 + 2.5)$	125.50
4	接地极 $L50 \times 50 \times 5$ 镀锌角钢	根	$N = 19$	19
5	接地装置试验	系统	$N = 1$	1

（3）设备及安装工程概算（见表 2.1.6-6）

3. 给排水工程

（1）工程概况

某办公楼（框架结构）卫生间的给排水工程如图 2.1.6-6～图 2.1.6-8 所示。施工图说明如下：

1）该办公楼为框架结构，共 2 层，层高 3.6m，屋顶为可上人屋面，通气管伸出屋面 2m。

2）本工程采用相对标高，以"m"计算，管线标高：给水管以管中心线计，排水管以管底计，其余尺寸以"mm"计。除标注尺寸外，管中心距离墙面的距离：给水管按 50mm 计，排水管按 100mm 计。

3）给水系统：给水管采用钢塑复合管，螺纹连接；给水系统工作压力为 0.35MPa，管道安装完毕后需进行水压试验、消毒、冲洗。

4）排水系统：排水管采用 UPVC 管，热熔连接；排水管应做灌水试验和通球试验。

5）卫生间内给、排水管道穿楼板，应设置钢套管（套管内径比工作管道的外径大 2 号），穿屋面管道设置刚性防水套管。

6）管道支架本题不计。

7）主要材料和工程设备价格见表 2.1.6-7。

表 2.1.6-6

设备及安装工程概算表

单位（专业）工程名称：某厂房（框架结构）屋面防雷工程

序号	定额编码	工程项目或费用名称	单位	数量	单价（元）							合价（元）					
					设备和主材费	定额单价（元）				设备和主材费	合计	定额合价（元）				
						合计	人工费	材料费	机械费			合计	人工费	材料费	机械费	
1	2-5-6	避雷网安装（屋面面积）	m²	385.00	0.00	9.60	4.46	4.07	1.07	0	3696.00	1717.10	1566.95	411.95	
2	2-5-10	避雷引下线·利用建筑结构钢筋引下	10m	11.28	0.00	96.56	50.63	6.58	39.35	0	1089.20	571.11	74.22	443.87	
3	2-5-27	接地母线线敷设、埋地敷设	10m	12.55	114.66	228.66	214.65	4.01	10.00	1438.98	2869.69	2693.86	50.33	125.50	
	主材	接地母线镀锌扁钢 40×4	m	10.50	10.92	—	—	—	—	114.66	—	—	—	—	
4	2-5-13	角钢接地极（1组3根）	组	6	127.23	208.06	144.45	13.62	49.99	763.38	1248.36	866.70	81.72	299.94	
	主材	角钢接地极 L50×50×5 L=2.5m	根	3	42.41	—	—	—	—	127.23	—	—	—	—	
5	2-5-14	每增加1根角钢接地极	根	1	42.41	44.94	29.70	4.04	11.20	42.41	44.94	29.70	4.04	11.20	
	主材	角钢接地极 L50×50×5 L=2.5m	根	1	42.41	—	—	—	—	42.41	—	—	—	—	
6	2-5-36	接地装置试验	系统	1	0.00	183.17	138.51	3.72	40.94	0.00	183.17	138.51	3.72	40.94	

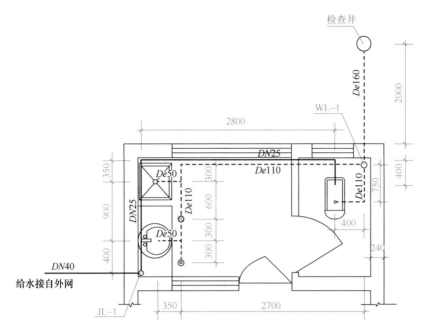

图 2.1.6-6　办公楼卫生间给排水平面图

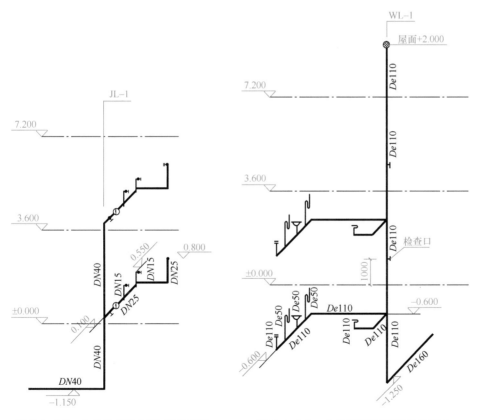

图 2.1.6-7　办公楼卫生间给水系统图　　　图 2.1.6-8　办公楼卫生间排水系统图

主要材料和工程设备价格　　　　　表 2.1.6-7

序号	名称、规格、型号	单位	除税价（元）	备注
1	钢塑复合管 $DN40$	m	37.23	—
2	UPVC 排水管 $De160$	m	33.82	—
3	UPVC 排水管 $De110$	m	17.04	—
4	碳钢管 $DN65$	m	61.35	—
5	碳钢管 $DN150$	m	130.00	—
6	挂墙式陶瓷洗脸盆（配备冷热水混合水龙头）	组	840.00	—
7	陶瓷蹲式大便器	组	290.00	—
8	拖布池	组	550.00	—
9	地漏 $DN50$	个	42.00	—
10	地面扫除口 $DN100$	个	72.24	—
11	螺纹水表 $DN25$	只	85.27	
12	螺纹阀门 $DN25$	个	34.81	

任务：试根据说明、系统图、平面图，按浙江省现行计价依据的相关规定，完成概算工程量计算，并填写设备及安装工程概算表。

（2）概算工程量计算（表 2.1.6-8）。

工程量计算表　　　　　表 2.1.6-8

序号	项目名称	单位	计算式	合计
1	钢塑复合给水干、立管 螺纹连接 $DN40$	m	$(1.5＋0.24＋0.05)＋(1.15＋3.6＋0.1)$	6.64
2	办公楼给水系统用水点管道安装 钢塑给水管 螺纹连接	点	8	8
3	UPVC 塑料排水干管 热熔连接 $De160$	m	$2＋0.24＋0.1$	2.34
4	UPVC 塑料排水立管 热熔连接 $De110$	m	$1.25＋7.2＋2$	10.45
5	办公楼排水系统支管安装 UPVC 塑料排水管 热熔连接	点	8	8
6	穿楼板钢套管制作安装 $DN150$	个	1	1
7	穿楼板钢套管制作安装 $DN65$	个	1	1
8	穿屋面刚性防水套管制作安装 $DN100$	个	1	1
9	挂墙式陶瓷洗脸盆(配备冷热水混合水龙头) L5521S	组	2	2
10	陶瓷蹲式大便器 FLD5601B	组	2	2
11	成品拖布池 FM7806	组	2	2
12	不锈钢地漏安装 $DN50$	个	2	2
13	不锈钢地面扫除口安装 $DN100$	个	2	2
14	螺纹水表 $DN25$	组	2	2

（3）设备及安装工程概算（见表 2.1.6-9）

设备及安装工程概算表

表2.1.6-9

单位(专业)工程名称:某办公楼给排水工程

序号	定额编码	工程项目或费用名称	单位	数量	单价(元) 设备和主材费	单价(元) 合计	定额单价(元) 人工费	定额单价(元) 材料费	定额单价(元) 机械费	合价(元) 设备和主材费	合价(元) 合计	定额合价(元) 人工费	定额合价(元) 材料费	定额合价(元) 机械费
1	4-1-10	室内给水管 塑钢管(干、立管) DN40 螺纹连接	10m	0.664	373.04	355.38	215.19	126.97	13.22	247.70	235.98	142.89	84.31	8.78
	主材	钢塑给水管 DN40	m	10.02	37.23	—	—	—	—	373.04	—	—	—	—
2	4-1-147	办公楼给水系统用水点管道安装 钢塑给水管 螺纹连接	点	8	0	221.56	67.37	152.42	1.77	0	1772.48	538.96	1219.36	14.16
3	4-1-132	室内排水干管安装 承插塑料排水管热熔连接 DN150	10m	0.234	321.29	884.13	198.86	679.64	5.63	75.18	206.89	46.53	159.04	1.32
	主材	UPVC塑料排水管 De160	m	9.500	33.82	—	—	—	—	321.29	—	—	—	—
4	4-1-111	室内排水立管 承插塑料排水管 热熔连接 DN100	10m	1.045	163.58	643.14	167.94	471.75	3.45	170.94	672.09	175.50	492.98	3.61
	主材	UPVC塑料排水立管 De110	m	9.600	17.04	—	—	—	—	163.58	—	—	—	—
5	4-1-197	办公楼排水系统支管安装 承插塑料	点	8	0	91.40	36.99	54.41	0	0	731.20	295.92	435.28	0
6	6-1-20换	穿楼板钢套管制作安装 DN65	个	1	12.27	35.37	21.47	12.85	1.05	12.27	35.37	21.47	12.85	1.05
	主材	碳钢管 DN65	m	0.2	61.35					12.27				—

安装工程计量与计价

续表

序号	定额编码	工程项目或费用名称	单位	数量	单价（元）					合价（元）				
					设备和主材费	定额单价（元）				设备和主材费	定额合价（元）			
						合计	人工费	其中 材料费	机械费		合计	人工费	其中 材料费	机械费
7	6-1-21换	穿楼板钢套管制作安装 DN150	个	1	26.00	71.88	47.39	23.44	1.05	26.00	71.88	47.39	23.44	1.05
	主材	碳钢管 DN150	m	0.2	130.00	—	—	—	—	26.00	—	—	—	—
8	6-1-16	穿屋面刚性防水套管制作安装 DN100	个	1	0	271.18	131.76	100.68	38.74	0	271.18	131.76	100.68	38.74
9	4-2-25	大便器安装 蹲式	10组	0.2	2929.00	600.10	341.55	258.55	0	585.80	120.02	68.31	51.71	0
	主材	蹲便器	套	10.1	290.00	—	—	—	—	2929.00	—	—	—	—
10	4-2-20	洗脸盆安装 冷热水	10组	0.2	8484.00	498.14	380.97	117.17	0	1696.80	99.62	76.19	23.43	0
	主材	洗脸盆	套	10.1	840.00	—	—	—	—	8484.00	—	—	—	—
11	4-2-21	洗涤盆安装 单嘴	10组	0.2	5555.00	333.62	256.77	76.85	0	1111.00	66.72	51.35	15.37	0
	主材	拖布池	套	10.1	550.00	—	—	—	—	5555.00	—	—	—	—
12	4-2-32	地漏安装 DN50	10个	0.2	424.20	161.50	158.09	3.41	0	84.84	32.30	31.62	0.68	0
	主材	地漏 DN50	个	10.1	42.00	—	—	—	—	424.20	—	—	—	—
13	4-2-35	地面扫除口安装 DN100	10个	0.2	729.62	69.86	64.40	5.46	0	145.92	13.97	12.88	1.09	0
	主材	地面扫除口 DN100	个	10.1	72.24	—	—	—	—	729.62	—	—	—	—
14	4-2-10	螺纹水表 DN25	组	2	120.43	35.30	29.30	5.27	0.73	240.86	70.60	58.60	10.54	1.46
	主材	螺纹阀门 DN25	个	1.01	34.81	—	—	—	—	35.16	—	—	—	—
	主材	螺纹水表 DN25	只	1	85.27	—	—	—	—	85.27	—	—	—	—
		合计								4397.31	4400.30	1699.37	2630.76	70.17

2.1.7 检查评估

1. 单选题

(1) 关于《安装概算定额》，下列说法错误的是(   )。

A. 照明配电线路安装按建筑面积以"m²"为计量单位

B. 楼宇亮化配电线路安装按灯具数量以"点"为计量单位

C. 电缆敷设按建筑面积以"m²"为计量单位

D. 电缆终端头以"个"为计量单位

(2) 关于《安装概算定额》，装配式住宅照明配电线路安装执行(   )子目。

A. 2-3-3   B. 2-3-4

C. 2-3-5   D. 2-3-6

(3) 关于《安装概算定额》，YJV 4×25+1×16 沿桥架敷设执行(   )子目。

A. 2-4-10   B. 2-4-11

C. 2-4-12   D. 2-4-13

(4) 关于《安装概算定额》，卫生间中心线规格 4100mm×3000mm，墙厚 240mm，则该卫生间等电位联结的基价是(   )元。

A. 313.51   B. 455.78

C. 564.23   D. 774.28

(5) 空调水系统配管定额若设计采用四管制水系统时执行相应定额，基价乘以系数(   )。

A. 1.5   B. 1.8

C. 2.0   D. 2.2

(6) 风机防虫网罩安装执行风口安装相应定额，基价乘以系数(   )。

A. 0.5   B. 0.8

C. 1.2   D. 1.5

(7) 圆弧形风管制作安装参照相应规格子目执行，(   )乘以系数 1.40。

A. 人工   B. 机械

C. 材料   D. 人工和机械

2. 多选题

关于《安装概算定额》，以下概算定额子目已考虑超高安装（操作超高）因素的有(   )。

A. 路灯   B. 障碍灯

C. 荧光灯   D. 广场灯

E. 吸顶灯

3. 计算题

某工程空调系统部分安装工程如图 2.1.7-1 所示，风管系统采用镀锌薄钢板圆形渐缩式通风管道制作、安装，厚度统一为 1.2mm，咬口连接。已知 $D_1=1400$mm，$D_2=600$mm，$D_3=300$mm，镀锌薄钢板的价格为 90 元/m²。根据浙江省现行计价依据的相关规定，完成概算分部分项工程量计算表（表 2.1.7-1），并填写设备及安装工程概算表（表 2.1.7-2）。

码2.1-6 检查评估的参考答案

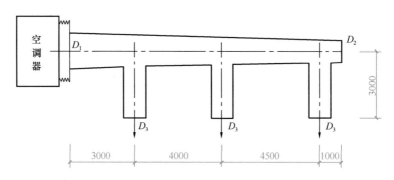

图 2.1.7-1　空调系统平面图

工程量计算表　　　　　　　　　　　　　　　　　表 2.1.7-1

序号	项目名称	单位	计算式	合计
1				
2				
3				

设备及安装工程概算表　　　　　　　　　　　　　　表 2.1.7-2

单位（专业）工程名称：某通风空调工程

序号	定额编码	工程项目或费用名称	单位	数量	单价（元）					合价（元）					
					设备和主材费	定额单价（元）				设备和主材费	定额单价（元）				
						合计	其中				合计	其中			
							人工费	材料费	机械费			人工费	材料费	机械费	

学习情境3 安装工程施工图预算编制

3.1 工作任务二 招标投标阶段安装工程施工费用计算

【学习目标】

1. 能力目标：具有利用招标投标阶段安装工程施工费用计算程序表计算安装工程施工费用的能力。

2. 知识目标：熟悉招标投标阶段建筑安装工程造价组成内容；掌握招标投标阶段安装工程施工费用计算程序。

3. 素质目标：培养学生严谨细致的工作作风和精益求精的职业素养，建立工程思维和创新意识，激发学生的爱国热情和大国自信。

【项目流程图】

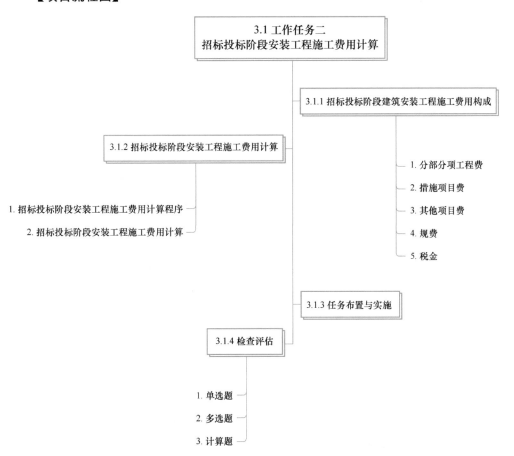

3.1.1　招标投标阶段建筑安装工程施工费用构成

在招标投标阶段，建筑安装工程费用按照造价形成内容划分，由税前工程造价和税金组成，包括分部分项工程费、措施项目费、其他项目费、规费和税金。

1. 分部分项工程费

分部分项工程费是指根据设计规定，按照施工验收规范、质量评定标准的要求，完成构成工程实体所耗费或发生的各项费用，包括人工费、材料费、机械费和企业管理费、利润。

2. 措施项目费

措施项目费是指为完成安装工程施工，按照安全操作规程、文明施工规定的要求，发生于该工程施工前和施工过程中用作技术、生活、安全、环境保护等方面的各项费用，由施工技术措施项目费和施工组织措施项目费构成，包括人工费、材料费、机械费和企业管理费、利润。

（1）施工技术措施项目费

施工技术措施项目费详见表 3.1.1-1。

施工技术措施项目费的组成　　　　　　　　表 3.1.1-1

内容名称			内容组成
1. 通用施工技术措施项目费			大型机械设备进出场及安拆费、脚手架工程费
施工技术措施项目费	其中	1）大型机械设备进出场及安拆费	机械整体或分体自停放场地运至施工现场或由一个施工地点运至另一个施工地点所发生的机械进出场运输、转移（含运输、装卸、辅助材料、架线等）费用及机械在施工现场进行安装、拆卸所需的人工费、材料费、机械费、试运转费和安装所需的辅助设施的费用
		2）脚手架工程费	施工需要的各种脚手架搭、拆、运输费用以及脚手架购置费的摊销费用
	2. 专业工程施工技术措施项目费		根据现行国家各专业工程工程量计算规范（以下简称"计量规范"）或本省各专业工程计价定额（以下简称"专业定额"）及有关规定，列入各专业工程措施项目的属于施工技术措施的费用
	3. 其他施工技术措施项目费		根据各专业工程特点补充的施工技术措施项目的费用

【注】依据《浙江省通用安装工程预算定额》（2018 版）第十三册，浙江省常用的安装工程施工技术措施费，主要包括脚手架搭拆费，建筑物超高增加费，操作高度增加费，组装平台铺设与拆除费，设备、管道施工的安全防冻和焊接保护措施费，压力容器和高压管道的检验费，大型机械设备进出场及安拆费，施工排水、降水费，其他技术措施费用。

（2）施工组织措施项目费

施工组织措施项目费详见表 3.1.1-2。

施工组织措施项目费的组成　　　　　　　　　　表 3.1.1-2

内容名称		内容组成
1. 安全文明施工费		按照国家现行的建筑施工安全、施工现场环境与卫生标准和大气污染防治及城市建筑工地、道路扬尘管理要求等有关规定，购置和更新施工安全防护用具及设施、改善安全生产条件和作业环境、防治并治理施工现场扬尘污染所需要的费用。 按内容包括：环境保护费、文明施工费、安全施工费、临时设施费、疫情常态化防控费用、"智慧工地"增加费。 按实施标准包括：安全文明施工基本费和创建安装文明施工标准化工地增加费（标化工地增加费）
其中	(1) 环境保护费	施工现场为达到环保部门要求所需要的包括施工现场扬尘污染防治、治理在内的各项费用
	(2) 文明施工费	施工现场文明施工所需要的各项费用。一般包括施工现场的标牌设置，施工现场地面硬化，现场周边设立围护设施，现场安全保卫及保持场貌、场容整洁等发生的费用
	(3) 安全施工费	施工现场安全施工所需要的各项费用，一般包括安全防护用具和服装，施工现场的安全警示、消防设施和灭火器材，安全教育培训，安全检查及编制安全措施方案等发生的费用
	(4) 临时设施费	施工企业为进行建筑工程施工所必须搭设的生活和生产用的临时建筑物、构筑物和其他临时设施等发生的费用 临时设施包括：临时宿舍、文化福利及公用事业房屋与构筑物、仓库、办公室、加工厂（场）以及在规定范围内道路、水、电、管线等临时设施和小型临时设施。临时设施费用包括临时设施的搭设、维修、拆除费或摊销费
	(5) "智慧工地"增加费	实名制信息采集及考勤设备、扬尘在线视频监测设备、远程高清视频监控设备、起重机械安全监控设备、软件和管理等增加的相关费用
	(6) 疫情常态化防控费用	人员进出防护费、防护物资费、相关核酸检测费、宣传教育费、临时隔离设施费、防控人员费以及其他额外增加的内容，不包括疫情防控一、二级响应或被列为封控区、管控区、防范区后按照当地防疫要求发生的隔离、核酸检测、停工等费用
施工组织措施项目费	2. 提前竣工增加费	因缩短工期要求发生的施工增加费，包括赶工所需发生的夜间施工增加费、周转材料加大投入量和资金、劳动力集中投入等所增加的费用
	3. 二次搬运费	因施工场地条件限制而发生的材料、构配件、半成品等一次运输不能到达堆放地点，必须进行二次或多次搬运所发生的费用
	4. 冬雨期施工增加费	在冬期或雨期施工需增加的临时设施、防滑、排除雨雪，人工及施工机械效率降低等费用
	5. 行车、行人干扰增加费	边施工边维持行人与车辆通行的市政、城市轨道交通、园林绿化等市政基础设施工程及相应养护维修工程受行车、行人干扰影响而降低工效等所增加的费用
	6. 其他施工组织措施费	根据各专业工程特点补充的施工组织措施项目的费用

【注】依据《省建设厅关于调整建筑工程安全文明施工费的通知》（浙建建发〔2022〕37 号），安全文明施工基本费中增加疫情常态化防控费用和"智慧工地"增加费两项费用。

3. 其他项目费

其他项目费的构成内容应视工程实际情况按照不同阶段的计价需要进行列项。其中，编制招标控制价和投标报价时，由暂列金额、暂估价、计日工、施工总承包服务费构成。招标投标阶段其他项目费的组成见表 3.1.1-3。

招标投标阶段其他项目费的组成　　　　　　　　　　表 3.1.1-3

内容名称		内容组成
其他项目费	1. 暂列金额	招标人在工程量清单中暂定并包括在工程合同价款中的一笔款项。用于工程合同签订时尚未确定或者不可预见的所需材料、工程设备、服务的采购，施工中可能发生的工程变更、合同约定调整因素出现时的合同价款调整，以及发生的索赔、现场签证确认等的费用和标化工地、优质工程等费用的追加，包括标化工地暂列金额、优质工程暂列金额和其他暂列金额
	2. 暂估价	招标人在工程量清单中提供的用于支付必然发生但暂时不能确定价格的材料、工程设备的单价以及施工技术专项措施项目、专业工程等的金额。暂估价包括材料及工程设备暂估价、专业工程暂估价、施工技术专项措施项目暂估价（简称"专项措施项目暂估价"）
	3. 计日工	在施工过程中，承包人完成发包人提出的工程合同范围以外的零星项目或工作所需的费用
	4. 施工总承包服务费	施工总承包人为配合、协调发包人进行的专业工程发包，对发包人自行采购的材料、工程设备等进行保管以及施工现场管理、竣工资料汇总整理等服务所需的费用，包括发包人发包专业工程管理费（以下简称"专业发包工程管理费"）和发包人提供材料及工程设备保管费（以下简称"甲供材料设备保管费"）

4. 规费

规费是指按国家法律、法规规定，由省级政府和省级有关权力部门规定必须缴纳或计取的，应计入建筑安装工程造价内的费用。其内容包括：

（1）社会保险费：养老保险费；失业保险费；医疗保险费；生育保险费；工伤保险费。

（2）住房公积金：是指企业按规定标准为职工缴纳的住房公积金。

5. 税金

税金是指国家税法规定的应计入建筑安装工程造价内的建筑服务增值税。

3.1.2　招标投标阶段安装工程施工费用计算

1. 招标投标阶段安装工程施工费用计算程序

招标投标阶段安装工程施工费用计算程序按表 3.1.2-1 计算。

招标投标阶段安装工程施工费用计算程序　　　　　　表 3.1.2-1

序号	费用项目		计算方法（公式）
一	分部分项工程费		Σ（分部分项工程数量×综合单价）
	其中	1. 人工费＋机械费	Σ分部分项工程（人工费＋机械费）

序号		费用项目	计算方法（公式）
二		措施项目费	（一）＋（二）
		（一）施工技术措施项目费	Σ（技术措施项目工程数量×综合单价）
	其中	2. 人工费＋机械费	Σ技术措施项目（人工费＋机械费）
		（二）施工组织措施项目费	按实际发生项之和进行计算
	其中	3. 安全文明施工基本费	（1＋2）×费率
		4. 提前竣工增加费	
		5. 二次搬运费	
		6. 冬雨期施工增加费	
		7. 行车、行人干扰增加费	
		8. 其他施工组织措施费	按相关规定进行计算
三		其他项目费	（三）＋（四）＋（五）＋（六）
		（三）暂列金额	9＋10＋11
	其中	9. 标化工地暂列金额	（1＋2）×费率
		10. 优质工程暂列金额	除暂列金额外税前工程造价×费率
		11. 其他暂列金额	除暂列金额外税前工程造价×估算比例
		（四）暂估价	12＋13
	其中	12. 专业工程暂估价	按各专业工程的除税金外全费用暂估金额之和进行计算
		13. 专项措施项目暂估价	按各专项措施的除税金外全费用暂估金额之和进行计算
		（五）计日工	Σ计日工（暂估数量×综合单价）
		（六）施工总承包服务费	14＋15
	其中	14. 专业发包工程管理费	Σ专业发包工程（暂估金额×费率）
		15. 甲供材料设备保管费	甲供材料暂估金额×费率＋甲供设备暂估金额×费率
四		规费	（1＋2）×费率
五		税前工程造价	一＋二＋三＋四
六		税金（增值税销项税率或增值税征收率）	五×税率
七		建筑安装工程造价	五＋六

2. 招标投标阶段安装工程施工费用计算

（1）分部分项工程费

分部分项工程费＝Σ（分部分项工程数量×综合单价）

1）工程数量

国标清单计价法：分部分项工程数量应根据"计量规范"中清单项目（含浙江省补充清单项目）规定的工程量计算规范和浙江省有关规定进行计算。

定额清单计价法：分部分项工程数量应根据"专业定额"中定额项目规定的工程量计算规则进行计算。

2）综合单价

码3.1-1　招标投标阶段安装工程施工费用计算—分部分项工程费

综合单价＝规定计量单位项目人工费＋规定计量单位项目材料费＋规定计量单位项目机械费＋（规定计量单位项目人工费＋规定计量单位项目机械费）×企业管理费费率＋（规定计量单位项目人工费＋规定计量单位项目机械费）×利润率＋风险费用

①工料机费用

工料机费用按表3.1.2-2计算。

工料机费用计算　　　　　　　　　　　　　表3.1.2-2

	编制招标控制价	编制投标报价
工料机费用	综合单价所含人工费、材料费、机械费应按照预算"专业定额"中的人工、材料、施工机械（仪器仪表）台班消耗量以相应"基准价格"进行计算	综合单价所含人工费、材料费、机械费可按照企业定额或参照预算"专业定额"中的人工、材料、施工机械（仪器仪表）台班消耗量以当时当地相应市场价格由企业自主确定

② 企业管理费、利润

企业管理费、利润按表3.1.2-3计算。

企业管理费、利润计算　　　　　　　　　　表3.1.2-3

	编制招标控制价	编制投标报价
计算基数	国标清单计价：清单项目的"定额人工费＋定额机械费" 定额清单计价：定额项目的"定额人工费＋定额机械费"	国标清单计价：清单项目的"人工费＋机械费" 定额清单计价：定额项目的"人工费＋机械费"
费率	按施工取费费率的中值计取	参考施工取费费率由企业自主确定

根据《浙江计价规则》，通用安装工程的企业管理费费率标准见表3.1.2-4。

通用安装工程企业管理费费率　　　　　　　表3.1.2-4

定额编号	项目名称	计算基数	费率（%）					
			一般计税			简易计税		
			下限	中值	上限	下限	中值	上限
B1	企业管理费							
B1-1	水、电、暖通、消防、智能、自控及通信安装工程	人工费＋机械费	16.29	21.72	27.15	16.20	21.60	27.00
B1-2	设备及工艺金属结构安装工程		14.48	19.31	24.14	14.32	19.09	23.86

【注】消防安装工程和智能化安装工程，不分单独承包与非单独承包，统一按相应费率执行。

根据《浙江计价规则》，通用安装工程的利润费率标准见表3.1.2-5。

通用安装工程利润费率　　　　　　　　　　表3.1.2-5

定额编号	项目名称	计算基数	费率（%）					
			一般计税			简易计税		
			下限	中值	上限	下限	中值	上限
B2	利润							
B2-1	水、电、暖通、消防、智能、自控及通信安装工程	人工费＋机械费	7.80	10.40	13.00	7.76	10.35	12.94
B2-2	设备及工艺金属结构安装工程		7.43	9.91	12.39	7.35	9.80	12.25

【注】消防安装工程和智能化安装工程，不分单独承包与非单独承包，统一按相应费率执行。

③风险费用

风险费用是指隐含于综合单价之中用于化解发承包双方在工程合同中约定风险内容和范围（幅度）内人工、材料、施工机械（仪器仪表）台班的市场价格波动风险的费用。以"暂估单价"计入综合单价的材料不考虑风险费用。

（2）措施项目费

措施项目费＝施工技术措施项目费＋施工组织措施项目费。

1）施工技术措施项目费

施工技术措施项目费＝Σ（施工技术措施项目工程数量×综合单价）

施工技术措施项目工程数量及综合单价的计算原则参照分部分项工程费相关内容处理。

2）施工组织措施项目费

施工组织措施项目费按表3.1.2-6计算。

码3.1-2　招标投标阶段安装工程施工费用计算—施工组织措施项目费

施工组织措施项目费计算　　　　　　　表 3.1.2-6

	编制招标控制价	编制投标报价
施工组织措施项目费	应以分部分项工程费与施工技术措施项目费中的"定额人工费＋定额机械费"乘以各施工组织措施项目相应费率以其合价之和进行计算。 其中，安全文明施工基本费费率应按相应基准费率（即施工取费费率的中值）计取，其余施工组织措施项目费（"标化工地增加费"除外）费率均按相应施工取费费率的中值确定。 标化工地增加费可按其他项目费的暂列金额计列	应以分部分项工程费与施工技术措施项目费中的"人工费＋机械费"乘以各施工组织措施项目相应费率以其合价之和进行计算。 其中，安全文明施工基本费费率应以不低于相应基准费率的90%（即施工取费费率的下限）计取，其余施工组织措施项目费（"标化工地增加费"除外）可参考相应施工取费费率由企业自主确定。 标化工地增加费可按其他项目费的暂列金额计列

根据《浙江计价规则》，通用安装工程的施工组织措施项目费费率标准见表3.1.2-7。

通用安装工程施工组织措施项目费费率　　　　　　　表 3.1.2-7

定额编号	项目名称		计算基数	费率（%）					
				一般计税			简易计税		
				下限	中值	上限	下限	中值	上限
B3	施工组织措施项目费								
B3-1	安全文明施工基本费								
B3-1-1	其中	非市区工程	人工费＋机械费	5.33	5.92	6.51	5.60	6.22	6.84
B3-1-2		市区工程		6.39	7.10	7.81	6.72	7.47	8.22
B3-2	标化工地增加费								
B3-2-1	其中	非市区工程	人工费＋机械费	1.43	1.68	2.02	1.50	1.77	2.12
B3-2-2		市区工程		1.73	2.03	2.44	1.82	2.14	2.57

定额编号	项目名称		计算基数	费率（%）					
				一般计税			简易计税		
				下限	中值	上限	下限	中值	上限
B3-3	提前竣工增加费								
B3-3-1	其中	缩短工期比例10%以内	人工费＋机械费	0.01	0.83	1.65	0.01	0.88	1.75
B3-3-2		缩短工期比例20%以内		1.65	2.06	2.47	1.75	2.16	2.57
B3-3-3		缩短工期比例30%以内		2.47	2.97	3.47	2.57	3.12	3.67
B3-4	二次搬运费		人工费＋机械费	0.08	0.26	0.44	0.09	0.27	0.45
B3-5	冬雨期施工增加费		人工费＋机械费	0.06	0.13	0.20	0.07	0.14	0.21

【注】施工组织措施项目费费率使用说明：

① 通用安装工程的安全文明施工基本费费率是按照与建（构）筑物同步交叉配合施工的建筑设备安装工程进行测算，工业设备安装工程及不与建（构）筑物同步交叉配合施工（即单独进场施工）的建筑设备安装工程，其安全文明施工基本费费率乘以系数1.4。

② 标化工地增加费费率的下限、中值、上限分别对应设区市级、省级、国家级标化工地，县市区级标化工地的费率按费率中值乘以系数0.7。

③ 根据《省建设厅关于调整建筑工程安全文明施工费的通知》（浙建建发〔2022〕37号），安全文明施工基本费按照《浙江计价规则》的费率乘以1.15系数。

码3.1-3 招标投标阶段安装工程施工费用计算—其他项目费

（3）其他项目费

其他项目费按表3.1.2-8计算。

其他项目费计算　　　　　　表3.1.2-8

项目		招标控制价	投标报价
1. 暂列金额		招标控制价以暂列金额计入	招标控制价与投标报价的暂列金额应保持一致
其中	1.1 标化工地暂列金额	按相应费率计算以暂列金额列项	按相应费率计算以暂列金额列项
	1.2 优质工程暂列金额	按要求等级相应费率计算以暂列金额列项	按要求等级相应费率计算以暂列金额列项
	1.3 其他暂列金额	除暂列金额外税前工程造价×估算比例（估算比例不高于5%）	除暂列金额外税前工程造价×估算比例（估算比例不高于5%）
2. 暂估价		1. 招标控制价按暂估价列入；2. 材料及工程设备暂估价列入分部分项工程项目的综合单价计算	招标控制价与投标报价的暂估价应保持一致
其中	2.1 专业工程暂估价	分包必须招标并纳入施工总承包管理的发包人发包专业暂估价（专业发包工程暂估价）和按规定无须招标属施工总承包人自行承包的专业工程暂估价	
	2.2 专项措施项目暂估价	各专项措施暂估价	

续表

项目	招标控制价	投标报价
3．计日工	计日工数量应统一以招标人提供的暂估数量计算	计日工数量应统一以招标人提供的暂估数量计算
4．施工总承包服务费		

其中	4.1 专业发包工程管理费	按专业工程暂估价金额乘以"根据要求提供的服务内容"的相应区间费率中值计算	按专业工程暂估价金额乘以"根据要求提供的服务内容"参考相应区间费率由企业自主确定
	4.2 甲供材料设备保管费	按暂定数量和暂定单价（含税价）确定并提供暂估价金额，按相应区间费率中值计算	暂估价金额同招标控制价，参考相应区间费率由企业自主确定

根据《浙江计价规则》，通用安装工程的其他项目费费率见表 3.1.2-9。

通用安装工程其他项目费费率　　　　　　　　　　　　　表 3.1.2-9

定额编号	项目名称		计算基数	费率（％）
B4	其他项目费			
B4-1	优质工程增加费			
B4-1-1	其中	县市区级优质工程	除优质工程增加费外税前工程造价	1.00
B4-1-2		设区市级优质工程		1.35
B4-1-3		省级优质工程		1.80
B4-1-4		国家级优质工程		2.25
B4-2	施工总承包服务费			
B4-2-1	其中	专业发包工程管理费（管理、协调）	专业发包工程金额	1.00～2.00
B4-2-2		专业发包工程管理费（管理、协调、配合）		2.00～4.00
B4-2-3		甲供材料保管费	甲供材料金额	0.50～1.00
B4-2-4		甲供设备保管费	甲供设备金额	0.20～0.50

【注】其他项目费费率使用说明：
① 其他项目费不分计税方法，统一按相应费率执行。
② 专业发包工程管理费的取费基数按其税前金额确定，不包括相应的销项税；甲供材料保管费和甲供设备保管费的取费基数按其含税金额计算，包括相应的进项税。
③ 发包人仅要求施工总承包人对其单独发包的专业工程提供现场堆放场地、现场供水供电管线（水电费用可另行按实计收）、施工现场管理、竣工资料汇总整理等服务而进行的施工总承包管理和协调时，施工总承包人可按专业发包工程金额的 1％～2％ 向发包人计取专业发包工程管理费。发包人要求施工总承包人对其单独发包的专业工程进行施工总承包管理和协调，并同时要求提供垂直运输等配合服务时，施工总承包人可按专业发包工程金额的 2％～4％ 向发包人计取专业发包工程管理费，专业工程分包人不得重复计算相应费用。

根据《浙江省住房和城乡建设厅关于发挥标准造价作用助推建筑业做优做强的指导意见》（浙建建〔2023〕7 号），对《浙江计价规则》各专业工程的优质工程增加费费率适当调整（详见表 3.1.2-10），发包人有优质工程的要求，在编制招标控制价时按暂列金额的方式计列优质工程增加费，作为创优工程成本费用补偿，同时发承包双方可在合同中另行约定对等的奖罚条款。

码3.1-4　招标投标阶段安装工程施工费用计算—规费、税金

优质工程增加费费率 表 3.1.2-10

奖项等级	优质工程增加费费率	最高额度
国家级优质工程 （鲁班奖、詹天佑奖、国家优质工程奖）	税前造价 1.6% 计取	不超过 1000 万元
省级优质工程	税前造价 1.0% 计取	不超过 500 万元
设区市级优质工程	税前造价 0.6% 计取	不超过 200 万元
县（市、区）级优质工程	税前造价 0.3% 计取	不超过 100 万元

【注】根据浙建建〔2023〕7 号，合同没有约定优质工程要求，实际获得优质工程奖的，可按照实际获奖等级相应费率标准 50% 计取优质工程增加费，并签订补充协议；合同有约定优质工程要求，但实际获奖等级低于合同约定等级的，可按照实际获奖等级相应费率标准 75%～100% 计取优质工程增加费（合同没有优质工程奖罚约定的，按照下限计取）；实际获奖等级高于合同约定等级的，可按照实际获奖等级相应费率标准 75% 计取优质工程增加费。

（4）规费

规费按表 3.1.2-11 计算。

规费计算 表 3.1.2-11

	编制招标控制价	编制投标报价
计算基数	分部分项工程费和施工技术措施项目费的"定额人工费＋定额机械费"	分部分项工程费和施工技术措施项目费的"人工费＋机械费"
费率	按规费相应费率计算	根据投标企业实际交纳"五险一金"情况自主确定规费费率

根据《浙江计价规则》，通用安装工程规费费率标准见表 3.1.2-12。

通用安装工程规费费率 表 3.1.2-12

定额编号	项目名称	计算基数	费率（%）	
			一般计税	简易计税
B5	规费			
B5-1	水、电、暖通、消防智能、自控及通信安装工程	人工费＋机械费	30.63	30.48
B5-2	设备及工艺金属结构安装工程		27.66	27.36

【注】根据浙建建〔2018〕61 号，规费取费标准是投资概算和招标控制价的编制依据，投标人根据国家法律法规及自身缴纳规费的实际情况，自主确定其投标费率，但在规费政策平稳过渡期内不得低于标准费率的 30%，当规费相关政策发生变化时，再另行发文规定执行。

（5）税金

1）税金应依据国家税法所规定的计税基数和税率进行计取，不得作为竞争性费用。

2）税金按税前工程造价乘以增值税相应税率进行计算。遇税前工程造价包含甲供材料、甲供设备金额的，应在计税基数中予以扣除；增值税税率应根据计价工程按规定选择的适用计税方法分别以增值税销项税税率或增值税征收率取定。

根据《浙江计价规则》，通用安装工程增值税税率标准见表 3.1.2-13。

通用安装工程增值税税率 表 3.1.2-13

定额编号	项目名称	适用计税方法	计算基数	税率（%）
B6	增值税			
B6-1	增值税销项税税率	一般计税方法	税前工程造价	9.00
B6-2	增值税征收率	简易计税方法		3.00

【注】① 根据浙建建发〔2019〕92 号，一般计税税率改为 9%。
② 采用一般计税方法计税时，税前工程造价中的各费用项目均不包含增值税进项税额。
③ 采用简易计税方法计税时，税前工程造价中的各费用项目均应包含增值税进项税额。

【**案例 3.1.2-1**】某建筑公司收到某工程一笔税前 1000 万元（不包含增值税可抵扣的进项税额）的进度款，当采用一般计税方法时，该工程造价为（　　）万元。

A. 30　　　　　　B. 110　　　　　　C. 1030　　　　　　D. 1090

例题解析：采用一般计税方法时，税前工程造价中的各费用项目均不包含增值税进项税额，增值税＝税前造价×9％＝1000×9％＝90 万元，工程造价＝1000＋90＝1090 万元，故选 D。

【**案例 3.1.2-2**】甲建筑企业承接了某住宅楼工程，税前造价为 2000 万（包含增值税进项税额的含税价格），若该企业采用简易计税的方法，则应缴纳的增值税为（　　）万元。

A. 220　　　　　　B. 198.20　　　　　　C. 58.25　　　　　　D. 60

例题解析：当采用简易计税方法时，税前工程造价中的各费用项目均应包含增值税进项税额，建筑业增值税税率取 3％。故增值税＝税前造价×3％＝2000×3％＝60 万元，故选 D。

3.1.3　任务布置与实施

某市区民用建筑智能化工程与建筑物同步交叉配合施工，其分部分项工程费为 200000 元（未含进项税），其中定额人工费 30000 元，定额机械费 10000 元。施工技术措施费（未含进项税）3500 元，其中定额人工费 1500 元，定额机械费 500 元。施工组织措施费仅考虑安全文明施工基本费和二次搬运费。其他项目费仅考虑优质工程增加费（为省级优质工程），按一般计税法计算税金，税率为 9％。

任务：试按浙江省现行有关计价规定，利用"单位工程招标控制价费用表"计算该民用建筑智能化工程招标控制价，计算结果取整数。计算见表 3.1.3-1。

单位工程招标控制价费用表 表 3.1.3-1

工程名称：某市区民用建筑智能化工程

序号	费用名称		计算公式	金额（元）
1	分部分项工程费		—	200000
1.1	其中	人工费＋机械费	30000＋10000	40000
2	措施项目费		3538＋3500	7038
2.1	施工技术措施费		—	3500
2.1.1	其中	人工费＋机械费	1500＋500	2000
2.2	施工组织措施费		3429＋（40000＋2000）×0.26％	3538
2.2.1	其中	安全文明施工基本费	（40000＋2000）×7.1％×1.15	3429
3	其他项目费		2199	2199
3.1	暂列金额			
3.1.1		标化工地增加费		
3.1.2	其中	优质工程增加费	（200000＋7038＋12865）×1％	2199
3.1.3		其他暂列金额		
3.2	暂估价		—	
3.3	计日工		—	
3.4	施工总承包服务费		—	
3.4.1	其中	专业发包工程管理费		—
3.4.2		甲供材料设备管理费		—

序号	费用名称	计算公式	金额（元）
4	规费	（40000＋2000）×30.63％	12865
5	增值税	（200000＋7038＋2199＋12865）×9％	19989
	招标控制价合计	200000＋7038＋2199＋12865＋19989	242091

3.1.4 检查评估

码3.1-5 检查评估的参考答案

1. 单选题

（1）根据现行计价依据的相关规定，编制竣工结算时，其他项目费不包括（　　）。

A. 计日工 　　　　　　　　　　B. 施工总承包服务费

C. 优质工程增加费 　　　　　　D. 暂估价

（2）根据现行计价依据的相关规定，下列说法正确的是（　　）。

A. 安全文明施工基本费不包括施工扬尘污染防治增加费内容，需另行计算

B. 工程定位复测费属于施工组织措施费

C. 规费只包含五险一金

D. 编制招标控制价时，其他项目费包括优质工程增加费

（3）关于安装工程计价，以下说法错误的是（　　）。

A. 甲供材料保管费的取费基数按其税前金额计算，不包括相应的进项税

B. 专业发包工程管理费的取费基数按其税前金额确定，不包括相应的销项税

C. 其他项目费不分计税方法，统一按相应费率执行

D. 税金不得作为竞争性费用

（4）根据《浙江计价规则》相关规定，安装工程计价方法统一按照综合单价法进行计价，包括国标清单计价和定额清单计价，关于这两种计价方法说法错误的是（　　）。

A. 国标清单计价的分部分项工程费是依据计量规范规定的清单项目列项的

B. 定额清单计价的分部分项工程费是依据专业定额规定的定额项目列项的

C. 国标清单计价和定额清单计价的施工技术措施费都是依据计量规范规定的清单项目列项的

D. 国标清单计价和定额清单计价除分部分项工程费和施工技术措施费的列项依据不一样外，其余费用的计算原则及方法应当一致

（5）关于安装工程计价，以下说法正确的是（　　）。

A. 编制招标控制价时，标化工地增加费应按相应施工取费费率的中值计取

B. 概算其他费用按优质工程预留费、概算扩大费用之和进行计算

C. 以"暂估单价"计入综合单价的材料需考虑风险费用

D. 标化工地施工费的基本内容已在安全文明施工费中综合考虑

（6）某项目合同签订时间 2018 年 7 月，合同造价为 1100 万元，其中税前造价 1000 万元，增值税税率 10％，已开发票 400 万元。2019 年 4 月 1 日起增值税税率由 10％调整为 9％，该工程结算造价（　　）万元。

A. 1090　　　　B. 1093.64　　　　C. 1095.5　　　　D. 1054

2. 多选题

（1）根据《浙江计价规则》相关规定，建筑安装工程施工费用计价中，关于措施项目费说法错误的是（　　）。

A. 编制招标控制价时，安全文明施工基本费费率应按相应基准费率（即施工取费费率中值）计取

B. 编制投标报价时，安全文明施工基本费费率应按施工取费费率的下限计取

C. 标化工地施工费的基本内容已在安全文明施工基本中综合考虑，但获得国家、省、设区市、县市区级安全文明施工标准化工地的，应计算标化工地增加费

D. 安全文明施工基本费分市区一般工程、市区临街工程和非市区工程

E. 施工现场与城市道路之间的连接道路硬化是发包人提供属于措施费的"临时设施费"包含的内容

（2）根据《浙江计价规则》相关规定，建筑安装工程施工费用计价中，关于其他项目费说法错误的是（　　）。

A. 其他暂列金额估算比例一般不高于 3%

B. 暂估价按专业工程暂估价和专项措施暂估价之和进行计算。专业工程暂估价分按规定必须招标并纳入施工总承包管理范围的发包人发包专业工程暂估价和按规定无须招标属于施工总承包人自行承包内容的专业工程暂估价

C. 编制招标控制价和投标报价时，计日工数量应统一以招标人在发承包计价前提供的"确定数量"进行计算

D. 甲供材料保管费按甲供材料金额（除税单价）乘以保管费费率计算

E. 优质工程增加费以获奖工程除本费用之外的税前工程造价乘以优质工程增加费相应费率计算

（3）根据《浙江计价规则》相关规定，其他项目费的构成内容根据不同阶段列项不同，在编制安装招标控制价时，下列应编入其他项目费的是（　　）。

A. 专业工程暂估价　　　　　　　　B. 标化工地暂列金额

C. 计日工　　　　　　　　　　　　D. 二次搬运费

E. 专项措施暂估价

（4）根据《浙江计价规则》相关规定，关于专业发包工程管理费，下列说法错误的是（　　）。

A. 施工总承包人对发包人单独发包的专业工程进行管理和协调，并同时要求提供垂直运输等配合服务的，可计取 1%～4% 的专业发包工程管理费

B. 施工总承包人对发包人单独发包的专业工程进行管理和协调，并同时要求提供垂直运输等配合服务的，可计取 2%～4% 的专业发包工程管理费

C. 编制招标控制价和投标报价时，计日工数量应统一以招标人在发承包计价前提供的"确定数量"进行计算

D. 专业发包工程管理费的取费基数按其税后金额确定

E. 优质工程增加费以获奖工程除本费用之外的税前工程造价乘以优质工程增

加费相应费率计算

（5）根据《浙江计价规则》相关规定，下列说法错误的是（　　　）。

A. 企业管理费是根据不同的工程类别分别编制的

B. 消防安装工程和智能化安装工程分单独承包和非单独承包，执行不同的费率

C. 建筑设备安装工程的安全文明施工基本费费率是按与建筑物同步交叉施工的建筑设备安装工程进行测算的

D. 工业设备安装工程，其安全文明施工基本费费率乘以系数 1.4

E. 专业发包工程管理费的取费基数按其含税金额确定

3. 计算题

某高层建筑给排水安装工程（非市区，与建筑物同步交叉施工），分部分项工程量清单项目费用为 2190000 元，其中定额人工费 199000 元，定额机械费 34200 元。施工技术措施项目费 21777 元，其中人工费 6965 元，机械费 4209 元。本工程标化工地暂列金额 20000 元，专业发包工程暂估价 150000 元（不含税），甲供材料 100000 元（不含税，税率为 13%，未计入分部分项费用）；施工组织措施费仅考虑安全文明施工费、二次搬运费。专业发包工程管理费按 3% 计取，甲供材料保管费按 1% 计取，按一般计税法计算税金，计算结果取整数。计算程序见表 3.1.4-1。

单位工程招标控制价计算程序　　　　　　　　表 3.1.4-1

序号	费用名称	计算公式	金额（元）
1	分部分项工程费		
1.1	其中 人工费＋机械费		
2	措施项目费		
2.1	施工技术措施项目		
2.1.1	其中 人工费＋机械费		
2.2	施工组织措施项目		
2.2.1	其中 安全文明施工基本费		
3	其他项目费		
3.1	暂列金额		
3.1.1	标化工地暂列金额		
3.2	暂估价		
3.2.1	专业工程暂估价		
3.3	施工总承包服务费		
3.3.1	专业发包工程管理费		
3.3.2	甲供材料设备管理费		
4	规费		
5	税金		
	招标控制价合计		

3.2　工作任务三 电气工程计量与计价

【学习目标】

1. 能力目标：具有电气设备安装工程识图的能力；具有电气设备安装工程定额清单工程量计算的能力和定额套用及换算的能力；具有电气设备安装工程国标清单编制和综合单价计算的能力。

2. 知识目标：了解电气设备安装工程施工图组成；熟悉施工图常用图例符号；掌握电气设备安装工程施工图的识图；熟悉电气设备安装工程定额说明和工程量计算规则；熟悉电气设备安装工程清单计算规范。

3. 素质目标：培养学生节能意识和毫厘之间守匠心，恪守规范践初心的品质，实现职业理想，恪守职业道德，传承工匠精神。

【项目流程图】

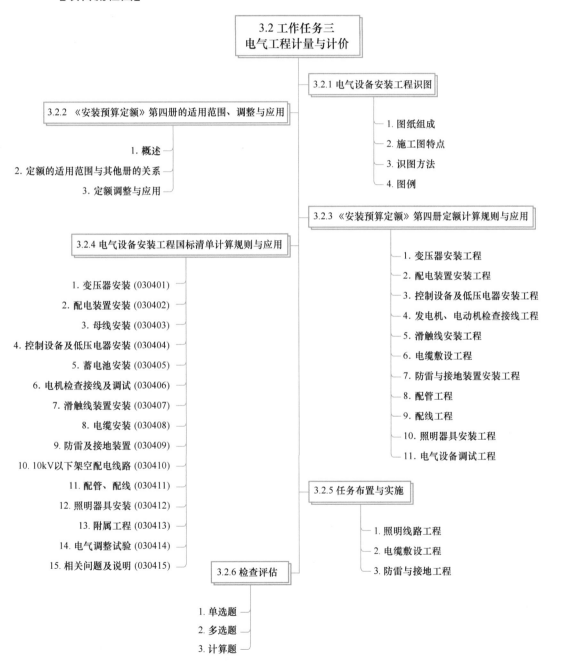

3.2.1 电气设备安装工程识图

1. 图纸组成

电气设备安装工程图一般由图纸目录与设计说明、主要材料设备表、平面图、系统图、安装大样图（详图）等组成。

（1）图纸目录与设计说明

图纸目录包括图纸的组成、名称、张数、图号、顺序等。设计说明主要标注图中交代不清，不能表达或没有必要用图表示的要求、标准、规范、方法等，一般设计说明在电气施工图纸的第一张上，常与材料表绘制在一起。其包括图纸内容、数量、工程概况、设计依据、供电电源的来源、供电方式、电压等级、线路敷设方式、防雷接地、设备安装高度及安装方式、工程主要技术数据、施工注意事项等。

（2）主要材料设备表

其包括工程中所使用的各种设备和材料的名称、型号、规格、数量等，它是编制购置设备、材料计划的重要依据。

（3）系统图

系统图是用图形符号、文字符号绘制的，用以表示建筑照明配电系统供电方式、配电回路分布及相互联系的建筑电气工程图，能集中反映照明配电系统的安装容量、计算容量、计算电流、配电方式、导线或电缆的型号、规格、数量、敷设方式及穿管管径、开关及熔断器的规格型号等。通过系统图，可以了解建筑物内部电气照明配电系统的全貌，它也是进行电气安装调试的主要图纸之一。

系统图的主要内容包括：

1）电源进户线、各级照明配电箱和供电回路，表示其相互连接形式。

2）配电箱型号或编号，总照明配电箱及分照明配电箱所选用计量装置、开关和熔断器等器件的型号、规格。

3）各供电回路的编号，导线型号、根数、截面和线管直径，以及敷设导线长度等。

4）照明器具等用电设备或供电回路的型号、名称、计算容量和计算电流等。

（4）平面图

平面图是电气施工图中的重要图纸之一，如变、配电所电气设备安装平面图、照明平面图、防雷接地平面图等，用来表示电气设备的编号、名称、型号及安装位置、线路的起始点、敷设部位、敷设方式及所用导线型号、规格、根数、管径大小等。通过阅读系统图，了解系统基本组成之后，就可以依据平面图编制工程预算和施工方案，然后组织施工。

（5）控制原理图

控制原理图包括系统中各所用电气设备的电气控制原理，用以指导电气设备的安装和控制系统的调试运行工作。

（6）安装接线图

安装接线图包括电气设备的布置与接线，应与控制原理图对照阅读，进行系统的配线和调校。

（7）安装大样图（详图）

安装大样图是详细表示电气设备安装方法的图纸，对安装部件的各部位注有具体图形和详细尺寸，是进行安装施工和编制工程材料计划时的重要参考。

2. 施工图特点

1）电气设备安装工程图大多是采用统一的图形符号并加注文字符号绘制而成的。电气设备安装工程图只表示电气线路的原理和接线，不表示电气设备和元件的准确形状和位置。

2）电气线路都必须构成闭合回路；线路中的各种设备、元件都是通过导线连接成为一个整体的。

3）为了使绘图、读图方便和图面清晰，电气设备安装工程图采用国家统一制定的图例符号及必要的文字标记，来表示实际的线路和各种电气设备和元件。读图时要明白设计人员的思路，按设计人员划分不同的分部工程，仔细读图，每个分部工程，先阅读系统图，了解该部分的电气设计总构思，然后结合剖面图、有关安装施工标准图集，理清思路，对施工做好整体规划。

4）在进行电气设备安装工程图识读时应阅读相应的土建工程图及其他安装工程图，以了解相互间的配合关系。

5）电气设备安装工程图对于设备的安装方法、质量要求以及使用维修方面的技术要求等往往不能完全反映出来，所以在阅读图纸时有关安装方法、技术要求等问题，要参照相关图集和规范。

3. 识图方法

针对一套电气设备安装工程图，一般应先按以下顺序阅读，然后再对某部分内容进行重点识读。

（1）标题栏及图纸目录

了解工程名称、项目内容、设计日期及图纸内容、数量等。

（2）设计说明

了解工程概况、设计依据等，了解图纸中未能表达清楚的有关事项。

（3）设备材料表

了解工程中所使用的设备、材料的型号、规格和数量。

（4）系统图

了解系统基本组成，主要电气设备、元件之间的连接关系以及它们的规格、型号、参数等，掌握该系统的组成概况。

（5）平面图

平面图包括照明平面图、插座平面图、防雷接地平面图等。了解电气设备的规格、型号、数量及线路的起始点、敷设部位、敷设方式和导线根数等。平面图的阅读可按照以下顺序进行：电源进线→总配电箱干线→支线→分配电箱→电气设备。

（6）控制原理图

了解系统中电气设备的电气自动控制原理，以指导设备安装调试工作。

（7）安装接线图

了解电气设备的布置与接线。

（8）安装大样图

了解电气设备的具体安装方法、安装部件的具体尺寸等。

识读时，施工图中各图纸应协调配合阅读。对于具体工程来说，为说明配电关系时需要有配电系统图；为说明电气设备、器件的具体安装位置时需要有平面图；为说明设备工作原理时需要有控制原理图；为表示元件连接关系时需要有安装接线图；为说明设备、材料的特性、参数时需要有设备材料表等。这些图纸各自的用途不同，但相互之间是有联系并协调一致的。在识读时应根据需要，将各图纸结合起来识读，以达到对整个工程或分部项目全面了解的目的。

同时，需结合土建施工图进行阅读。电气施工与土建施工结合得非常紧密，施工中常常涉及各工种之间的配合问题。电气施工平面图只反映了电气设备的平面布置情况，结合土建施工图的阅读还可以了解电气设备的立体布设情况。

4. 图例

（1）常用电气施工图图例符号（表 3.2.1-1）

常用电气施工图图例符号 表 3.2.1-1

序号	图例名称	名称	备注	序号	图例名称	名称	备注
1	○ V/V	变电所	规划（设计）的	10	▱	电源自动切换箱（屏）	
2	⊘ V/V	变电所	运行的	11	▣	低压断路器箱	
3	○ A-BC	电杆	A—杆材或属部门 B—杆长 C—杆号	12	▣	刀开关箱	
4	●	引上杆		13	▣	负压负荷开关箱	
5	○ a b/c Ad	电杆（示出灯具投照方向）	a—编号 b—杆型 c—杆高 d—容量 A—连接顺序	14	▭	组合开关箱	
				15	▱	电动机启动幕	
6	▬	动力或动力-照明配电箱		16	⧖	电磁阀	
7	⊗	信号箱（板、屏）		17	Ⓜ	电动阀	
8	▬	照明配电箱（屏）		18	◎	按钮	
9	⊠	事故照明配电箱（屏）		19	◯	一般或保护型按钮盒	示出一个按钮
				20	○ ○	一般或保护型按钮盒	示出两个按钮

续表

序号	图例名称	名称	备注	序号	图例名称	名称	备注
21		密闭型按钮盒		35		带接地插孔的暗装三相插座	
22		防爆型按钮盒		36		带接地插孔的密闭（防水）三相插座	
23		电锁		37		带接地插孔的防爆三相插座	
24		电扇（示出引线）	如不会混淆，方框可省略	38		插座箱（板）	
25		轴流风机		39		带隔离变压器的插座	如剃须刀插座
26		明装单相插座		40		明装单极开关	
27		暗装单相插座		41		暗装单极开关	
28		密闭（防水）单相插座		42		密闭（防水）单极开关	
29		防爆单相插座		43		防爆单极开关	
30		带接地插孔的明装单相插座		44		明装双极开关	
31		带接地插孔的暗装单相插座		45		暗装双极开关	
32		带接地插孔的密闭（防水）单相插座		46		密闭（防水）双极开关	
33		带接地插孔的防爆单相插座		47		防爆双极开关	
34		带接地插孔的明装三相插座		48		明装三极开关	

序号	图例名称	名称	备注	序号	图例名称	名称	备注
49		暗装三极开关		64		深照型灯	
50		密闭（防水）三极开关		65		广照型灯（配照型灯）	
51		防爆三极开关		66		防水防尘灯	
52		单极拉线开关		67		球形灯	
53		单极双控拉线开关		68		局部照明灯	
54		单极限时开关		69		矿山灯	
55		指示灯开关		70		安全灯	
56		单极双控开关		71		隔爆灯	
57		调光器		72		顶棚灯	
58		钥匙开关		73		花灯	
59		单管荧光灯		74		弯灯	
60		双管荧光灯		75		壁灯	
61		三管荧光灯		76		专用线路上的事故照明灯	
62		五管荧光灯		77		应急灯（自带电源）	
63		防爆荧光灯		78		气体放电灯的辅助设备	

续表

序号	图例名称	名称	备注	序号	图例名称	名称	备注
79		电缆交接间		93		保护线	
80		架空交接箱		94		保护和中性线共用	
81		落地交接箱		95		具有保护和中性线的三相配线	
82		壁龛交接箱		96		电缆铺砖保护	
83		地下线路		97		电缆穿管保护	可加注文字符号表示
84		架空线路		98		接地装置	
85		事故照明线		99		向上配线	
86		50V 及以下电力及照明线路		100		向下配线	
87		控制及信号线路（电力及照明用）		101		垂直通过配线	
88		母线		102		变压器	
89		装在支柱上的封闭式母线		103	Wh	电度表	
90		装在吊钩上的封闭式母线		104		断路器	
91		滑触线		105		隔离开关	
92		中性线		106		负荷开关	

续表

序号	图例名称	名称	备注	序号	图例名称	名称	备注
107		熔断器		112		2根导线的标志	
108		跌开式熔断器		113		3根导线的标志	
109		熔断器式开关		114		4根导线的标志	
110		熔断器式负荷开关		115		n根导线的标志	
111		避雷器					

（2）线路及设备的标注方式

1）线路标注一般采用的格式：a-b（$c×d$）e-f

其中　a——线路编号或线路用途符号；

　　　b——导线型号；

　　　c——导线根数；

　　　d——导线截面，不同截面分别标注；

　　　e——配线方式符号及导线穿管管径；

　　　f——敷设部位符号。

绝缘导线的文字符号含义见表3.2.1-2，线路敷设方式文字符号见表3.2.1-3，线路敷设部位文字符号见表3.2.1-4。

绝缘导线文字符号含义　　　　表 3.2.1-2

性能		分类代号或用途		线芯材料		绝缘		护套	
符号	意义	符号	意义	符号	意义	符号	意义	符号	意义
ZR NH	阻燃 耐火	A B Y T HR HP	安装线 布电线 移动电器线 天线 电话软线 电话配线	T L	铜（省略） 铝	V F Y X F ST	聚氯乙烯 氟塑料 聚乙烯 橡皮 氯丁橡胶 天然丝	V H B N SK L	聚氯乙烯 橡套 编织套 尼龙套 尼龙丝 腊克

线路敷设方式文字符号　　　　表 3.2.1-3

序号	名称	符号
1	电缆桥架	CT
2	金属软管	CP
3	钢管	SC
4	塑料管	PC
5	电线管	MT
6	金属拉线槽	MR
7	钢索敷设	M
8	阻燃半硬质聚氯乙烯管	FPC

线路敷设部位文字符号　　　　　　　　　　　表 3.2.1-4

序号	名称	符号
1	在梁内暗敷	BC
2	沿顶棚敷设	CE
3	沿或跨柱敷设	AC
4	地面（板）下暗敷	FC
5	吊顶内敷设	SCE
6	沿墙面（暗）敷设	WS（WC）
7	电缆沟敷设	TC
8	直接埋地	DB

【案例 3.2.1-1】BV(3×50＋1×25)SC50—FC 表示线路是铜芯聚氯乙烯绝缘导线，3 根截面积 50mm²，1 根截面积 25mm²，穿管径为 50mm 的钢管沿地面暗敷。

【思考】试说明 BLV（3×60＋2×35）SC70—WC 的含义。

2）用电设备标注格式：

$$\frac{a}{b} \text{ 或 } \frac{a}{b}\bigg|\frac{c}{d}$$

其中　a——设备编号；

　　　b——额定功率（kW）；

　　　c——线路首端熔断片或自动开关释放器的电流（A）；

　　　d——标高（m）。

3）动力和照明设备一般标注：

$$a\frac{b}{c} \text{ 或 } a-b-c$$

其中　a——设备编号；

　　　b——设备型号；

　　　c——设备功率（kW）。

4）开关及熔断器一般标注：

$$a\frac{b}{c/I} \text{ 或 } a-b-c/I$$

其中　a——设备编号；

　　　b——设备型号；

　　　c——额定电流（A）；

　　　I——整定电流（A）。

5）照明变压器标注格式：

$$a/b-c$$

其中　a——一次电压（V）；

　　　b——二次电压（V）；

　　　c——额定容量（V·A）。

6）照明灯具的标注：

① 一般标注方法：

$$a-b\frac{c\times d\times L}{e}f$$

② 灯具安装：

$$a-b\frac{c\times d\times L}{-}f$$

其中　　a——灯具数量；

　　　　b——型号或编号；

　　　　c——每个照明灯具的灯泡数；

　　　　d——灯泡容量（W）；

　　　　e——灯泡安装高度（m）；

　　　　f——安装方式；

　　　　L——光源种类。

【案例 3.2.1-2】 5-BYS80$\frac{2\times36\times\text{FL}}{3.5}$CS，表示 5 盏 BYS 80 型灯具，灯管为 2 根，36W 荧光灯 T5 灯管，吊链安装，安装高度距地 3.5m。

照明灯具安装方式文字符号见表 3.2.1-5。

照明灯具安装方式文字符号　　　　　表 3.2.1-5

序号	名称	符号	备注
1	吊链式	CS	—
2	吊管式	DS	—
3	线吊式	SW	—
4	吸顶式	C	安装高度处标一横线，不必注明符号
5	嵌入式	R	—
6	壁装式	W	—

3.2.2　《安装预算定额》第四册的适用范围、调整与应用

1. 概述

《安装预算定额》的第四册为电气设备安装工程（本节简称"本册定额"）。本册定额分为十四章，共 1805 个定额子目。主要内容有变压器安装工程；配电装置安装工程；绝缘子、母线安装工程；控制设备及低压电器安装工程；蓄电池安装工程；发电机、电动机检查接线工程；滑触线安装工程；电缆敷设工程；防雷与接地装置安装工程；10kV 以下架空线路输电工程；配管工程；配线工程；照明器具安装工程；电气设备调试工程。

2. 定额的适用范围与其他册的关系

（1）适用范围

本册定额适用于新建、扩建、改建项目中 10kV 以下变配电设备及线路安装、车间动力电气设备及电气照明器具、防雷及接地装置安装、配管配线、电气调整试验等安装工程。

（2）本册定额与市政定额的界限划分

厂区、住宅小区的道路路灯安装工程、庭院艺术喷泉等电气设备安装工程执行《安装预算定额》的相应项目。涉及市政道路、市政庭院等电气安装工程的项目，执行《浙江省市政工程预算定额》（2018 版）的相应项目。

3. 定额调整与应用

（1）变压器安装工程

本册定额第一章包括油浸式变压器安装、干式变压器安装、消弧线圈安装及绝缘油过滤等内容。定额相关说明如下：

1）油浸式变压器安装定额适用于自耦式变压器、带负荷调压变压器的安装；电炉变压器安装执行同容量变压器定额，基价乘以系数 1.6；整流变压器安装执行同容量变压器定额，基价乘以系数 1.2。

2）变压器的器身检查：容量小于或等于 4000kV·A 的变压器是按照吊芯检查考虑，容量大于 4000kV·A 的变压器是按照吊钟罩考虑。如果容量大于 4000kV·A 的变压器需吊芯检查时，定额中机械乘以系数 2.0。

3）安装带有保护外罩的干式变压器，执行相应定额时，人工、机械乘以系数 1.1。

4）非晶合金变压器安装根据容量执行相应的变压器安装定额。

5）本章定额不包括变压器干燥费用，施工过程中确需干燥，费用按实计算。

（2）配电装置安装工程

本册定额第二章包括断路器安装，隔离开关、负荷开关安装，互感器安装，熔断器、避雷器安装，电抗器安装，电容器安装，交流滤波装置组架（TJL 系统）安装，高压成套配电柜安装，组合型成套箱式变电站安装及配电智能设备安装调试等内容。定额相关说明如下：

1）设备安装定额不包括端子箱安装、控制箱安装、设备支架制作及安装、绝缘油过滤、电抗器干燥、基础槽（角）钢安装、预埋地脚螺栓、二次灌浆。配电设备基础槽（角）钢、支架、抱箍及延长轴、轴套、间隔板等安装，执行本册定额第四章及《安装预算定额》第十三册《通用工程和措施项目工程》相应定额或按成品考虑。

2）干式电抗器安装定额适用于混凝土电抗器、铁芯干式电抗器和空心电抗器等干式电抗器安装。定额是按照三相叠放、三相平放和二叠一平放的安装方式综合考虑的，工程实际与其不同时，执行定额不做调整。励磁变压器安装根据容量及冷却方式执行相应的变压器安装定额。

3）高压成套配电柜安装定额综合考虑了不同容量，执行定额时不做调整。定额中不包括母线配制及设备干燥。

4）室外环网柜箱式站（也称室外箱式高压柜）安装参照 4-2-64 组合型成套箱式变电站安装的定额。

（3）绝缘子、母线安装工程

本册定额第三章包括绝缘子安装，穿墙套管安装，软母线安装，矩形母线安装，槽形母线安装，共箱母线安装，低压封闭式插接母线槽安装，重型母线安装，母线绝缘热缩管安装等内容。定额相关说明如下：

1) 定额不包括支架、铁构件的制作与安装，工程实际发生时，执行《安装预算定额》第十三册《通用项目和措施项目工程》相应定额。

2) 软母线安装定额是按照单串绝缘子编制的，如设计为双串绝缘子，其定额人工乘以系数 1.14。耐张绝缘子串的安装与调整已包含在软母线安装定额内。

3) 矩形钢母线安装执行铜母线安装定额。

4) 低压封闭式插接母线槽配套的弹簧支架按重量套用本册定额第八章电缆敷设工程中桥架支撑架安装定额。

（4）控制设备及低压电器安装工程

本册定额第四章包括控制、继电、模拟屏安装，控制台、控制箱安装，低压成套配电柜箱安装，端子箱、端子板安装及端子板外部接线，接线端子，高频开关电源安装，直流屏（柜）安装，金属构件制作与安装，穿墙板制作与安装，金属围网、网门制作与安装，控制开关安装，熔断器、限位开关安装，用电控制装置安装，电阻器、变阻器安装，安全变压器、仪表安装，小电器安装，低压电器装置接线等内容。定额相关说明如下：

1) 接线端子定额只适用于导线，电力电缆终端头制作与安装定额中包括压接线端子，控制电缆终端头制作安装定额中包括终端头制作及接线至端子板，不得重复计算。

2) 低压成套配电柜安装定额适用于配电房内低压成套配电柜的安装。

【案例 3.2.2-1】消防泵房双电源总柜 800mm×2000mm×600mm 安装在 10 号基础槽钢上，试求该动力配电柜的定额基价。

例题解析：套用《安装预算定额》的定额子目为 4-4-13，基价为 351.72 元/台。

3) 嵌入式成套配电箱执行相应悬挂式安装定额，基价乘以系数 1.2；插座箱的安装执行相应的"成套配电箱"安装定额，基价乘以系数 0.5。

【案例 3.2.2-2】户内照明配电箱 300mm×400mm×200mm（高×宽×深），采用嵌墙暗装（主材除税价 1000 元/台），其定额清单综合单价计算见表 3.2.2-1（安装费的人材机单价均按《安装预算定额》取定的基价考虑，不考虑浙建建发〔2019〕92 号文《关于增值税调整后浙江省建设工程计价依据增值税税率及有关计价调整的通知》所涉及的调整系数；管理费费率 21.72%，利润费率 10.4%，风险费不计；以下计算题的计算口径与本案例相同，不再说明）。

定额清单综合单价计算表　　　　　　　　　　表 3.2.2-1

序号	定额编号	定额项目名称	计量单位	综合单价（元）					
				人工费	材料费	机械费	管理费	利润	小计
1	4-4-15 换	户内照明配电箱 300mm×400mm×200mm（高×宽×深），采用嵌墙暗装（主材除税价 1000 元/台）	台	152.12	1025.86	0	33.04	15.82	1226.84

例题解析：嵌入式成套配电箱执行相应悬挂式安装定额，基价乘以系数 1.2，故人工费、材料费、机械费均乘以系数 1.2。

4）端子板外部接线定额仅适用于控制设备中的控制、报警、计量等二次回路接线。

【案例 3.2.2-3】污水泵控制箱二次回路接线和照明回路接线是否适用于端子板外部接线定额？

例题解析：污水泵控制箱二次回路接线属于控制设备的二次回路接线，适用端子板外部接线定额；照明回路接线不属于控制设备二次回路接线，故不适用。

5）已带插头不需要在现场接线的电器，不能套用"低压电器装置接线"定额。

6）吊扇预留吊钩安装执行本册定额第四章"吊风扇安装"定额，人工乘以系数 0.2。

7）控制装置安装定额中，除限位开关及水位电气信号装置安装定额外，其他安装定额均未包括支架制作与安装，工程实际发生时，可执行《安装预算定额》第十三册《通用项目和措施项目工程》相关定额。

8）集水坑内的浮球液位控制器安装，执行 4-4-129 水位电气信号装置液位式安装定额，基价乘以系数 0.1。

（5）蓄电池安装工程

本册定额第五章包括蓄电池防震支架安装、碱性蓄电池安装、密封式铅酸蓄电池安装、免维护铅酸蓄电池安装、蓄电池组充放电、UPS 安装、太阳能电池安装等内容。定额相关说明如下：

1）定额适用电压等级小于或等于 220V 各种容量的碱性和酸性固定型蓄电池安装。定额不包括蓄电池抽头连接用电缆及电缆保护管的安装，工程实际发生时，执行相应定额。

2）UPS 不间断电源安装定额分单相（单相输入/单相输出）、三相（三相输入/三相输出），三相输入/单相输出设备安装执行三相定额。EPS 应急电源安装根据容量执行相应的 UPS 安装定额。

3）太阳能电池钢架安装、太阳能电池板安装定额均已综合考虑了高空作业的因素。

（6）发电机、电动机检查接线工程

本册定额第六章包括发电机检查接线，小型直流发电机检查接线，小型直流电动机检查接线，小型交流电动机检查接线，小型立式电动机检查接线，大中型电动机检查接线，微型电机、变频机组检查接线，电磁调速电动机检查接线，小型电机干燥，大中型电机干燥等内容。定额相关说明如下：

1）发电机检查接线定额包括发电机干燥。电动机检查接线定额不包括电动机干燥，工程实际发生时，执行电机干燥的相应定额。

2）电动机根据质量分为大型、中型、小型。单台质量小于或等于 3t 电动机为小型电动机，单台质量大于 3t 且小于或等于 30t 电动机为中型电动机，单台质量大于 30t 电动机为大型电动机。小型电动机安装按照电动机类别和功率大小执行相应定额；大中型电动机安装不分交、直流电动机，按照电动机质量执行相应定额。

3）功率小于或等于 0.75kW 的电机检查接线均执行微型电机检查接线定额，但一般民用小型交流电风扇安装执行本册定额第四章的"风扇安装"相应定额。

4）各种电机的检查接线，按规范要求均需配有相应的金属软管，如设计有规定的按设计材质、规格和数量计算，设计没有规定时，平均每台电机配相应规格的金属软管 0.824m 和与之配套的专用活接头。实际未装或无法安装金属软管，不得计算工程量。

思考：《浙江省安装工程预算定额》（2010 版）中与电机连接的金属软管是否包含在电机检查接线定额中。

5）电动机控制箱安装执行本册定额第四章成套配电箱相应定额。

（7）滑触线安装工程

本册定额第七章包括轻型滑触线安装，安全节能型滑触线安装，型钢类滑触线安装，滑触线支架安装，滑触线拉紧装置及挂式支持器制作与安装，以及移动软电缆安装等内容。定额相关说明如下：

1）滑触线支架安装定额是按照安装高度小于等于 10m 编制的，若安装高度大于 10m 时，超出部分的安装工程量按照定额人工乘以系数 1.1。

2）安全节能型滑触线安装不包括滑触线导轨、支架、集电器及其附件等材料，安全节能型滑触线为三相式时，执行单相滑触线安装定额乘以系数 2.0。

【案例 3.2.2-4】关于滑触线安装工程，以下说法正确的是（　　）。

A. 除安全节能型滑触线外，其余滑触线计量单位均为 100m/单相

B. 单相节能型滑触线安装执行三相安全节能型滑触线定额基价乘以系数 0.5

C. 安全节能型滑触线安装定额基价中已考虑所有高空作业因素

D. 滑触线安装定额中不包含辅助母线安装

例题解析：A：滑触线安装根据材质及性能要求，按照设计图示安装成品数量以"m/单相"为计量单位，安全节能型滑触线安装计量单位也是"100m/单相"，故 A 错误；

B：安全节能型滑触线安装不包括滑触线导轨、支架、集电器及其附件等材料，安全节能型滑触线为三相式时，执行单相滑触线安装定额乘以系数 2.0，故 B 错误；

C：滑触线及支架安装定额是按照安装高度小于等于 10m 编制，未考虑所有高空作业因素，故 C 错误。

D：正确。

（8）电缆敷设工程

本册定额第八章包括直埋电缆辅助设施，电缆保护管铺设，电缆桥架、槽盒安装，电力电缆敷设，矿物绝缘电缆敷设，控制电缆敷设，加热电缆敷设，电缆防火设施安装等内容。定额相关说明如下：

1）直埋电缆辅助设施

① 直埋电缆辅助设施定额包括铺砂与保护揭或盖或移动盖板等内容，不包括电缆沟与电缆井的砌砖或浇筑混凝土隔热层与保护层制作、安装，工程实际发生时，执行相应定额。

② 开挖路面、修复路面、沟槽挖填等执行《安装预算定额》第十三册《通用项目和措施项目工程》相应定额。

③ 电缆沟盖板采用金属盖板时，其金属盖板制作执行《安装预算定额》第十三册《通用项目和措施项目工程》"一般铁构件制作"的相应定额，基价乘以系数0.6，安装执行本册定额第八章揭盖盖板的相应定额。

2）电缆保护管铺设

① 地下铺设电缆（线）保护管公称直径小于或等于25mm时，参照DN50的相应定额，基价乘以系数0.7。

② 多孔梅花管安装以梅花管外径参照相应的塑料管定额，基价乘以系数1.2。

③ 入室后需要敷设电缆保护管时，执行本册定额第十一章"配管工程"的相应定额。

【案例3.2.2-5】 塑料电缆保护管DN20埋地敷设，机械施工，公称直径20mm（主材除税单价5元/m，含接头），其定额清单综合单价计算见表3.2.2-2。

定额清单综合单价计算表　　　　　　　　　　　表3.2.2-2

序号	定额编号	定额项目名称	计量单位	综合单价（元）					
				人工费	材料费	机械费	管理费	利润	小计
1	4-8-13 换	塑料电缆保护管DN20埋地敷设，机械施工，公称直径20mm(主材除税单价5元/m,含接头)	100m	170.10	538.46	2.05	37.39	17.90	765.90

例题解析： 地下铺设电缆（线）保护管公称直径小于或等于25mm时，参照DN50的相应定额，基价乘以系数0.7。

码3.2-1　电缆桥架安装工程计量与计价

3）电缆桥架安装

① 桥架安装定额适用于输电、配电及用电工程电力电缆与控制电缆的桥架安装。通信、热工及仪器仪表、建筑智能等弱电工程控制电缆桥架安装，根据其定额说明执行相应桥架安装定额。

② 梯式桥架安装定额是按照不带盖考虑的，若梯式桥架带盖，则执行相应的槽式桥架定额。

③ 钢制桥架主结构设计厚度大于3mm时，执行相应安装定额的人工、机械乘以系数1.2。

④ 不锈钢桥架安装执行相应的钢制桥架定额乘以系数1.1。

⑤ 防火桥架执行钢制槽式桥架相应定额，耐火桥架执行钢制槽式桥架相应定额人工和机械乘以系数2.0。

⑥ 电缆桥架支撑架安装定额适用于随桥架成套供货的成品支撑架安装。

⑦ 电缆桥架揭盖盖板根据桥架宽度执行电缆沟揭、盖移动盖板相应定额，人工乘以系数0.3。

【案例3.2.2-6】 在钢制托盘式桥架安装1200mm×200mm×S3.5（含盖板、隔

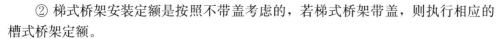

81

板，650元/m），其定额清单综合单价计算见表3.2.2-3。

定额清单综合单价计算表　　　　　　　　　表3.2.2-3

序号	定额编号	定额项目名称	计量单位	综合单价（元）					
				人工费	材料费	机械费	管理费	利润	小计
1	4-8-46换	钢制托盘式桥架安装1200mm×200mm×S3.5（含盖板、隔板，650元/m）	10m	761.08	6606.11	109.07	189.00	90.50	7755.76

码3.2-2 电缆敷设工程计量与计价

例题解析： 根据题意，该桥架的设计厚度为3.5mm，根据定额，钢制桥架主结构设计厚度大于3mm时，执行相应安装定额的人工、机械乘以系数1.2。

4）电缆敷设

① 电缆敷设定额适用于10kV以下的电力电缆和控制电缆敷设。定额系按平原地区和厂内电缆工程的施工条件编制的，未考虑在积水区、水底、井下等特殊条件下的电缆敷设。电缆在一般山地地区敷设时，其定额人工和机械乘以系数1.6，在丘陵地区敷设时，其定额人工和机械乘以系数1.15。该地段所需的施工材料如固定桩、夹具等按实另计。

② 电力电缆敷设及电力电缆头制作、安装定额均是按三芯及三芯以上电缆考虑的，单芯、双芯电力电缆敷设及电缆头制作、安装系数调整见表3.2.2-4，截面400~800mm²的单芯电力电缆敷设按400m²电力电缆定额执行；截面800~1000m²的单芯电力电缆敷设按400mm²电力电缆定额乘以系数1.25执行。截面400mm²以上单芯电缆头制作、安装，可按同材质240mm²电力电缆头制作、安装定额执行。截面240mm²以上的电缆头的接线端子装为异型端子，需要单独加工，可按实际加工价格计补差价（或调整定额价格）。

单芯、双芯电力电缆敷设及电缆头制作、安装系数调整表　　　表3.2.2-4

规格名称		35mm²及以上		25mm²及以下		10mm²及以下		
		三芯及以上	双芯	单芯	三芯及以上	双芯、单芯	三芯及以上	双芯、单芯
电缆头制作、安装	铜芯	1.00	0.40	0.30	0.40	0.20	0.30	0.15
	铝芯以铜芯为基数	0.80	0.32	0.24	0.32	0.16	0.24	0.12
电缆敷设	铜芯	1.00	0.50	0.30	0.50	0.30	0.40	0.25
	铝芯	1.00	0.50	0.30	0.50	0.30	0.40	0.25

③ 除矿物绝缘电力电缆和矿物绝缘控制电缆外，电缆在竖井内桥架中竖直敷设，按不同材质及规格套用相应电缆敷设定额，基价乘以系数1.2，在竖直通道内采用支架固定直接敷设，按不同材质及规格套用相应电缆敷设定额，基价乘以系数1.6。竖井井内敷设是指单段高度大于3.6m的竖井，单段高度小于或等于3.6m的竖井内敷设时，定额不做调整。

【案例 3.2.2-7】在单段高度大于 3.6m 的竖井中采用支架固定敷设铜芯电力电缆 YJV2-0.6/1kV 3×25（主材除税单价 50 元/m），其定额清单综合单价计算见表3.2.2-5。

定额清单综合单价计算表　　　　　　　　表 3.2.2-5

序号	定额编号	定额项目名称	计量单位	综合单价（元）					
				人工费	材料费	机械费	管理费	利润	小计
1	4-8-88 换	在单段高度大于 3.6m 的竖井中采用支架固定敷设铜芯电力电缆 YJV2-0.6/1kV 3×25（主材除税单价 50 元/m）	100m	340.63	5081.34	8.25	80.24	41.76	5552.22

例题解析： 在竖直通道内采用支架固定直接敷设执行定额时基价乘以系数 1.6 需要满足两个条件，一是竖井井内敷设单段高度大于 3.6m，二是非矿物绝缘电力电缆和矿物绝缘控制电缆。该案例中单段高度大于 3.6m，满足第一个条件，YJV2-0.6/1kV 3×25 属于铜芯电力电缆，满足第二条件，故基价乘以系数 1.6，即人工费、材料费、机械费均乘以系数 1.6。

④ 电缆敷设定额中不包括支架的制作与安装，工程应用时，执行《安装预算定额》第十三册《通用项目和措施项目工程》的相应定额。

⑤ 铝合金电缆敷设根据规格执行相应的铝芯电缆敷设定额。

⑥ 排管内铝芯电缆敷设参照排管内铜芯电缆相应定额，人工乘以系数 0.7。

⑦ 本册定额第八章矿物绝缘电缆敷设定额适用于铜或铜合金护套、波纹铜护套的矿物绝缘电缆；截面 70mm² 以下（3 芯及 3 芯以上）的铜或铜合金护套或波纹铜护套的矿物绝缘电缆敷设，执行 35mm² 以下（3 芯及 3 芯以上）矿物绝缘电缆敷设定额，基价乘以系数 1.2，其电缆头制作安装执行 35mm² 以下的相应定额。其他护套的矿物绝缘电缆执行铜芯电力电缆敷设的相应定额，人工乘以系数 1.1，其电缆头制作安装执行铜芯电力电缆头制作安装的相应定额（本册定额第八章说明第二点第 20 条）。

【注】根据浙建站计〔2021〕4 号文的（二）动态调整（二）的第 1 条，本条说明调整如下：

本章矿物绝缘电缆敷设定额适用于铜或铜合金护套的矿物绝缘电缆；截面 70mm²（3 芯及 3 芯以上）的铜或铜合金护套的矿物绝缘电缆敷设，执行 35mm² 以下（3 芯及 3 芯以上）的矿物绝缘电缆敷设定额，基价乘以系数 1.2，其电缆头制作安装执行 35mm² 以下矿物绝缘电缆头制作安装的相应定额。

波纹铜护套的矿物绝缘电缆执行铜芯电力电缆敷设的相应定额，人工乘以系数 1.3，其电缆头制作安装执行铜芯电力电缆头制作安装的相应定额。

其他护套的矿物绝缘电缆执行铜芯电力电缆敷设的相应定额，人工乘以系数 1.1，其电缆头制作安装执行铜芯电力电缆头制作安装的相应定额。

原浙建站计〔2020〕11号文第二部分安装工程综合解释（二）第1条废止。

【案例3.2.2-8】电缆BTTZ-3×25在竖井内采用支架固定直接敷设（主材除税单价139元/m），其定额清单综合单价计算见表3.2.2-6。

定额清单综合单价计算表 表3.2.2-6

序号	定额编号	定额项目名称	计量单位	综合单价（元）					
				人工费	材料费	机械费	管理费	利润	小计
1	4-8-155	电缆BTTZ-3×25在竖井内采用支架固定直接敷设（主材除税单价139元/m）	100m	687.69	14510.65	108.35	172.9	82.79	15562.38

例题解析：除矿物绝缘电力电缆和矿物绝缘控制电缆外，在竖直通道内采用支架固定直接敷设，按不同材质及规格套用相应电缆敷设定额，基价乘以系数1.6，BTTZ是矿物绝缘电力电缆，故不换算。

（9）防雷与接地装置安装工程

本册定额第九章包括避雷针制作与安装，避雷引下线敷设，避雷网安装，接地极（板）制作与安装，接地母线敷设，接地跨接线安装，桩承台接地，设备防雷装置安装，埋设降阻剂等内容。定额相关说明如下：

1）避雷针安装定额综合考虑了高空作业因素，执行定额时不做调整。避雷针安装在木杆和水泥杆上时，包括了其避雷引下线安装。

2）独立避雷针安装包括避雷针塔架、避雷引下线安装，不包括基础浇筑。塔架制作执行《安装预算定额》第十三册《通用项目和措施项目工程》相应定额。

3）利用建筑结构钢筋作为接地引下线安装定额是按照每根柱子内焊接两根主筋编制的，当焊接主筋超过两根时，可按照比例调整定额安装费。防雷均压环是利用建筑物梁内主筋作为防雷接地连接线考虑的，每一梁内按焊接两根主筋编制，当焊接主筋数超过两根时，可按比例调整定额安装费。如果采用单独扁钢或圆钢明敷设作为均压环时，可执行户内接地母线敷设沿砖混结构明敷定额子目。

4）利用建筑结构钢筋作为接地引下线且主筋采用钢套筒连接的，执行本册定额第九章利用建筑结构钢筋引下定额，基价乘以系数2.0，其跨接不再另外计算工程量。

5）利用基础（或地梁）内两根主筋焊接连通作为接地母线时，执行"均压环敷设"定额，卫生间接地中的底板钢筋网焊接无论跨接还是点焊，均执行本册定额第九章"均压环敷设"定额，基价乘以系数1.2，按卫生间周长计算敷设长度。

6）接地母线埋地敷设定额是按照室外整平标高和一般土质综合编制的，包括地沟挖填土和夯实，执行定额时不再计算土方工程量。当地沟开挖的土方量，每米沟长土方量大于0.34m³时其超过部分可以另计，超量部分的挖填土可以参照《安装预算定额》第十三册《通用项目和措施项目工程》相应定额。如遇有石方、矿渣、积水、障碍物等情况时应另行计算。

码3.2-3 接地母线安装工程计量与计价

7）利用建（构）筑物桩承台接地时，柱内主筋与桩承台跨接不另行计算，其工作量已经综合在相应的项目中。

8）坡屋面避雷网安装人工乘以系数 1.3。

9）圆钢避雷小针制作安装定额，如避雷小针为成品供应时，其定额基价乘以系数 0.4。

码3.2-4　避雷网安装工程计量与计价

10）等电位箱箱体安装，箱体半周长在 200mm 以内参照接线盒定额，其他按箱体大小参照相应接线箱定额。

11）屋面避雷网暗敷执行接地母线"沿砖混结构暗敷"定额（依据"浙建站定〔2019〕77 号文"）。

（10）10kV 以下架空线路输电工程

本册定额第十章包括工地运输，土石方工程，底盘、拉盘、卡盘安装及电杆组立，横担安装，拉线制作、安装，导线架设，导线跨越及进户线架设，杆上变配电设备安装等内容。定额相关说明如下：

1）本册定额第十章定额按平地施工条件考虑，如在其他地形条件下施工时，其人工和机械按表 3.2.2-7 地形系数予以调整。

地形系数表　　　　　　　　　　　　　　　　　　表 3.2.2-7

地形类别	丘陵	一般山地、泥沼地带
调整系数	1.15	1.60

2）地形划分的特征：平地：地形比较平坦、地面比较干燥的地带。丘陵：地形有起伏的矮岗、土丘等地带。一般山地：指一般山岭或沟谷地带、高原台地等。泥沼地带：指经常积水的田地或泥水淤积的地带。

3）线路一次施工工程量按 5 根以上电杆考虑，如 5 根以内者，电杆组立定额人工、机械乘以系数 1.3。

4）如果出现钢管杆的组立，按同高度混凝土杆组立的人工、机械乘以系数 1.4，材料不调整。

码3.2-5　配管工程计量与计价

（11）配管工程

本册定额第十一章包括套接紧定式镀锌钢导管（JDG）敷设，镀锌钢管敷设，焊接钢管敷设，防爆钢管敷设，可挠金属套管敷设，塑料管敷设，金属软管敷设，金属线槽敷设，塑料线槽敷设，接线箱、接线盒安装，沟槽恢复等内容。定额相关说明如下：

1）配管定额不包括支架的制作与安装。支架的制作与安装执行《安装预算定额》第十三册《通用项目和措施项目工程》相应定额。

2）扣压式薄壁钢导管（KBG）执行套接紧定式镀锌钢导管（JDG）定额。

3）可挠金属套管定额是指普利卡金属管（PULLKA），主要应用于砖、混凝土结构暗配及吊顶内的敷设，可挠金属套管规格见表 3.2.2-8。

4）金属软管敷设定额适用于顶板内接线盒至吊顶上安装的灯具等之间的保护管，电机与配管之间的金属软管已经包含在电机检查接线定额内。

可挠金属套管规格表   表 3.2.2-8

规格	10 号	12 号	15 号	17 号	24 号	30 号	38 号	50 号	63 号	76 号	83 号	101 号
内径 (mm)	9.2	11.4	14.1	16.6	23.8	29.3	37.1	49.1	62.6	76.0	81.0	100.2
外径 (mm)	13.3	16.1	19.0	21.5	28.8	34.9	42.9	54.9	69.1	82.9	88.1	107.3

【案例 3.2.2-9】 点光源艺术装饰灯具嵌入式安装，顶板内由接线盒到灯具的金属软管应执行（　　）定额。

A. 可挠金属套管吊顶内敷设　　　　B. 可挠金属套管砖混结构暗敷

C. 金属软管敷设　　　　　　　　　D. 已包含在灯具安装定额中

例题解析： 金属软管敷设定额适用于顶板内接线盒至吊顶上安装的灯具等之间的保护管，电机与配管之间的金属软管已经包含在电机检查接线定额内。《安装预算定额》中嵌入式筒灯删除了金属软管，发生时执行金属软管敷设定额，故选 C。

5）凡在吊平顶安装前采用支架、管卡、螺栓固定管子方式的配管，执行"砖、混凝土结构明配"相应定额；其他方式（如在上层楼板内预埋，吊平顶内用铁丝绑扎，电焊固定管子等）的配管，执行"砖、混凝土结构暗配"相应定额。

6）沟槽恢复定额仅适用于二次精装修工程。

7）二次精装修工程，在原粉刷层上进行砖墙开槽，套用管道暗配定额时，其砖墙开槽增加费按照实际开槽的工程量，执行混凝土刨沟槽的相应定额，基价乘以系数 0.2（依据"浙建站定〔2019〕77 号文"）。

8）在预制叠合楼板（PC）上现浇混凝土内预埋电气配管，执行相应电气配管砖混凝土结构暗配定额，人工乘以系数 1.30，其余不变（依据"浙建站定〔2019〕77 号文"）。

（12）配线工程

本册定额第十二章包括管内穿线，绝缘子配线，线槽配线，塑料护套线明敷设，车间配线，盘、柜、箱、板配线等内容。定额相关说明如下：

1）照明线路中导线截面面积大于 $6mm^2$ 时，执行"穿动力线"相应的定额。

2）多芯软导线线槽配线按芯数不同套用本章"管内穿多芯软导线"相应定额乘以系数 1.2。

（13）照明器具安装工程

本册定额第十三章包括普通灯具安装，装饰灯具安装，荧光灯具安装，嵌入式地灯安装，工厂灯安装，医院灯具安装，霓虹灯安装，路灯安装，景观灯安装，太阳光导入照明系统，开关、按钮安装，插座安装，艺术喷泉照明系统安装等内容。定额相关说明如下：

1）小区路灯、投光灯、氙气灯、烟囱或水塔指示灯的安装定额，考虑了超高安装（操作超高）因素。

2）照明灯具安装除特殊说明外，均不包括支架制作、安装。工程实际发生时，执行《安装预算定额》第十三册《通用项目和措施项目工程》相应定额。

3）航空障碍灯根据安装高度不同执行本册定额第十三章烟囱、水塔、独立式塔架标志灯相应定额。

4）荧光灯具安装定额按照成套型荧光灯考虑，工程实际采用组合式荧光灯时，执行相应的成套型荧光灯安装定额乘以系数 1.1。

5）灯带驱动器、灯具应急电源（灯具与应急电源分体供应时）安装，执行 4-13-248 霓虹灯安装中"电子变压器"安装的定额（依据"浙建站定〔2019〕77 号文"）。

码3.2-6　照明器具安装工程计量与计价

6）楼宇亮化灯安装中，立面点光源灯灯具直径（mm）≤100，执行灯具直径（mm）≤150 的定额，基价乘以系数 0.6（依据"浙建站定〔2019〕77 号文"）。

7）埋地插座执行带接地暗插座的相应定额，人工乘以系数 1.3（依据"浙建站定〔2019〕77 号文"）。

8）楼宇亮化工程中的立面点光源灯带（线槽式）安装执行 4B-13-1 定额子目，详见本书附件 5。一体化线条灯（洗墙灯）安装执行 4-13-286 定额子目（依据"浙建站计〔2021〕4 号文"）。

（14）电气设备调试工程

本册定额第十四章包括电气设备的本体试验和主要设备的分系统调试。定额相关说明如下：

1）送配电设备调试中的 1kV 以下定额适用于从变电所低压配电装置输出的供电回路，送配电设备系统调试包括系统内的电缆试验、瓷瓶耐压等全套调试工作。

2）低压双电源自动切换装置调试参照本章"备用电源自动投入装置"定额，基价乘以系数 0.2。

3）凡用自动空气开关输出的动力电源（如由变电所动力柜自动空气开关输出的电源，经过就地动力配电箱控制一台电动机），均包括在电动机调试之中，不能另计交流供电系统调试费用。

4）应急电源装置（EPS）切换调试套用"事故照明切换"定额。

5）干式变压器调试，执行相应容量变压器调试定额乘以系数 0.8。

3.2.3 《安装预算定额》第四册定额计算规则与应用

1. 变压器安装工程

变压器、消弧线圈安装根据设备容量及结构性能，按照设计安装数量以"台"为计量单位。

2. 配电装置安装工程

隔离开关、负荷开关、熔断器、避雷器、干式电抗器的安装，根据设备重量或容量，按照设计安装数量以"组"为计量单位，每三相为一组。

3. 控制设备及低压电器安装工程

（1）成套配电箱安装，根据箱体半周长，按照设计安装数量以"台"为计量单位。

（2）基础槽钢、角钢制作与安装，根据设备布置，按照设计图示数量分别以"kg"及"m"为计量单位。

（3）盘、箱、柜的外部进出线预留长度按表3.2.3-1计算。

盘、箱、柜的外部进出线预留长度   表3.2.3-1

序号	项目	预留长度（m）	说明
1	各种箱、柜、盘、板	高+宽	盘面尺寸
2	单独安装的铁壳开关、自动开关、开关、启动器、箱式电阻器、变阻器	0.5	从安装对象中心算起
3	继电器、控制开关、信号灯、按钮、熔断器等小家电	0.3	从安装对象中心算起

4. 发电机、电动机检查接线工程

（1）发电机、电动机检查接线，根据设备容量，按照设计图示安装数量以"台"为计量单位。单台电动机质量在30t以上时，按照质量计算检查接线工程量。

（2）电机电源线为导线时，其接线端子分导线截面按照"个"计算工程量，执行本册定额第四章"控制设备及低压电器安装工程"相关定额。

5. 滑触线安装工程

（1）滑触线安装根据材质及性能要求，按照设计图示安装成品数量以"m/单相"为计量单位，计算长度时，应考虑滑触线挠度和连接需要增加的工程量，不计算下料、安装损耗量。滑触线另行计算主材费，滑触线安装预留长度按照设计规定计算，设计无规定时按照表3.2.3-2规定计算。

滑触线安装附加和预留长度表（m/根）   表3.2.3-2

序号	项目	预留长度	说明
1	圆钢、铜母线与设备连接	0.2	从设备接线端子接口起算
2	圆钢、铜滑触线终端	0.5	从最后一个固定点起算
3	角钢滑触线终端	1.0	从最后一个支持点起算
4	扁钢滑触线终端	1.3	从最后一个固定点起算
5	扁钢母线分支	0.5	分支线预留
6	扁钢母线与设备连接	0.5	从设备接线端子接口起算
7	工字钢、槽钢、轻轨滑触线终端	0.8	从最后一个支持点起算
8	安全节能及其他滑触线终端	0.5	从最后一个固定点起算

（2）滑触线支架、拉紧装置、挂式支持器安装根据构件形式及材质，按照设计图示安装成品数量以"副"或"套"为计量单位，三相一体为一副或一套。

6. 电缆敷设工程

（1）电缆沟揭、盖、移动盖板根据施工组织设计，以揭一次或盖一次为计算基础，按照实际揭或盖次数乘以其长度，以"m"为计量单位，如又揭又盖则按两次计算。

（2）电缆保护管铺设根据电缆敷设路径，应区别不同敷设方式、敷设位置、管材材质、规格，按照设计图示敷设数量以"m"为计量单位。计算电缆保护管长度时，设计无规定者按照以下规定增加保护管长度。

① 横穿马路时，按照路基宽度两端各增加2m。

② 保护管需要出地面时，弯头管口距地面增加2m。

③ 穿过建（构）筑物外墙时，从基础外缘起增加1m。

④ 穿过沟（隧）道时，从沟（隧）道壁外缘起增加1m。

（3）电缆保护管地下敷设，其土石方量施工：有设计图纸的，按照设计图纸计算；无设计图纸的，沟深按照0.9m计算，沟宽按照保护管边缘每边各增加0.3m工作面计算。未能达到上述标准时，则按实际开挖尺寸计算。

【案例3.2.3-1】预算编制时，电力电缆保护管DN150地下敷设，共计100m，土方施工无剖面设计图，人工挖土，土质为三类土，试求该电力电缆保护管的土方工程量。

例题解析： $100 \times (0.15 + 0.3 \times 2) \times 0.9 = 67.5 m^3$

（4）竖井通道内敷设电缆长度按照穿过竖井通道的长度计算工程量。

【案例3.2.3-2】某电气工程中，一电缆总长40m，其中地下室10m，竖井内20m，地上水平敷设10m，电缆由地下室经竖井敷设，试求竖井内敷设电缆的长度。

例题解析：竖井内敷设电缆的长度按穿过竖井长度计算，故20+10=30m。

（5）计算电缆敷设长度时，应考虑因波形、敷设弛度、电缆绕梁（柱）所增加的长度以及电缆与设备连接、电缆接头等必要的预留长度。预留长度按照设计规定计算，设计无规定时按照表3.2.3-3规定计算。

电缆敷设附加长度计算表　　　　　　　　　　　　表3.2.3-3

序号	项目	预留长度（附加）	说明
1	电缆敷设弛度、波形弯度、交叉	2.5%	按电缆全长计算
2	电缆进入建筑物	2.0m	规范规定最小值
3	电缆进入沟内或吊架时引上（下）预留	1.5m	规范规定最小值
4	变电所进线、出线	1.5m	规范规定最小值
5	电力电缆终端头	1.5m	检修余量最小值
6	电缆中间接头盒	两端各留2.0m	检修余量最小值
7	电缆进控制、保护屏及模拟盘等	高+宽	按盘面尺寸
8	高压开关柜及低压配电盘、柜	2.0m	盘下进出线
9	电缆至电动机	0.5m	从电机接线盒算起
10	厂用变压器	3.0m	从地坪起算
11	电缆绕过梁柱等增加长度	按实计算	按被绕物的断面情况计算增加长度
12	电梯电缆与电缆架固定点	每处0.5m	范围最小值

【注】电缆附加及预留的长度只有在实际发生，并已按预留量敷设的情况下才能计入电缆长度工程量内。

【案例 3.2.3-3】 从某建筑物内动力配电箱（宽×高×厚：800mm×500mm×300mm）引出的 YJV-3×10 的电缆穿电缆保护管 *DN*50 敷设至电动机（考虑电缆敷设弛度、波形弯度、交叉的附加长度，不考虑电缆头预留长度），电缆图示长度为 10m，求该电缆的定额工程量。

例题解析：（10＋0.8＋0.5＋0.5）×（1＋2.5％）＝12.1m

7. 防雷与接地装置安装工程

（1）避雷针制作根据材质及针长按照设计图示安装成品数量以"根"为计量单位。

（2）避雷针、避雷小短针安装根据安装地点及针长，按照设计图示安装成品数量以"根"为计量单位。

（3）独立避雷针安装根据安装高度，按照设计图示安装成品数量以"基"为计量单位。

（4）避雷引下线敷设根据引下线采取的方式，按照设计图示敷设数量以"m"为计量单位。

码3.2-7 引下线安装工程计量与计价

（5）沿建筑物、构筑物引下的避雷引下线计算长度时，按设计图示水平和垂直规定长度 3.9％计算附加长度（包括转弯、上下波动、避绕障碍物、搭接头等长度），当设计有规定时，按照设计规定计算（依据"浙建站定〔2019〕77 号文"）。

【思考】 避雷引下线定额清单计算规则与国标清单计算规则的区别。

（6）断接卡子制作、安装按照设计规定装设的断接卡子数量以"套"为计量单位。检查井内接地的断接卡子安装按照每井 1 套计算。

（7）均压环敷设长度按照设计需要作为均压接地梁的中心线长度以"m"为计量单位。

【案例 3.2.3-4】 某建筑物采用单独扁钢明敷作均压环，该均压环图示长度为 120m，试计算该均压环定额清单工程量。

例题解析： 采用单独扁钢明敷作均压环时，执行户内接地母线敷设沿砖混结构明敷定额子目，故计算长度时，按照设计图示水平和垂直规定长度 3.9％计算附加长度。

则：该均压环定额清单工程量＝120×（1＋3.9％）＝124.68m

（8）接地极制作、安装根据材质与土质，按照设计图示安装数量以"根"为计量单位。接地极长度按照设计长度计算，设计无规定时，每根按照 2.5m 计算。

（9）避雷网、接地母线敷设按照设计图示敷设数量以"m"为计量单位。计算长度时，按照设计图示水平和垂直规定长度 3.9％计算附加长度（包括转弯、上下波动、避绕障碍物、搭接头等长度），当设计有规定时，按照设计规定计算。

【案例 3.2.3-5】 某住宅楼（框架结构）屋面防雷工程平面图如图 3.2.3-1 所示。避雷网采用 φ10 镀锌圆钢沿屋顶混凝土块敷设，混凝土块每米设置 1 个。试计算避雷网定额清单工程量。

例题解析： 避雷网定额清单工程量＝（水平长度＋垂直长度）×（1＋3.9％）

其中：水平长度＝(4.5＋5.2)×4＋(0.45＋3＋10.2＋3＋0.45)×2＋10.2＋0.45×4＝85.00m

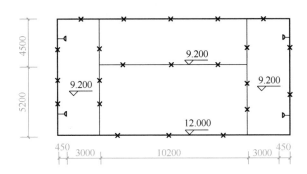

图 3.2.3-1　某住宅楼屋面防雷工程平面图

垂直长度＝(12－9.2)×4＝11.20m

则避雷网定额清单工程量＝(85.00＋11.20)×(1＋3.9％)＝99.95m

（10）接地跨接线安装按照设计图示跨接数量以"处"为计量单位，电机接线、配电箱、管子接地、桥架接地等均不在此列。户外配电装置构架按照设计要求需要接地时，每组构架计算一处；钢窗、铝合金窗按照设计要求需要接地时，每一樘金属窗计算一处。

（11）桩承台接地根据桩连接根数，按照设计图示数量以"基"为计量单位。

8. 配管工程

（1）配管敷设根据配管材质与直径，区别敷设位置、敷设方式，按照设计图示安装数量以"m"为计量单位。计算长度时，不扣除管路中间的接线箱、接线盒、灯头盒、开关盒、插座盒、管件等所占长度。

（2）金属软管敷设根据金属管直径及每根长度，按照设计图示安装数量以"m"为计量单位。

（3）线槽敷设根据线槽材质与规格，按照设计图示安装数量以"m"为计量单位。计算长度时，不扣除管路中间的接线箱、接线盒、灯头盒、开关盒、插座盒、管件等所占长度。

【案例 3.2.3-6】 某高校办公室照明平面图如图 3.2.3-2 所示，该楼层净高为 2.9m。

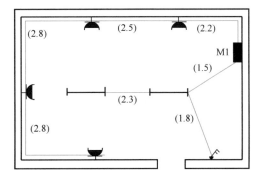

图 3.2.3-2　某高校办公室照明工程平面图

1）配电箱 M1 的规格为 420mm×500mm×150mm（宽×高×厚），悬挂嵌入

式安装，底边距地 1.4m。

2）配管的规格均为 PVC20，配管进入地面或顶板内深度按 0.05m 计，进入配电箱内尺寸忽略不计。照明灯具配管沿墙、沿顶板暗敷；插座配管沿墙、沿地板暗敷。配管长度见图 3.2.3-2 中括号内数字。

3）灯具配线为 BV-2×2.5；插座配线为 BV-2×4＋BVR-4。

4）单管荧光灯为吸顶式安装，开关暗敷，底边距地 1.3m；插座暗敷，底边距地 0.3m。

试计算配管 PVC20 的定额清单工程量。

例题解析： 配管长度计算思路：配管长度＝水平长度＋垂直长度。

① 照明灯具回路配管 PVC20

水平长度＝1.5＋1.8＋2.3＝5.6m

垂直长度＝(2.9－1.4－0.5＋0.05)＋(2.9－1.3＋0.05)＝2.7m

则照明灯具回路配管 PVC20＝5.6＋2.7＝8.3m

码3.2-8 配线工程计量与计价（1）

② 插座回路配管 PVC20

水平长度＝2.2＋2.5＋2.8＋2.8＝10.3m

垂直长度＝(1.4＋0.05)＋(0.3＋0.05)×(2×4－1)＝3.9m

则插座回路配管 PVC20＝10.3＋3.9＝14.2m

配管 PVC20＝8.3＋14.2＝22.5m

9. 配线工程

（1）管内穿线根据导线材质与截面面积，区别照明线与动力线，按照设计图示安装数量以"m"为计量单位；管内穿多芯软导线根据软导线芯数与单芯软导线截面面积按照设计图示安装数量以"m"为计量单位。管内穿线的线路分支接头线长度已综合考虑在定额中，不另行计算。

码3.2-9 配线工程计量与计价（2）

（2）盘、柜、箱、板配线根据导线截面面积，按照设计图示配线数量以"m"为计量单位。配线进入盘、柜、箱、板时每根线的预留长度按照设计规定计算，设计无规定时按表 3.2.3-4 规定计算。

（3）灯具、开关、插座、按钮等预留线，已分别综合在相应项目内，不另行计算。

配线进入盘、柜、箱、板的预留线长度　　　　　　　　表 3.2.3-4

序号	项目	预留长度	说明
1	各种开关箱、柜、板	宽＋高	盘面尺寸
2	单独安装（无箱、盘）的铁壳开关、闸刀开关、启动器、母线槽进出线盒	0.3m	从安装对象中心算起
3	由地面管子出口引至动力接线箱	1.0m	从管口计算
4	电源与管内导线连接（管内穿线与软、硬母线接头）	1.5m	从管口计算
5	出户线	1.5m	从管口计算

【**案例 3.2.3-7**】根据案例 3.2.3-6 配管清单工程量计算案例给出的条件，计算配线 BV-2.5、BV-4、BVR-4 的定额清单工程量。

例题解析：配线长度计算思路：配线长度＝水平长度＋垂直长度＋预留长度

① 照明灯具回路配线 BV-2.5

水平长度＝1.5×2＋2.3×2＋1.8×3＝13m

垂直长度＝(2.9－1.4－0.5＋0.05)×2＋(2.9－1.3＋0.05)×3＝7.05m

预留长度＝(0.42＋0.5)×2＝1.84m

则照明灯具回路配线 BV-2.5＝13＋7.05＋1.84＝21.89m

② 插座回路配线 BV-4＝[14.2＋(0.42＋0.5)(单股预留长度)]×2＝30.24m

插座回路配线 BVR-4＝[14.2＋(0.42＋0.5)(单股预留长度)]×1＝15.12m

10. 照明器具安装工程

（1）普通灯具、吊式艺术装饰灯具、荧光艺术装饰灯具、标志、诱导装饰灯具安装、点光源艺术装饰灯具、荧光灯具安装，按照设计图示安装数量以"套"为计量单位。

（2）组合荧光灯带、内藏组合式灯、立体广告灯箱、天棚荧光灯带安装根据灯管数量，按照设计图示安装数量以"m"为计量单位。

（3）发光棚荧光灯安装按照设计图示发光棚数量以"m²"为计量单位。

（4）开关、按钮安装根据安装形式与种类、开关极数及单控与双控，按照设计图示安装数量以"套"为计量单位。

11. 电气设备调试工程

（1）电气调试系统的划分以电气原理系统图为依据，工程量以提供的调试报告为依据。电气设备元件和本体试验均包括在相应定额的系统调试之内，不得重复计算。绝缘子和电缆等单体试验，只在单独试验时使用。

（2）变压器系统调试，以每个电压侧有一台断路器为准。多于一个断路器的按相应电压等级送配电设备系统调试的相应定额另行计算。

（3）备用电动机自动投入装置调试及低压双电源自动切换装置调试工程量按照自动切换装置的数量计算。

（4）事故照明切换装置调试，按设计能完成交直流切换的一套装置为一个调试系统计算。

（5）接地网的调试规定如下：

1）接地网接地电阻的测定。一般的发电机或变电站连为一体的母网，按一个系统计算；自成母网不与厂区母网相连的独立接地网，宜按一个系统计算。大型建筑群各有自己的接地网（接地电阻值设计有要求），虽然最后也将各接地网联在一起，但应按各自的接地网计算，不能作为一个网，具体应按接地网的接地情况，按接地断接卡数量套用独立接地装置定额。

2）避雷针接地电阻的测定。每一避雷针均有单独接地网（包括独立的避雷针、烟囱避雷针等）时，均按一组计算。

3）独立的接地装置按组计算。如台柱上变压器有一个独立的接地装置，即按一组计算。

3.2.4 电气设备安装工程国标清单计算规则与应用

《通用安装工程工程量计算规范》GB 50856—2013 附录 D 电气设备安装工程共分为 15 个分部，内容包括变压器安装、配电装置安装、母线安装、控制设备及低压电器安装、蓄电池安装、电机检查接线及调试、滑触线装置安装、电缆安装、防雷及接地装置、10kV 以下架空配电线路、配管、配线、照明器具安装、附属工程、电气调整试验等安装工程。

1. 变压器安装（030401）

工程量清单项目包括油浸电力变压器、干式变压器、整流变压器、自耦变压器、有载调压变压器、电炉变压器、消弧线圈 7 个清单项目。国标清单项目工程量均按设计图示数量计算，以"台"为计量单位。

2. 配电装置安装（030402）

工程量清单项目包括油断路器、真空断路器、SF_6 断路器、空气断路器、真空接触器、隔离开关、负荷开关、互感器、高压熔断器、避雷器、高压成套配电柜、组合型成套箱式变电站等 18 个清单项目。国标清单项目工程量均按设计图示数量计算，以"台""组""个"为计量单位。

【注】设备安装未包括地脚螺栓、浇筑（二次灌浆、抹面），如需安装应按现行国家标准《房屋建筑与装饰工程工程量计算规范》GB 50854—2013 相关项目编码列项。

3. 母线安装（030403）

工程量清单项目包括软母线、组合软母线、带形母线、槽形母线、共箱母线、低压封闭式插接母线槽、始端箱（分线箱）、重型母线 8 个清单项目。

软母线、组合软母线、带形母线、槽形母线工程量按设计图示尺寸以单相长度计算（含预留长度），计量单位为"m"；共箱母线、低压封闭式插接母线槽按设计图示尺寸以中心线长度计算，计量单位为"m"；重型母线按设计图示尺寸以质量计算，计量单位为"t"。

【注】软母线、硬母线安装预留长度分别参见表 3.2.4-1 及表 3.2.4-2。

软母线安装预留长度（m/根）　　　　　　　　　　　　　表 3.2.4-1

项目	耐张	跳线	引下线、设备连接线
预留长度	2.5	0.8	0.6

硬母线配置安装预留长度（m/根）　　　　　　　　　　　表 3.2.4-2

序号	项目	预留长度	说明
1	带形、槽形母线终端	0.3	从最后一个支持点算起
2	带形、槽形母线与分支线连接	0.5	分支线预留
3	带形母线与设备连接	0.5	从设备端子接口算起
4	多片重型母线与设备连接	1.0	从设备端子接口算起
5	槽形母线与设备连接	0.5	从设备端子接口算起

4. 控制设备及低压电器安装（030404）

工程量清单项目包括控制屏、模拟屏、低压开关柜（屏）、箱式配电室、低压电容器柜、直流馈电屏、事故照明切换屏、控制台、控制箱、配电箱、插座箱、控制开关、低压熔断器、限位开关、小电器、端子箱、风扇、照明开关、插座以及其他电器等36个清单项目。国标清单项目工程量均按设计图示数量计算，以"台""套""个"为计量单位。

码3.2-10　配电箱安装工程计量与计价

（1）配电箱工程量清单计价指引与应用（表3.2.4-3）

配电箱工程量清单计价指引　　表3.2.4-3

项目编码	项目名称	项目特征	计量单位	工程量计算规则	工作内容	对应的定额子目
030404017	配电箱	1. 名称 2. 型号 3. 规格 4. 基础形式、材质、规格 5. 接线端子材质、规格 6. 端子板外部接线材质、规格 7. 安装方式	台	按设计图示数量计算	1. 本体安装	4-4-13～4-4-18
					2. 基础型钢制作、安装	4-4-68～4-4-70
					3. 焊、压接线端子	4-4-26～4-4-49
					4. 补刷（喷）油漆	已含在安装定额中
					5. 接地	已含在安装定额中

【注】凡导线进出屏、柜、箱、低压电器的，该清单项目描述时均应描述是否要焊、（压）接线端子。而电缆进出屏、柜、箱、低压电器的，可不描述焊、（压）接线端子，因为已综合在电缆敷设的清单项目中。

【案例3.2.4-1】 某厂房电气工程强电井内有1台GGD型低压配电柜AP（尺寸：宽×高×厚1000mm×2200mm×600mm）安装在8号基础槽钢上（8号基础槽钢理论质量是8kg/m），主要设备材料价格见表3.2.4-4。

根据《通用安装工程工程量计算规范》GB 50856—2013和浙江省现行计价依据的相关规定，利用"综合单价计算表"完成配电箱的国标清单综合单价计算。其中管理费费率按21.72%、利润费率按10.4%计算，风险费不计。

主要设备材料价格表　　表3.2.4-4

序号	名称	单位	除税单价（元）	备注
1	低压配电柜AP	台	8000	—
2	8号槽钢	kg	3.89	—

例题解析： 详见表3.2.4-5。

综合单价计算表

表 3.2.4-5

工程名称：某厂房电气工程

清单序号	项目编码（定额编码）	清单（定额）项目名称	计量单位	数量	综合单价（元）					小计	合计（元）
					人工费	材料费	机械费	管理费	利润		
1	030404017001	配电箱 1. 名称：低压配电柜 AP 2. 型号：GGD 3. 规格：宽×高×厚 1000mm×2200mm×600mm 4. 基础形式、材质、规格：8号基础槽钢 5. 安装方式：落地 6. 其他：柜内其他元件详见设计	台	1	434.31	8160.22	85.72	119.61	62.40	8862.26	8862.26
	4-4-13	落地式成套配电箱安装	台	1	255.56	8027.38	68.78	74.60	38.92	8465.24	8465.24
	主材	低压配电柜 AP	台	1	—	8000.00	—	—	—	8000.00	8000.00
	4-4-68	基础型钢制作	100kg	0.256	449.01	471.92	46.15	113.89	59.42	1140.39	291.94
	主材	8号槽钢	kg	105.00	—	3.89	—	—	—	3.89	408.45
	4-4-69	基础槽钢安装	10m	0.32	199.40	37.60	16.01	49.54	25.85	328.40	105.09

（2）小电器、风扇、照明开关、插座工程量清单计价指引（表3.2.4-6）

小电器、风扇、照明开关、插座工程量清单计价指引　　　表 3.2.4-6

项目编码	项目名称	项目特征	计量单位	工程量计算规则	工作内容	对应的定额子目
030404031	小电器	1. 名称 2. 型号 3. 规格 4. 接线端子材质、规格	个（套、台）	按设计图示数量计算	1. 本体安装	4-4-111、4-4-112、4-4-116、4-4-121、4-4-126、4-4-135、4-4-140、4-4-141
					2. 焊、压接线端子	4-4-26~4-4-49
					3. 接线	已含在安装定额中
030404033	风扇	1. 名称 2. 型号 3. 规格 4. 安装方式	台		1. 本体安装	4-4-136~4-4-139
					2. 调速开关安装	已含在安装定额中
030404034	照明开关	1. 名称 2. 材质 3. 规格 4. 安装方式	个		1. 本体安装	4-13-299~4-13-306、4-13-308~4-13-316
					2. 接线	已含在安装定额中
030404035	插座				1. 本体安装	4-13-317~4-13-343
					2. 接线	已含在安装定额中

【注】小电器包括：按钮、电笛、电铃、水位电气信号装置、测量表计、继电器、电磁锁、屏上辅助设备、辅助电压互感器、小型安全变压器等。

5. 蓄电池安装（030405）

工程量清单项目包括蓄电池和太阳能电池2个清单项目。国标清单项目工程量均按设计图示数量计算，以"组""个""组件"为计量单位。

6. 电机检查接线及调试（030406）

工程量清单项目包括发电机、普通小型直流电动机、普通交流同步电动机、低压交流异步电动机、高压交流异步电动机、交流变频调速电动机、微型电机、电加热器、电动机组等12个清单项目。国标清单项目工程量均按设计图示数量计算，以"台""组"为计量单位。

7. 滑触线装置安装（030407）

工程量清单项目包括滑触线安装1个清单项目。国标清单项目工程量均按设计图示尺寸以单相长度计算（含预留长度），以"m"为计量单位。

【注】滑触线安装预留长度参见表3.2.4-7。

滑触线安装预留长度　　　表 3.2.4-7

序号	项目	预留长度	说明
1	圆钢、铜母线与设备连接	0.2m	从设备接线端子接口起算

序号	项目	预留长度	说明
2	从设备接线端子接口起算圆钢铜滑触线终端	0.5m	从后一个固定点起算
3	角钢滑触线终端	1.0m	从后一个支持点起算
4	扁钢滑触线终端	1.3m	从后一个固定点起算
5	扁钢母线分支	0.5m	分支线预留
6	扁钢母线与设备连接	0.5m	从设备接线端子接口起算
7	工字钢、槽钢、轻轨滑触线终端	0.8m	从后一个支持点起算
8	安全节能及其他滑触线终端	0.5m	从后一个固定点起算

8. 电缆安装（030408）

工程量清单项目包括电力电缆、控制电缆、电缆保护管、电缆槽盒、铺砂盖保护板（砖）、电力电缆头、控制电缆头、电力分支箱等11个清单项目。电缆井、电缆排管、顶管，应按现行国家标准《市政工程工程量计算规范》GB 50857—2013相关项目编码列项。

（1）电力电缆、控制电缆国标工程量清单指引与应用（表3.2.4-8）

电力电缆、控制电缆国标工程量清单指引   表3.2.4-8

项目编码	项目名称	项目特征	计量单位	工程量计算规则	工作内容	对应的定额子目
030408001	电力电缆	1. 名称 2. 型号 3. 规格 4. 材质 5. 敷设方式、部位 6. 电压等级(kV) 7. 地形	m	按设计图示尺寸以长度计算(含预留长度及附加长度)	1. 电缆敷设	4-8-84～4-8-98、4-8-145～4-8-155
					2. 揭(盖)盖板	4-8-5～4-8-7
030408002	控制电缆				1. 电缆敷设	4-8-178～4-8-182、4-8-191～4-8-194
					2. 揭(盖)盖板	4-8-5～4-8-7

【注】电缆敷设预留长度及附加长度参见表3.2.4-9。

电缆敷设预留长度及附加长度   表3.2.4-9

序号	项目	预留长度（附加）	说明
1	电缆敷设弛度、波形弯度、交叉	2.5%	按电缆全长计算
2	电缆进入建筑物	2.0m	规范规定最小值

序号	项目	预留长度（附加）	说明
3	电缆进入沟内或吊架时引上（下）预留	1.5m	规范规定最小值
4	变电所进线、出线	1.5m	规范规定最小值
5	电力电缆终端头	1.5m	检修余量最小值
6	电缆中间接头盒	两端各留 2.0m	检修余量最小值
7	电缆进控制、保护屏及模拟盘、配电箱等	高＋宽	按盘面尺寸
8	高压开关柜及低压配电盘、箱	2.0m	盘下进出线
9	电缆至电动机	0.5m	从电动机接线盒算起
10	厂用变压器	3.0m	从地坪算起
11	电缆绕过梁柱等增加长度	按实计算	按被绕物的断面情况计算增加长度
12	电梯电缆与电缆架固定点	每处 0.5m	规范规定最小值

【案例 3.2.4-2】某地下室 2 个低压动力配电箱（规格均为：宽×高×厚 500mm×700mm×200mm）之间用 1 根 YJV-1kV-3×16 电缆连接（桥架内敷设），该电缆图示长度为 14.58m，电缆头为 2 个。电缆预留长度计 2.4m（电缆敷设弛度、波形弯度、交叉的附加长度需另计）。根据《通用安装工程工程量计算规范》GB 50856—2013 和浙江省现行计价依据的相关规定，利用"综合单价计算表"完成"电缆"安装的国标清单综合单价计算。其中管理费费率按 21.72%，利润费率按 10.4% 计算，风险费不计。主要设备材料价格见表 3.2.4-10。

主要设备材料价格表

表 3.2.4-10

序号	名称	单位	除税单价（元）	备注
1	电缆 YJV-1kV-3×16	m	27	—
2	电缆终端盒	套	5	—

例题解析：详见表 3.2.4-11。

综合单价计算表

表 3.2.4-11

工程名称：某电气工程

清单序号	项目编号（定额编码）	清单（定额）项目名称	计量单位	数量	综合单价（元）						合计（元）
					人工费	材料费	机械费	管理费	利润	小计	
1	030408001001	电力电缆 1. 名称：电力电缆 2. 型号、规格：YJV-3×16 3. 敷设方式、部位：桥架内 4. 电压等级（kV）：1	m	17.40	2.13	27.47	0.05	0.47	0.23	30.35	528.09

清单序号	项目编号（定额编码）	清单（定额）项目名称	计量单位	数量	综合单价（元）						合计（元）
					人工费	材料费	机械费	管理费	利润	小计	
	4-8-88 换	铜芯电力电缆敷设（截面 35mm² 以下）	100m	0.174	212.90	2746.59	5.16	47.36	22.68	3034.69	528.04
	主材	电力电缆 YJV-3×16	m	101	—	27	—	—	—	27	2727

（2）电缆保护管、电缆槽盒国标工程量清单指引（表 3.2.4-12）

电缆保护管、电缆槽盒国标工程量清单指引　　　　表 3.2.4-12

项目编码	项目名称	项目特征	计量单位	工程量计算规则	工作内容	对应的定额子目
030408003	电缆保护管	1. 名称 2. 材质 3. 规格 4. 敷设方式	m	按设计图示尺寸以长度计算	保护管敷设	4-8-8～4-8-26
030408004	电缆槽盒	1. 名称 2. 材质 3. 规格 4. 型号			槽盒安装	4-8-210

（3）电力电缆头、控制电缆头、电缆分支箱国标工程量清单指引（表 3.2.4-13）

电力电缆头、控制电缆头、电缆分支箱国标工程量清单指引　表 3.2.4-13

项目编码	项目名称	项目特征	计量单位	工程量计算规则	工作内容	对应的定额子目
030408006	电力电缆头	1. 名称 2. 型号 3. 规格 4. 材质、类型 5. 安装部位 6. 电压等级（kV）	个	按设计图示数量计算	1. 电力电缆头制作 2. 电力电缆头安装 3. 接地	4-8-99～4-8-144、4-8-156～4-8-177
030408007	控制电缆头				1. 电力电缆头制作 2. 电力电缆头安装 3. 接地	4-8-183～4-8-190、4-8-195～4-8-202

续表

项目编码	项目名称	项目特征	计量单位	工程量计算规则	工作内容	对应的定额子目
030408011	电缆分支箱	1. 名称 2. 型号 3. 规格 4. 基础形式、材质、规格	台	按设计图示数量计算	1. 本体安装	4-11-203～4-11-206
					2. 基础制作、安装	4-4-68～4-4-70、13-1-27、13-1-28

9. 防雷及接地装置（030409）

工程量清单项目包括接地极、接地母线、避雷引下线、均压环、避雷网、避雷针、等电位端子箱、绝缘垫、浪涌保护器等 11 个清单项目。

（1）接地极工程量清单计价指引（表 3.2.4-14）

码3.2-11 接地极安装工程计量与计价

接地极工程量清单计价指引　　　表 3.2.4-14

项目编码	项目名称	项目特征	计量单位	工程量计算规则	工作内容	对应的定额子目
030409001	接地极	1. 名称 2. 材质 3. 规格 4. 土质 5. 基础接地形式	根（块）	按设计图示数量计算	1. 接地极（板、桩）制作、安装	4-9-47～4-9-54
					2. 基础接地网安装	无
					3. 补刷（喷）油漆	已含在制作、安装定额中

（2）接地母线、避雷引下线、均压环、避雷网工程量清单计价指引与应用（表 3.2.4-15）

接地母线、避雷引下线、均压环、避雷网工程量清单计价指引　　　表 3.2.4-15

项目编码	项目名称	项目特征	计量单位	工程量计算规则	工作内容	对应的定额子目
030409002	接地母线	1. 名称 2. 材质 3. 规格 4. 安装部位 5. 安装形式	m	按设计图示尺寸以长度计算（含附加长度）	1. 接地母线制作、安装	4-9-55～4-9-59
					2. 补刷（喷）油漆	已含在制作、安装定额中
030409003	避雷引下线	1. 名称 2. 材质 3. 规格 4. 安装部位 5. 安装形式 6. 断接卡子、箱材质、规格			1. 避雷引下线制作、安装	4-9-38、4-9-39
					2. 断接卡子制作、安装	4-9-41
					3. 利用建筑物主筋引下	4-9-40
					4. 补刷（喷）油漆	已含在制作、安装定额中

续表

项目编码	项目名称	项目特征	计量单位	工程量计算规则	工作内容	对应的定额子目
030409004	均压环	1. 名称 2. 材质 3. 规格 4. 安装形式	个	按设计图示数量计算	1. 均压环敷设（采用单独扁钢或圆钢明敷作均压环）	4-9-57
					2. 钢铝窗接地	4-9-62
					3. 柱主筋与圈梁焊接	4-9-45
					4. 均压环敷设（利用圈梁钢筋焊接）	4-9-44
					5. 补刷（喷）油漆	已含在上述定额中
030409005	避雷网	1. 名称 2. 材质 3. 规格 4. 安装形式 5. 混凝土块标号	m	按设计图示尺寸以长度计算（含附加长度）	1. 避雷网制作、安装	4-9-42、4-9-43
					2. 跨接	4-9-60、4-9-61
					3. 混凝土块制作	4-9-46
					4. 补刷（喷）油漆	已含在制作、安装定额中

【注】① 利用桩基础作接地极，应描述桩台下桩的根数；利用基础钢筋作接地极按均压环项目编码列项。

② 按设计图示尺寸考虑附加长度的均压环工程量计算规则仅适用于采用单独扁钢或圆钢等明敷作均压环的工程量计算。

③ 利用柱筋作引下线的，需描述柱筋焊接根数。

④ 利用圈梁筋作均压环的，需描述圈梁筋焊接根数。

⑤ 使用电缆、电线作接地线，应按《通用安装工程工程量计算规范》附录 D.8、D.12 相关项目编码列项。

⑥ 接地母线、引下线、避雷网附加长度见表 3.2.4-16。

接地母线、引下线、避雷网附加长度　　　　　　　表 3.2.4-16

序号	项目	预留长度（附加）	说明
1	接地母线、引下线、避雷网附加长度	3.9%	按接地母线、引下线、避雷网全长计算

10. 10kV 以下架空配电线路（030410）

工程量清单项目包括电杆组立、横担组装、导线架设、杆上设备 4 个清单项目。电杆组立、横担组装、杆上设备均按设备图示数量计算，以"根""台""组""基"为计量单位；导线架设工程量按设计图示尺寸以单线长度计算（含预留长度），以"km"为计量单位。杆上设备调试应按《通用安装工程工程量计算规范》GB 50856—2013 附录 D.14 相关项目编码列项。

11. 配管、配线（030411）

工程量清单项目包括配管、线槽、桥架、配线、接线箱、接线盒 6 个清单项目。

（1）配管、线槽、桥架工程量清单计价指引与应用（表 3.2.4-17）

配管、线槽、桥架工程量清单计价指引   表 3.2.4-17

项目编码	项目名称	项目特征	计量单位	工程量计算规则	工作内容	对应的定额子目
030411001	配管	1. 名称 2. 材质 3. 规格 4. 配置形式 5. 接地要求 6. 钢索材质、规格	m	按设计图示尺寸以长度计算	1. 电线管路敷设	4-11-1～4-11-195
					2. 钢索架设（拉紧装置安装）	4-12-144～4-12-147、4-12-150、4-12-151
					3. 预留沟槽	已含在电线管敷设定额中（除二次精装修工程）
					4. 接地	已含在电线管敷设定额中
					5. 沟槽恢复	4-11-217、4-11-218（仅适用于二次精装修工程）
030411002	线槽	1. 名称 2. 材质 3. 规格			1. 本体安装	4-11-196～4-11-202
					2. 补刷（喷）油漆	本体安装定额已含
030411003	桥架	1. 名称 2. 型号 3. 规格 4. 材质 5. 类型 6. 接地方式			1. 本体安装	4-8-27～4-8-82
					2. 接地	接地跨接已含在本体安装定额中

【注】① 配管、线槽安装不扣除管路中间的接线箱（盒）、灯头盒、开关盒所占的长度。

② 配管名称指电线管、钢管、防爆管、塑料管、软管、波纹管等。

③ 配管配置形式指明配、暗配、吊顶内、钢结构支架、钢索配管、埋地敷设、水下敷设、砌筑沟内敷设等。

【案例 3.2.4-3】某电气工程，成套嵌入式双管荧光灯安装在吊顶上，从荧光灯顶面到楼层顶部灯头盒距离为 0.9m，采用 15 号金属软管连接，已知金属软管工程量 13.5m。

根据《通用安装工程工程量计算规范》GB 50856—2013 和浙江省现行计价依据的相关规定，利用"综合单价计算表"完成"金属软管"的国标清单综合单价计算。其中管理费费率按 21.72%，利润费率按 10.4% 计算，风险费不计。主要材料

103

价格见表 3.2.4-18。

主要材料价格表　　　　　表 3.2.4-18

序号	名称	单位	除税单价（元）	备注
1	金属软管 15 号	m	4.8	—

例题解析：详见表 3.2.4-19。

综合单价计算表　　　　　表 3.2.4-19

清单序号	项目编号（定额编码）	清单（定额）项目名称	计量单位	数量	综合单价（元）						合计（元）
					人工费	材料费	机械费	管理费	利润	小计	
1	030411001001	1. 名称：金属软管 2. 型号规格：15 号，0.9m/根	m	13.5	4.86	7.10	0	1.06	0.51	13.53	183
	4-11-184	金属软管 15 号，0.9m/根	10m	1.35	48.60	71.00	0	10.56	5.05	135.21	182
	主材	金属软管 15 号	m	10.3	—	4.80	—	—	—	4.80	49

（2）配线工程量清单计价指引与应用（表 3.2.4-20）

配线工程量清单计价指引　　　　　表 3.2.4-20

项目编码	项目名称	项目特征	计量单位	工程量计算规则	工作内容	对应的定额子目
030411004	配线	1. 名称 2. 配线形式 3. 型号 4. 规格 5. 材质 6. 配线部位 7. 配线线制 8. 钢索材质、规格	m	按设计图示尺寸以单线长度计算（含预留长度）	1. 配线	4-12-1～4-12-121
					2. 钢索架设（拉紧装置安装）	4-12-144～4-12-147、4-12-150、4-12-151
					3. 支持体（夹板、绝缘子、槽板等）安装	已含在配电定额中

【注】①配线名称指管内穿线、瓷夹板配线、塑料夹板配线、绝缘子配线、槽板配线、塑料护套配线、线槽配线、车间带形母线等。

②配线形式指照明线路，动力线路，木结构，顶棚内，砖、混凝土结构，沿支架、钢索、屋架、梁、柱、墙，以及跨屋架、梁、柱。

③配线进入盘、柜、箱、板的预留线长度见表 3.2.3-4。

（3）接线箱、接线盒工程量清单计价指引（表3.2.4-21）

接线箱、接线盒工程量清单计价指引　　　表3.2.4-21

项目编码	项目名称	项目特征	计量单位	工程量计算规则	工作内容	对应的定额子目
030411005	接线箱	1. 名称 2. 材质 3. 规格 4. 安装形式	个	按设计图示数量计算	本体安装	4-11-203～4-11-210
030411006	接线盒					4-11-211～4-11-216

【注】配线保护管遇到下列情况之一时，应增设管路接线盒和拉线盒：管长度每超过30m，无弯曲；管长度每超过20m，有1个弯曲；管长度每超过15m，有2个弯曲；管长度每超过8m，有3个弯曲。垂直敷设的电线保护管遇到下列情况之一时，应增设固定导线用的拉线盒：管内导线截面为50mm²及以下，长度每超过30m；管内导线截面为70～95mm²，长度每超过20m；管内导线截面为120～240mm²，长度每超过18m。在配管清单项目计量时，设计无要求时上述规定可以作为计量接线盒、拉线盒的依据。

12. 照明器具安装（030412）

工程量清单项目包括各种普通灯具、工厂灯、高度标志（障碍）灯、装饰灯、荧光灯、医疗专用灯、一般路灯、中杆灯、高杆灯、桥栏杆灯、地道涵洞灯11个清单项目。

常见照明灯具工程量清单计价指引见表3.2.4-22。

常见照明灯具工程量清单计价指引　　　表3.2.4-22

项目编码	项目名称	项目特征	计量单位	工程量计算规则	工作内容	对应的定额子目
030412001	普通灯具	1. 名称 2. 型号 3. 规格 4. 类型	套	按设计图示数量计算	本体安装	4-13-1～4-13-10、4-13-211、4-13-212
030412002	工厂灯	1. 名称 2. 型号 3. 规格 4. 安装形式				4-13-213～4-13-227、4-13-234～4-13-241
030412004	装饰灯					4-13-11～4-13-197
030412005	荧光灯					4-13-198～4-13-210

【注】① 普通灯具包括圆球吸顶灯、半圆球吸顶灯、方形吸顶灯、软线吊灯、座灯头、吊链灯、防水吊灯、壁灯等。

② 工厂灯包括工厂罩灯、防水灯、防尘灯、碘钨灯、投光灯、泛光灯、混光灯、密闭灯等。

③ 装饰灯包括吊式艺术装饰灯、吸顶式艺术装饰灯、荧光艺术装饰灯、几何型组合艺术装饰灯、标志灯、诱导装饰灯、水下（上）艺术装饰灯、点光源艺术灯、歌舞厅灯具、草坪灯具等。

13. 附属工程 (030413)

工程量清单项目包括铁构件、凿（压）槽、打洞（孔）、管道包封、人（手）孔砌筑、人（手）孔防水 6 个清单项目。铁构件工程量按设计图示尺寸以质量计算，以"kg"为计量单位；凿（压）槽工程量按设计图示尺寸以长度计算，以"m"为计量单位；打洞（孔）、人（手）孔砌筑均按设计图示数量计算，以"个"为计量单位。

14. 电气调整试验 (030414)

工程量清单项目包括电力变压器系统、送配电装置系统、特殊保护装置、自动投入装置、接地装置、中央信号装置、事故照明切换装置、不间断电源、母线、避雷器、电容器、电抗器、消弧线圈、电除尘器、硅整流设备、可控硅整流装置 16 个清单项目。

15. 相关问题及说明 (030415)

（1）电气设备安装工程适用于 10kV 以下变配电设备及线路的安装工程、车间动力电气设备及电气照明、防雷及接地装置安装、配管配线、电气调试等。

（2）挖土、填土工程，应按现行国家标准《房屋建筑与装饰工程工程量计算规范》GB 50854—2013 相关项目编码列项。

（3）开挖路面，应按现行国家标准《市政工程工程量计算规范》GB 50857—2013 相关项目编码列项。

（4）过梁、墙、楼板的钢（塑料）套管，应按《通用安装工程工程量计算规范》GB 50856—2013 附录 K 给排水、采暖、燃气工程相关项目编码列项。

（5）除锈、刷漆（补刷漆除外）、保护层安装，应按《通用安装工程工程量计算规范》GB 50856—2013 附录 M 刷油、防腐蚀、绝热工程相关项目编码列项。

3.2.5 任务布置与实施

1. 照明线路工程

（1）工程概况

如图 3.2.5-1、图 3.2.5-2 所示为某住宅户内的照明线路工程系统图和平面布置图，试根据说明、系统图和平面布置图，按题目要求和步骤计算。

说明：1）该住宅为砖混结构，楼层地坪至顶板底面高度 2.80m，户内箱 M 嵌墙敷设，KBG 管采用埋地或嵌墙或顶板内暗敷（图 3.2.5-1、表 3.2.5-1），埋入地坪或顶板的深度均按 0.1m 计。

2）配管水平长度已标注于电气平面布置图内（图 3.2.5-2、表 3.2.5-2），其中电灯 1 和电灯 2 由开关 1 和开关 2 控制，电灯 3 由开关 1 和开关 3 控制，电灯 4 由开关 4 控制。

任务：试根据说明、系统图、平面布置图、主要材料价格表，按浙江省现行计价依据的相关规定计算工程量，编制分部分项工程量清单并计算综合单价。

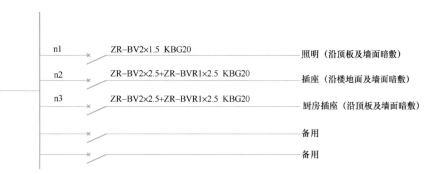

图 3.2.5-1　照明线路工程系统图

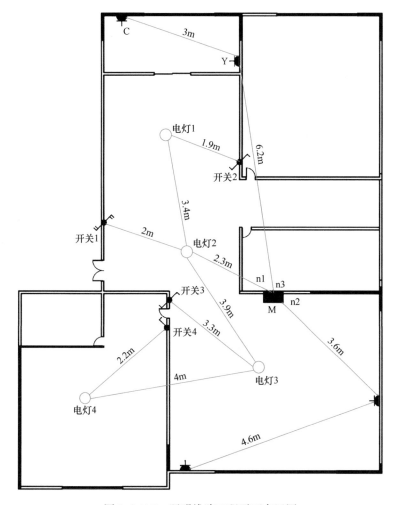

图 3.2.5-2　照明线路工程平面布置图

图例 表 3.2.5-1

图例	名称	安装方式及高度
	双联双控开关	嵌装，开关中心距楼地面 1.3m
	单联双控开关	嵌装，开关中心距楼地面 1.3m
	单联单控开关	嵌装，开关中心距楼地面 1.3m
	软线吊灯	—
	安全型单相二三级带接地极插座 10A	嵌装，插座中心距楼地面 0.3m
	安全型单相三级插座 10A	嵌装，插座中心距楼地面 1.8m
	安全型单相二三级带接地极插座 10A	嵌装，插座中心距楼地面 1.5m
	户内照明配电箱 M300×200×200（宽×高×厚）	嵌装，户内箱底边距楼地面 1.8m

主要材料价格表 表 3.2.5-2

序号	名称	单位	除税单价（元）	备注
1	户内照明配电箱 M300mm×200mm×200mm	台	188	成套
2	扣压式薄壁钢导管 KBG20	m	5.3	—
3	ZR-BV-1.5	m	1.27	—
4	ZR-BV-2.5	m	1.49	—
5	ZR-BVR-2.5	m	1.55	—
6	软线吊灯	套	188	—
7	双联双控开关	个	7.23	—
8	单联双控开关	个	5.62	—
9	单联单控开关	个	3.91	—
10	安全型单相二三级带接地极插座	个	4.92	—
11	安全型单相三级插座	个	3.24	—
12	开关盒、插座盒	个	3.11	—
13	灯头盒	个	3.11	—

（2）工程量计算

工程量计算见表 3.2.5-3。

工程量计算表

表 3.2.5-3

工程名称：某住宅室内电气工程

序号	项目名称	单位	计算式	合计
1	配管 KBG20	m	$[(2.3+3.4+1.9\times2+3.9+3.3+4+2.2)_{水平}$ $+(2.8+0.1-1.8-0.2)_{配电箱垂直}+(2.8+0.1-$ $1.3)\times4_{开关垂直}]_{n1回路}+[(3.6+4.6)_{水平}+(1.8$ $+0.1)_{配电箱垂直}+(0.3+0.1)\times3_{插座垂直}]_{n2回路}+$ $[(6.2+3)_{水平}+(2.8+0.1-1.8-0.2)_{配电箱垂直}$ $+(2.8+0.1-1.8)\times2_{插座垂直}+(2.8+0.1-$ $1.5)_{插座垂直}]_{n3回路}$	55.30
2	配线 ZR-BV-1.5	m	$(2.3\times2+3.4\times4+1.9\times3+2\times5+3.9\times4+$ $3.3\times3+4\times2+2.2\times2)_{n1回路水平}+(2.8+0.1-$ $1.8-0.2)\times2_{配电箱垂直}+(2.8+0.1-1.3)\times(3+$ $5+3+2)_{开关垂直}+(0.3+0.2)\times2_{预留}$	95.40
3	配线 ZR-BV-2.5	m	$[(3.6+4.6)_{水平}+(1.8+0.1)_{配电箱垂直}+(0.3$ $+0.1)\times3_{插座垂直}+(0.3+0.2)_{预留}]\times2+[(6.2$ $+3)_{水平}+(2.8+0.1-1.8-0.2)_{配电箱垂直}+(2.8$ $+0.1-1.8)\times2_{插座垂直}+(2.8+0.1-1.5)_{插座垂直}$ $+(0.3+0.2)_{预留}]\times2$	52.00
4	配线 ZR-BVR-2.5	m	$[(3.6+4.6)_{水平}+(1.8+0.1)_{配电箱垂直}+(0.3$ $+0.1)\times3_{插座垂直}+(0.3+0.2)_{预留}]+[(6.2+$ $3)_{水平}+(2.8+0.1-1.8-0.2)_{配电箱垂直}+(2.8+$ $0.1-1.8)\times2_{插座垂直}+(2.8+0.1-1.5)_{插座垂直}+$ $(0.3+0.2)_{预留}]$	26.00
5	户内照明配电箱 M300mm×200mm ×200mm	台	1	1
6	软线吊灯	套	4	4
7	单联单控开关	个	1	1
8	单联双控开关	个	2	2
9	双联双控开关	个	1	1
10	安全型单相二三级 带接地极插座 10A	个	3	3
11	安全型单相三 级插座 10A	个	1	1
12	开关盒	个	4	4
13	插座盒	个	4	4
14	灯头盒	个	4	4

（3）分部分项工程量清单

分部分项工程量清单见表 3.2.5-4。

分部分项工程量清单项目表　　　　　表 3.2.5-4

工程名称：某住宅室内电气工程

序号	项目编码	项目名称	项目特征	计量单位	工程量
1	030404017001	配电箱	1. 名称：户内照明配电箱 M 安装； 2. 规格：宽×高×厚＝300mm×200mm×200mm； 3. 安装方式：嵌装； 4. 其他：柜内元器件详见设计	台	1
2	030411001001	配管	1. 名称：扣压式薄壁钢导管； 2. 规格：KBG20； 3. 配置形式：砖、混凝土结构暗配	m	55.30
3	030411004001	配线	1. 名称：管内穿线； 2. 型号、规格：ZR-BV-1.5mm²	m	95.40
4	030411004002	配线	1. 名称：管内穿线； 2. 型号、规格：ZR-BV-2.5mm²	m	52.00
5	030411004003	配线	1. 名称：管内穿线； 2. 型号、规格：ZR-BVR-2.5mm²	m	26.00
6	030412001001	普通灯具	名称：软线吊灯	套	4
7	030404034001	照明开关	1. 名称：双联双控开关； 2. 安装方式：暗装	个	1
8	030404034002	照明开关	1. 名称：单联双控开关； 2. 安装方式：暗装	个	2
9	030404034003	照明开关	1. 名称：单联单控开关； 2. 安装方式：暗装	个	1
10	030404035001	插座	1. 名称：安全型单相二三级带接地极插座； 2. 规格：10A； 3. 安装方式：暗装	个	3
11	030404035002	插座	1. 名称：安全型单相三级插座； 2. 规格：10A； 3. 安装方式：暗装	个	1
12	030411006001	接线盒	1. 名称：开关盒、插座盒安装； 2. 安装形式：暗装	个	8
13	030411006002	接线盒	1. 名称：灯头盒安装； 2. 安装形式：暗装	个	4

（4）综合单价计算

综合单价计算见表 3.2.5-5。

综合单价计算表

表 3.2.5-5

单位（专业）工程名称：某住宅室内电气工程

清单序号	项目编码（定额编码）	清单（定额）项目名称	计量单位	数量	综合单价（元）						合计（元）
					人工费	材料（设备）费	机械费	管理费	利润	小计	
1	03040417001	配电箱 1. 名称：户内照明配电箱安装 2. 规格：宽×高×厚＝300mm×200mm×200mm 3. 安装方式：嵌装 4. 其他：柜内元器件详见设计	台	1							375.46
	4-4-14 换	成套配电箱 嵌装式	台	1	126.85	207.87	0	27.55	13.19	375.46	375.46
	主材	户内照明配电箱 M	台	1	0	188.00	0	0	0	188.00	188.00
2	030411001001	配管 1. 名称：扣压式薄壁钢导管 2. 规格：KBG20 3. 配置形式：砖、混凝土结构暗配	m	55.30	3.77	6.29	0.05	0.83	0.40	11.34	627.10
	4-11-8	砖、混凝土结构暗配 公称直径（DN）20	100m	0.553	376.65	628.15	5.23	82.94	39.72	1132.69	626.38
	主材	扣压式薄壁钢导管 KBG20	m	103.00	0	5.30	0	0	0	5.30	545.90
3	030411004001	配线 1. 名称：管内穿线 2. 型号、规格：ZR-BV-1.5mm²	m	95.40	0.60	1.49	0	0.13	0.06	2.28	217.51
	4-12-4	穿照明线 铜芯导线截面（mm²）1.5	100m	0.954	59.81	148.50	0	12.99	6.22	227.52	217.05
	主材	ZR-BV-1.5mm²	m	116.000	0.00	1.27	0	0	0	1.27	147.32
4	030411004002	配线 1. 名称：管内穿线 2. 型号、规格：ZR-BV-2.5mm²	m	52.00	0.61	1.74	0	0.13	0.06	2.54	132.08
	4-12-5	穿照明线 铜芯导线截面（mm²）2.5	100m	0.52	61.02	174.02	0	13.25	6.35	254.64	132.41

清单序号	项目编码（定额编码）	清单（定额）项目名称	计量单位	数量	综合单价（元）						合计（元）
					人工费	材料（设备）费	机械费	管理费	利润	小计	
	主材	ZR-BV-2.5mm²	m	116.000	0	1.49	0	0	0	1.49	172.84
5	03041100400 3	配线 1. 名称：管内穿线 2. 型号、规格：ZR-BVR-2.5mm²	m	26.00	0.61	1.81	0	0.13	0.06	2.61	67.86
	4-12-5	穿照明线 铜芯导线截面（mm²）2.5	100m	0.26	61.02	180.98	0	13.25	6.35	261.60	68.02
	主材	ZR-BVR-2.5mm²	m	116.000	0	1.55	0	0	0	1.55	179.80
6	03041200100 1	普通灯具 名称：软线吊灯	套	4	7.04	197.10	0	1.53	0.73	206.40	825.60
	4-13-4	软线吊灯	10套	0.40	70.44	1971.02	0	15.30	7.33	2064.09	825.64
	主材	软线吊灯	套	10.10	0	188.00	0	0	0	188.00	1898.80
7	03040403400 1	照明开关 1. 名称：双联双控开关 2. 安装方式：暗装	个	1	6.75	8.13	0	1.47	0.70	17.05	17.05
	4-13-303	晓板暗开关双联双控≤3联	10套	0.10	67.50	81.27	0	14.66	7.02	170.45	17.05
	主材	双联双控开关	只	10.20	0	7.23	0	0	0	7.23	73.75
8	03040403400 2	照明开关 1. 名称：单联双控开关 2. 安装方式：暗装	个	2	6.75	6.48	0	1.47	0.70	15.40	30.80
	4-13-303	晓板暗开关双联双控≤3联	10套	0.20	67.50	64.84	0	14.66	7.02	154.02	30.80
	主材	单联双控开关	只	10.20	0	5.62	0	0	0	5.62	57.32
9	03040403400 3	照明开关 1. 名称：单联单控开关 2. 安装方式：暗装	个	1	6.62	4.59	0	1.44	0.69	13.34	13.34
	4-13-301	晓板暗开关单控≤3联	10套	0.10	66.15	45.90	0	14.37	6.88	133.30	13.33

续表

清单序号	项目编码（定额编码）	清单（定额）项目名称	计量单位	数量	综合单价（元）						合计（元）
					人工费	材料（设备）费	机械费	管理费	利润	小计	
10	主材	单联单控开关	只	10.20	0	3.91	0	0	0	3.91	39.88
	030404035001	插座 1. 名称：安全型单相三级带接地极插座 2. 规格：10A 3. 安装方式：暗装	个	3	7.80	5.62	0	1.69	0.81	15.92	47.76
	4-13-325	单相带接地暗插座电流（A）≤16	10套	0.30	78.03	56.20	0	16.95	8.12	159.30	47.79
	主材	安全型单相三级带接地极插座	套	10.20	0	4.92	0	0	0	4.92	50.18
11	030404035002	插座 1. 名称：安全型单相三级带接地极插座 2. 规格：10A 3. 安装方式：暗装	个	1	7.80	3.70	0	1.69	0.81	14.00	14.00
	4-13-323	单相暗插座电流（A）≤16	10套	0.10	78.03	37.05	0	16.95	8.12	140.15	14.02
	主材	安全型单相三级插座	套	10.20	0	3.24	0	0	0	3.24	33.05
12	030411006001	接线盒 1. 名称：开关盒、插座盒安装 2. 安装形式：暗装	个	8	2.93	3.63	0	0.64	0.30	7.50	60.00
	4-11-211	开关盒、插座盒安装	10个	0.80	29.30	36.34	0	6.36	3.05	75.05	60.04
	主材	开关盒、插座盒	个	10.20	0	3.11	0	0	0	3.11	31.72
13	030411006001	接线盒 1. 名称：灯头盒安装 2. 安装形式：暗装	个	4	2.78	4.10	0	0.60	0.29	7.77	31.08
	4-11-212	暗装接线盒	10个	0.40	27.81	41.04	0	6.04	2.89	77.78	31.11
	主材	灯头盒	个	10.2	0	3.11	0	0	0	3.11	31.72

2. 电缆敷设工程

（1）工程概况

详见 2.1.6 任务布置与实施中 1. 电缆敷设工程的工程概况。

任务：试根据说明、系统图、干线图、平面图，按浙江省现行计价依据的相关规定，完成工程量计算，分部分项工程量清单编制，综合单价计算。

（2）工程量计算

工程量计算见表 3.2.5-6。

工程量计算表   表 3.2.5-6

工程名称：某厂房电气工程

序号	名称	单位	计算式	合计
1	GGD 型低压配电柜 AP	台	1	1
	基础槽钢 8 号制作	kg	3.2×8.045	25.74
	基础槽钢 8 号安装	m	(1+0.6)×2	3.20
2	配电箱 1AP～5AP	台	1×5	5
3	配电箱 1HC～5HC	台	1×5	5
4	槽式镀锌桥架 400mm×200mm	m	22.4+4.8-2.2-0.08	24.92
5	槽式镀锌桥架 200mm×100mm	m	[(1+2+1+7+27.5)+ (4.8-1.5-0.3)×2]×5	222.50
6	W1 回路（桥架内敷设）	m	[(1+2+1)+(4.8-0.08-2.2)+ (4.8-1.5-0.3)+(1+2.2)+ (0.5+0.3)]×1.025	13.86
	W2 回路（竖井内桥架中敷设）	m	(13.52+5.6)×1.025	19.60
	W3 回路（竖井内桥架中敷设）	m	(13.52+5.6×2)×1.025	25.34
	W4 回路（竖井内桥架中敷设）	m	(13.52+5.6×3)×1.025	31.08
	W5 回路（竖井内桥架中敷设）	m	(13.52+5.6×4)×1.025	36.82
	汇总：WDZB-YJV 5×16 （桥架内敷设）	m	13.86	13.86
	汇总：WDZB-YJV 5×16 （竖井内桥架中敷设）	m	19.60+25.34+31.08+36.82	112.84
7	W6 回路（桥架内敷设）	m	[(1+7+27.5)+(4.8-0.08-2.2)+ (4.8-1.5-0.3)+(1+2.2) +(0.5+0.3)]×1.025	46.15
	W7 回路（竖井内桥架中敷设）	m	(45.02+5.6)×1.025	51.89
	W8 回路（竖井内桥架中敷设）	m	(45.02+5.6×2)×1.025	57.63
	W9 回路（竖井内桥架中敷设）	m	(45.02+5.6×3)×1.025	63.40
	W10 回路（竖井内桥架中敷设）	m	(45.02+5.6×4)×1.025	69.14
	汇总：WDZB-YJV 4×25+1×16 （桥架内敷设）	m	46.15	46.15
	汇总：WDZB-YJV 4×25+1×16 （竖井内桥架中敷设）	m	51.89+57.63+63.40+69.14	242.06
8	电缆头 WDZB-YJV5×16	个	2×5	10
9	电缆头 WDZB-YJV4×25+1×16	个	2×5	10

（3）分部分项工程量清单

分部分项工程量清单见表 3.2.5-7。

分部分项工程量清单项目表　　　　　表 3.2.5-7

工程名称：某厂房电气工程

序号	项目编码	项目名称	项目特征	计量单位	工程量
1	030404017001	配电箱	1. 名称、型号：GGD 型低压配电柜 AP； 2. 规格：1000mm×2200mm×600mm； 3. 基础形式、材质、规格：8 号基础槽钢； 4. 安装方式：落地； 5. 其他：含箱体接地，柜内元器件详见设计	台	1
2	030404017002	配电箱	1. 名称、型号：配电箱 1AP～5AP； 2. 规格：500mm×300mm×200mm； 3. 安装方式：挂墙明装距地 1.5m； 4. 其他：含箱体接地，柜内元器件详见设计	台	5
3	030404017003	配电箱	1. 名称：配电箱 1HC～5HC； 2. 规格：500mm×300mm×200mm； 3. 安装方式：挂墙明装距地 1.5m； 4. 其他：含箱体接地，柜内元器件详见设计	台	5
4	030411003001	桥架	1. 名称：GQJ-C 型槽式镀锌桥架； 2. 规格：400mm×200mm	m	24.92
5	030411003002	桥架	1. 名称：GQJ-C 型槽式镀锌桥架； 2. 规格：200mm×100mm	m	222.50
6	030408001001	电力电缆	1. 名称：铜芯电力电缆； 2. 型号、规格：WDZB-YJV5×16； 3. 敷设方式、部位：桥架内敷设	m	13.86
7	030408001002	电力电缆	1. 名称：铜芯电力电缆； 2. 型号、规格：WDZB-YJV5×16； 3. 敷设方式、部位：竖井内桥架中敷设	m	112.84
8	030408001003	电力电缆	1. 名称：铜芯电力电缆； 2. 型号、规格：WDZB-YJV4×25+1×16； 3. 敷设方式、部位：桥架内敷设	m	46.15
9	030408001004	电力电缆	1. 名称：铜芯电力电缆； 2. 型号、规格：WDZB-YJV4×25+1×16； 3. 敷设方式、部位：竖井内桥架中敷设	m	242.06
10	030408006001	电力电缆头	1. 名称：铜芯电力电缆头； 2. 型号、规格：WDZB-YJV5×16	个	10
11	030408006002	电力电缆头	1. 名称：铜芯电力电缆头； 2. 型号、规格：WDZB-YJV4×25+1×16	个	10

（4）综合单价计算

综合单价计算见表 3.2.5-8。

综合单价计算表

表 3.2.5-8

单位（专业）工程名称：某厂房电气工程

清单序号	项目编码（定额编码）	清单（定额）项目名称	计量单位	数量	综合单价（元）						合计（元）
					人工费	材料（设备）费	机械费	管理费	利润	小计	
1	030404017001	配电箱 1. 名称、型号：GGD型低压配电柜 AP； 2. 规格：1000mm×2200mm×600mm； 3. 基础形式、材质：落地、8号基础槽钢； 4. 安装方式：落地； 5. 其他：含箱体接地、柜内元器件详见设计	台	1						5647.56	5647.56
	4-4-13	成套配电箱安装 落地式	台	1	434.96	4959.55	85.78	113.11	54.16	5647.56	
	主材	GGD型低压配电柜 AP（1000mm×2200mm×600mm）	台	1	255.56	4827.38	68.78	70.45	33.73	5255.90	5255.90
	4-4-68	基础型钢制作	100kg	0.25744	0	4800.00	0	0	0	4800.00	4800.00
	主材	型钢 综合	kg	105	449.01	466.67	46.15	107.55	51.50	1120.88	288.56
	4-4-69	基础槽钢安装	10m	0.32	0	3.84	0	0	0	3.84	403.20
					199.4	37.6	16.01	46.79	22.40	322.20	103.10
2	030404017002	配电箱 1. 名称、型号：配电箱 1AP～5AP； 2. 规格：500mm×300mm×200mm； 3. 安装方式：挂墙明装距地 1.5m； 4. 其他：含箱体接地、柜内元器件详见设计	台	5						15945.15	15945.15
	4-4-15	成套配电箱安装 悬挂式 半周长 1.0m 以内	台	5	126.77	3021.55	0	27.53	13.18	3189.03	15945.15
	主材	配电箱 AP（500mm×300mm×200mm）	台	1	126.77	3021.55	0	27.53	13.18	3189.03	15945.15
3	030404017003	配电箱 1. 名称、型号：配电箱 1HC～5HC； 2. 规格：500mm×300mm×200mm； 3. 安装方式：挂墙明装距地 1.5m； 4. 其他：含箱体接地、柜内元器件详见设计	台	5	0	3000.00	0	0	0	3000.00	3000.00
					126.77	2821.55	0	27.53	13.18	2989.03	14945.15

续表

清单序号	项目编码（定额编码）	清单（定额）项目名称	计量单位	数量	综合单价（元）						合计（元）
					人工费	材料（设备）费	机械费	管理费	利润	小计	
4	4-4-15	成套配电箱安装 悬挂式 半周长1.0m以内	台	5	126.77	2821.55	0	27.53	13.18	2989.03	14945.15
	主材	配电箱AP（500mm×300mm×200mm）	台	1	0	2800.00	0	0	0	2800.00	2800.00
	030411003001	桥架 1. 名称：GQJ-C型槽式镀锌桥架；2. 规格：400mm×200mm	m	24.92	28.27	193.56	1.42	6.45	3.09	232.79	5801.13
	4-8-29	钢制槽式桥架（宽＋高）≤600mm	10m	2.492	282.69	1935.62	14.18	64.48	30.87	2327.84	5800.98
	主材	槽式镀锌桥架 400mm×200mm	m	10.10	0	188	0	0	0	188.00	1898.80
5	030411003002	桥架 1. 名称：GQJ-C型槽式镀锌桥架；2. 规格：200mm×100mm	m	222.50	17.63	88.45	0.85	4.01	1.92	112.86	25111.35
	4-8-28	钢制槽式桥架（宽＋高）≤400mm	10m	22.25	176.31	884.51	8.49	40.14	19.22	1128.67	25112.91
	主材	槽式镀锌桥架 200mm×100mm	m	10.10	0	84.07	0	0	0	84.07	849.11
6	030408001001	电力电缆 1. 名称：铜芯电力电缆；2. 型号、规格：WDZB-YJV 5×16；3. 敷设方式、部位：桥架内敷设	m	13.86	2.13	61.81	0.05	0.47	0.23	64.69	896.60
	4-8-88 换	铜芯电力电缆敷设 电缆截面35mm² 以下	100m	0.1386	212.90	6180.59	5.16	47.36	22.68	6468.69	896.56
	主材	电力电缆 WDZB-YJV 5×16	m	101.00	0	61.00	0	0	0	61.00	6161.00
7	030408001002	电力电缆 1. 名称：铜芯电力电缆；2. 型号、规格：WDZB-YJV 5×16；3. 敷设方式：竖井内桥架中敷设	m	112.84	2.55	61.85	0.06	0.57	0.27	65.30	7368.45

续表

清单序号	项目编码(定额编码)	清单(定额)项目名称	计量单位	数量	综合单价(元)						合计(元)
					人工费	材料(设备)费	机械费	管理费	利润	小计	
8	4-8-88 换	铜芯电力电缆敷设 电缆截面 35mm² 以下	100m	1.1284	255.47	6184.51	6.19	56.83	27.21	6530.21	7368.69
	主材	电力电缆 WDZB-YJV 5×16	m	101	0	61.00	0	0	0	61.00	6161.00
	03040800 1003	电力电缆 1.名称: 铜芯电力电缆; 2.型号、规格: WDZB-YJV4×25+1×16; 3.敷设方式、部位: 桥架内敷设	m	46.15	2.13	77.09	0.05	0.47	0.23	79.97	3690.62
	4-8-88 换	铜芯电力电缆敷设 电缆截面 35mm² 以下	100m	0.46219	212.90	7708.72	5.16	47.36	22.68	7996.82	3696.05
	主材	电力电缆 WDZB-YJV4×25+1×16	m	101.00	0	76.13	0	0	0	76.13	7689.13
9	03040800 1004	电力电缆 1.名称: 铜芯电力电缆; 2.型号、规格: WDZB-YJV4×25+1×16; 3.敷设方式、部位: 竖井内桥架中敷设	m	242.06	2.55	77.13	0.06	0.57	0.27	80.58	19505.19
	4-8-88 换	铜芯电力电缆敷设 电缆截面 35mm² 以下	100m	2.42276	255.47	7712.64	6.19	56.83	27.21	8058.34	19523.42
	主材	电力电缆 WDZB-YJV4×25+1×16	m	101.00	0	76.13	0	0	0	76.13	7689.13
10	03040800 6001	电力电缆头 1.名称: 铜芯电力电缆头; 2.型号、规格: WDZB-YJV 5×16	个	10	11.56	19.90	0	2.51	1.20	35.17	351.70
	4-8-99 换	户内干包式电力电缆头制作安装 干包终端头 (1kV以下截面 35mm² 以下)	个	10	11.56	19.90	0	2.51	1.20	35.17	351.70
11	03040800 6002	电力电缆头 1.名称: 铜芯电力电缆头; 2.型号、规格: WDZB-YJV4×25+1×16	个	10	11.56	19.90	0	2.51	1.20	35.17	351.70
	4-8-99 换	户内干包式电力电缆头制作安装 干包终端头 (1kV以下截面 35mm² 以下)	个	10	11.56	19.90	0	2.51	1.20	35.17	351.70

3. 防雷与接地工程

（1）工程概况

详见 2.1.6 任务布置与实施中 2. 防雷与接地工程的工程概况。

任务：试根据说明、平面图，按浙江省现行计价依据的相关规定，完成工程量计算，分部分项工程量清单编制，综合单价计算。

（2）工程量计算

工程量计算见表 3.2.5-9。

工程量计算表　　　　　　　　　　　　　　　　　表 3.2.5-9

工程名称：厂房（框架结构）屋面防雷工程

序号	项目名称	单位	计算式	合计
1	避雷网 25×4 镀锌扁钢 沿屋顶女儿墙折板支架敷设	m	$[5×6×2+(11.5+2.5)×4+(21-18)×4](1+3.9\%)$	132.99
2	避雷引下线 利用建筑物柱内主筋引下	m	$[(21-1.8+0.6)×4+(18-1.8+0.6)×2]×(1+3.9\%)$	117.20
3	接地母线 埋地 40×4 镀锌扁钢	m	$[5×18+3×5+(3+2.5)+(0.7+1.8)×6]×(1+3.9\%)$	130.39
4	接地极 L50×50×5 镀锌角钢	根	$N=19$	19

（3）分部分项工程量清单

分部分项工程量清单见表 3.2.5-10。

分部分项工程量清单项目表　　　　　　　　　　表 3.2.5-10

工程名称：厂房（框架结构）屋面防雷工程

序号	项目编码	项目名称	项目特征	计量单位	工程量
1	030409001001	接地极	1. 名称：接地极； 2. 材质：角钢； 3. 规格：L50×50×5　L=2.5m； 4. 土质：坚土	根	19
2	030409002001	接地母线	1. 名称：接地母线； 2. 材质：镀锌扁钢； 3. 规格：40×4； 4. 安装形式：埋地敷设	m	130.39
3	030409003001	避雷引下线	1. 名称：避雷引下线； 2. 安装部位：利用建筑物柱内主筋引下； 3. 安装形式：每处引下线焊接 2 根主筋； 4. 断接卡子：每一引下线设断接卡子	m	117.20
4	030409005001	避雷网	1. 名称：避雷网； 2. 材质：镀锌扁钢； 3. 规格：25×4； 4. 安装形式：沿屋顶女儿墙折板支架敷设	m	132.99

（4）综合单价计算

综合单价计算见表 3.2.5-11。

表 3.2.5-11

综合单价计算表

单位（专业）工程名称：厂房（框架结构）屋面防雷工程

清单序号	项目编码（定额编码）	清单（定额）项目名称	计量单位	数量	综合单价（元）						合计（元）
					人工费	材料（设备）费	机械费	管理费	利润	小计	
1	030409001001	接地极 1.名称：接地极；2.材质：角钢；3.规格：L50×50×5 L=2.5m；4.土质：坚土	根	19	31.19	46.33	11.20	9.21	4.41	102.34	1944.46
	4-9-50	接地极制作与安装 角钢接地极 坚土 L50×50×5 L=2.5m	根	19	31.19	46.33	11.20	9.21	4.41	102.34	1944.46
	主材	角钢接地极 L50×50×5 L=2.5m	根	1	0	42.41	0	0	0	42.41	42.41
2	030409002001	接地母线 1.名称：接地母线；2.材质：镀锌扁钢；3.规格：40×4；4.安装形式：埋地敷设	m	130.39	21.47	11.87	1.00	4.88	2.34	41.56	5419.01
	4-9-55	接地母线敷设 接地母线 埋地敷设	10m	13.039	214.65	118.67	10.00	48.79	23.36	415.47	5417.31
	主材	接地母线 镀锌扁钢 40×4	m	10.50	0	10.92	0	0	0	10.92	114.66
3	030409003001	避雷引下线 1.名称：避雷引下线；2.安装部位：利用建筑物柱内主筋引下；3.安装形式：每处引下线焊接2根主筋；4.断接卡子：每一引下线设一断接卡子	m	117.20	6.03	0.72	3.79	2.13	1.02	13.09	1604.47
	4-9-40	避雷引下线敷设 利用建筑结构钢筋引下	10m	11.28	50.63	6.58	39.35	19.54	9.36	125.46	1415.19
	4-9-41	断接卡子制作、安装	10套	0.60	226.80	17.15	0.08	49.28	23.60	316.91	190.15
4	030409005001	避雷网 1.名称：避雷网；2.材质：镀锌扁钢；3.规格：25×4；4.安装形式：沿屋顶女儿墙折板支架敷设	m	132.99	5.78	9.05	1.60	1.60	0.77	18.80	2500.21
	4-9-43	避雷网安装 沿折板支架敷设	10m	13.299	57.78	90.46	16.01	16.03	7.67	187.95	2499.55
	主材	镀锌扁钢 25×4	m	10.50	0	6.5655	0	0	0	6.57	68.99

3.2.6　检查评估

1. 单选题

(1) 关于防雷与接地装置安装工程，下列说法正确的是(　　)。

码3.2-12　检查评估的参考答案

A. 如果采用单独扁钢或圆钢明敷设作为均压环时，可执行接地母线敷设"沿桥架支架敷设"定额子目

B. 屋面避雷网暗敷执行接地母线"沿砖混结构暗敷"定额

C. 计算沿建筑物、构筑物引下的避雷引下线长度时，不考虑附加长度

D. 利用铜绞线作为接地引下线时，执行"户外铜接地绞线敷设"定额子目

(2) 点光源艺术装饰灯具嵌入式安装，顶板内由接线盒到灯具的金属软管应执行(　　)定额。

A. 可挠金属套管吊顶内敷设　　　　　B. 可挠金属套管砖混结构暗敷

C. 金属软管敷设　　　　　　　　　　D. 灯具安装

(3) 下列说法错误的是(　　)。

A. 发电机检查接线定额不包括发电机干燥

B. 在上层楼板内预埋，吊平顶内用铁丝绑扎，电焊固定管子的配管，执行"砖、混凝土结构暗敷"相应定额

C. 沟槽恢复定额仅适用于二次精装修工程

D. 备用电动机自动投入装置调试及低压双电源自动切换装置调试工程量按照自动切换装置的数量计算

(4) 某建筑一动力配电箱（宽×高×厚：800mm×500mm×300mm）引出YJV-3×10 的电缆穿电缆保护管 $DN50$ 敷设至电动机（考虑电缆敷设弛度、波形弯度、交叉的附加长度，不考虑电缆头预留长度），电缆图示长度为 50m，则该电缆的定额清单工程量为(　　)m。

A. 52.55　　　　　　　　　　　　　B. 52.58

C. 53.05　　　　　　　　　　　　　D. 53.095

(5) 埋地插座套用(　　)。

A. 带接地的暗插座相应定额

B. 带接地的明插座相应定额

C. 带接地的暗插座相应定额人工乘以系数 1.3

D. 带接地的明插座相应定额人工乘以系数 1.3

(6) 下列需要增设一个接线盒的有(　　)。

A. 管路长度 20m，无弯曲　　　　　B. 管路长度 15m，有一个弯

C. 管路长度 14m，有两个弯　　　　D. 管路长度 10m，有三个弯

2. 多选题

下列说法正确的是(　　)。

A. 沟槽恢复定额仅适用于新建工程

B. 离心泵安装的工作内容不包括电动机的检查、干燥、配线、调试等

C. 给排水工程中，设置于管道井、管廊内的管道、法兰、阀门、支架安装，其定额人工乘以系数 1.2

D. 对用量很少、影响基价很小的零星材料合并为其他材料费，计入材料费内

E. 利用建（构）筑物桩承台接地时，柱内主筋与桩承台跨接工作量已经综合在相应项目中

3. 计算题

本题管理费费率 21.72%，利润费率 10.4%，风险费不计，计算保留 2 位小数。本题中安装费的人材机单价均按《浙江通用安装工程预算定额》（2018 版）取定的基价考虑，不考虑《关于增值税调整后我省建设工程计价依据增值税税率及有关计价调整的通知》（浙建建发〔2019〕92 号）所涉及的调整系数。

请完善表 3.2.6-11。

定额清单综合单价　　　　　　　　　　表 3.2.6-11

序号	项目编码	定额项目名称	计量单位	综合单价（元）					
				人工费	材料费	机械费	管理费	利润	小计
1		YJV-0.6/1kV 4×25＋1×16 电缆在有起伏的矮岗地区敷设（主材除税单价 100 元/m）							
2		电缆 YJV-0.6/1kV 5×16 在单段高度 3.8m 的竖井内桥架中竖直敷设（YJV-5×16 除税单价 70 元/m）							
3		不锈钢托盘式桥架 300×150（不锈钢托盘式桥架（含盖板）除税单价 300 元/m）							

3.3　工作任务四　给排水、采暖、燃气工程计量与计价

【学习目标】

1. 能力目标：具有给排水、采暖、燃气工程识图的能力；具有给排水、采暖、燃气工程定额清单工程量计算的能力和定额套用及换算的能力；具有给排水、采暖、燃气工程国标清单编制和综合单价计算的能力。

2. 知识目标：了解给排水、采暖、燃气工程施工图组成；熟悉施工图常用图例符号；掌握给排水、采暖、燃气工程施工图的识图；熟悉给排水、采暖、燃气工程定额说明和工程量计算规则；熟悉给排水、采暖、燃气工程清单计算规范。

3. 素质目标：培养学生独立思考的能力；加强语言表达能力；激发学习给排水工程定额、工程量计算、清单计价的兴趣与能力；养成科学合理的工作思路，初步具备造价员和造价师的基本技能。

【项目流程图】

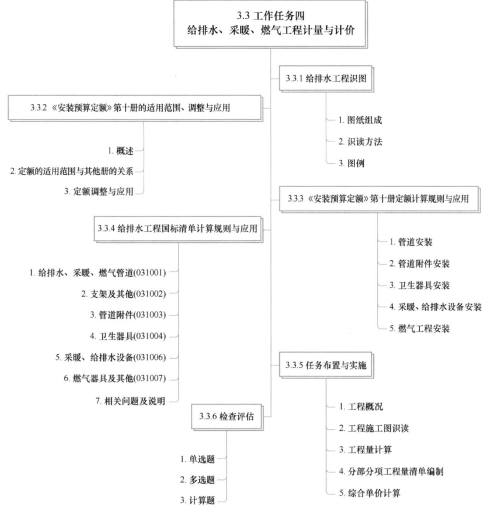

3.3.1　给排水工程识图

1. 图纸组成

建筑给排水施工图一般由图纸目录、设计施工说明、图例、主要设备材料表、平面图、系统图、展开图、详图等。

（1）图纸目录

图纸目录是以表格形式出现的，表头标明建设单位、工程名称、分部工程名称、设计日期等。表中将全部施工图编号，按图名顺序填入，作用是便于核对图纸数量和查找图纸。

（2）设计施工说明

设计人员在图纸上无法表明而又必须要建设和施工单位知道的技术和质量要求，均以文字的形式加以说明，内容包括设计说明和施工说明。

① 设计说明。一般包括工程设计依据的文件、规范简述，给排水系统概况，主要技术指标，如生活给水最高日用水量、最大时用水量、最高日排水量、最大时

码3.3-1　给排水工程识图

热水用水量、冷却水量、耗热量等的设计参数。

②施工说明。一般包括工程选用的管材、阀门类型，管道敷设要求，设备的基础，管道设备的防腐保温做法，管道、容器的冲洗和试压要求等。

（3）图例

图例是指施工图中图纸符号所代表的含义，包括管道类别、给排水管道附件、管道连接、管件、阀门、给水配件、给水设备、给排水设施等。

（4）主要设备材料表

主要设备材料表也叫设备和主要器材表。表中列出给排水工程中所需的卫生器具、设备、器材和阀门的详细规格、型号、技术参数、数量等内容。

（5）平面图

平面图主要确定设备及管道的平面位置、平面定位，常用比例有 1∶100、1∶200、1∶50 等。图中常见的内容有建筑主要轴线编号，房间名称，卫生器具、用水点、设备的平面布置，给排水管道的平面布置，给排水立管的位置及编号，管线的坡度和坡向、管径等。底层平面图中有引入管、排出管等与建筑物的定位尺寸，穿建筑物外墙的管道标高、防水套管的形式等。

（6）系统图

给排水系统图是一种立体图（常见的有 45°或 60°方向轴测），它表明生活冷水、热水、污水废水、雨水等管道的走向、管径、仪表和阀门的类型，控制点标高和管道坡度，各系统编号，各楼层卫生器具和用水设备的连接点位置。系统图上如每层（或几层）卫生器具及用水点的连接情况完全相同时，往往绘制一个代表楼层的接管图，其他各层注明同该层。

（7）展开图

展开图比系统图简单，图纸一般可以不按比例绘制，主要用于反映各种管道系统的整体概念，设备的安装楼层和技术参数，以方便与平面图对照识读。展开图中标明立管和横管的管径，立管的编号，楼层的标高、层数，仪表及阀门，各系统编号，各楼层卫生间和用水设备的连接，排水立管检查口、透气帽等距该层地面的高度。

（8）详图

详图也叫放大图。当给排水工程中某一关键部位或连接构造比较复杂，在比例较小的平面图、系统图中无法表达清楚时，应在给排水施工图中以详图的形式表达，其比例一般为 1∶50。

2. 识读方法

（1）识读给排水施工图时，首先应对照图纸目录，确认成套图纸是否完整，图名与图纸目录是否吻合。

（2）识读设计施工说明，应了解本工程给排水设计内容、主要技术指标、使用的规范和标准图集。了解本工程使用的管材、附件、设备的技术参数，以作为施工、管理、材料采购、工程预决算的依据和工程质量检查的依据。

（3）识读给排水平面图，应根据建筑给排水工程的特点，了解建筑对给排水工程的要求，了解管线在建筑物内的平面位置与走向、定位尺寸、管径标高、敷设方法、立管位置及编号，了解平面图上给排水附件的类型、数量、安装位置等。

（4）给排水系统图和展开图应与平面图对照读图。从系统图或展开图中掌握设计意图及管道系统的来龙去脉，按水流方向识读。

给水系统的流程为：引入管水表节点→干管→立管→支管→用水点。

排水系统的流程为：卫生器具排水管→排水横支管→排水立管→排水横干管→排出管→室外排水管网。

了解管道的具体走向、干管的布置方式、标高、管径尺寸及其变化情况；了解施工图中给排水系统附件、仪表等使用的图例符号，掌握它们的类型、规格、安装位置。

3. 图例

常用给排水施工图图例符号见表 3.3.1-1。

常用给排水施工图图例符号　　　　　　　　　　　　　　　　表 3.3.1-1

名称	图例	说明	名称	图例	说明
闸阀			通气帽		
截止阀			圆形地漏		
延时自闭冲洗阀			方形地漏		
减压阀			水锤消除器		
球阀			可曲挠橡胶接头		
止回阀			刚性防水管套		
消声止回阀			柔性防水管套		
蝶阀			水盆水池		
存水弯			挂式洗脸盆		
检查口			立式洗脸盆		
清扫口			台式洗脸盆		
浴盆			淋浴喷头		
化验盆 洗涤盆			雨水口		
污水池			水泵		
带沥水板洗涤盆		不锈钢制品	水表		
盥洗槽			防回流污染止回阀		
妇女卫生盆			水龙头		

名称	图例	说明	名称	图例	说明
立式小便器			水表井		
挂式小便器			检查井 阀门井		
蹲式大便器			放气井		
坐式大便器			泄水井		
小便槽			水封井		
饮水器			跌水井		

3.3.2 《安装预算定额》第十册的适用范围、调整与应用

1. 概述

《安装预算定额》的第十册为给排水、采暖燃气工程（本节简称"本册定额"）。本册定额分为八章，共1284个定额子目。本册定额主要内容有管道安装；管道附件；卫生器具；采暖、给排水设备；供暖器具；燃气工程；医疗气体设备及附件；其他。

2. 定额的适用范围与其他册的关系

（1）适用范围

本册定额适用于新建、扩建、改建项目中的生活用给排水，采暖空调水，燃气管道系统中的管道、附件、配件、器具及附属设备等安装工程。

（2）第十册与其他册的关系

1）工业管道，生产生活共用的管道，锅炉房、泵房管道以及建筑物内加压泵间、空调制冷机房的管道，管道焊缝热处理、无损探伤，医疗气体管道执行《安装预算定额》第八册《工业管道工程》相应定额。

2）水暖设备、器具等的电气检查、接线工作执行《安装预算定额》第四册《电气设备安装工程》相应定额。

3）刷油、防腐蚀、绝热工程执行《安装预算定额》第十二册《刷油、防腐蚀绝热工程》相应定额。

4）各种套管、支架的制作与安装执行《安装预算定额》第十三册《通用项目和措施项目工程》相应定额。

（3）与市政管网工程的界线划分

1）给水、采暖管道与市政管道界限以水表井为界，无水表井者以与市政管道碰头点为界。

2）室外排水管道以与市政管道碰头井为界。

3）燃气管道进小区调压站前的管道及附件执行《浙江省市政工程预算定额》（2018版）；调压站管道及附属设备、装置、仪表和阀件等执行《安装预算定额》第八册《工业管道工程》相应定额，出调压站后进小区的管道及附件执行本册定额

相应项目。

4）厂区范围燃气管道无调压站的，以出口第一个计量表（阀门）为界，界线以外为市政工程。

【案例 3.3.2-1】依据《通用安装工程工程量计算规范》GB 50856—2013，室外给水管道与市政管道界限划分应为(   )。

A. 以项目区入口水表井为界

B. 以项目区围墙外 1.5m 为界

C. 以项目区围墙外第一个阀门为界

D. 以市政管道碰头井为界

答案：A。

（4）设置于管道井、封闭式管廊内的管道、法兰、阀门、支架、水表，相应定额人工费乘以系数 1.20。

【案例 3.3.2-2】在管道井内安装生活给水 PP-R 管（热熔连接），DN15（主材除税单价 5.5 元/m），其定额清单综合单价计算见表 3.3.2-1。

定额清单综合单价计算表　　　　表 3.3.2-1

序号	项目编码	定额项目名称	计量单位	综合单价（元）					
				人工费	材料费	机械费	管理费	利润	小计
1	10-1-229换	在管道井内安装生活给水 PP-R 管（热熔连接），DN15（主材除税单价 5.5 元/m）	10m	74.69	78.30	1.07	16.45	7.88	178.39

例题解析：设置于管道井的管道人工费乘以系数 1.20。

3. 定额调整与应用

（1）管道安装

1）界限划分

① 室内外给水管道以建筑物外墙皮 1.5m 为界，入口处设阀门者以阀门为界。

② 室内外排水管道以出户第一个排水检查井为界。

③ 与工业管道以锅炉房或泵站外墙皮 1.5m 为界。

④ 与设在建筑物内的泵房管道以泵房外墙皮为界。

2）相关说明

本册定额第一章包括室内外生活用给水、排水、雨水、采暖热源管道，空调冷媒管道的安装。定额相关说明如下：

① 给水管道安装项目中，均包括水压试验及水冲洗工作内容，如需消毒，执行本册定额第八章的相应项目；排（雨）水管道包括灌水（闭水）及通球试验工作内容。

② 管道安装项目中，除室内塑料管道等项目外，其余均不包括管道型钢支架、管卡、托钩等的制作与安装，发生时，执行《安装预算定额》第十三册《通用项目

码3.3-2 给排水管道工程定额调整与应用

和措施项目工程》相应定额。

③ 管道穿墙、过楼板套管制作与安装等工作内容，发生时，执行《安装预算定额》第十三册《通用项目和措施项目工程》的"一般穿墙套管制作、安装"相应子目，其中过楼板套管执行"一般穿墙套管制作、安装"相应子目时，主材按0.2m计，其余不变。

码3.3-3 套管
定额调整与应用

④ 如设计要求穿楼板的管道要安装刚性防水套管，执行《安装预算定额》第十三册《通用项目和措施项目工程》中"刚性防水套管安装"相应子目，基价乘以系数0.3，"刚性防水套管"主材费另计。若"刚性防水套管"由施工单位自制，则执行《安装预算定额》第十三册《通用项目和措施项目工程》中"刚性防水套管制作"相应子目，基价乘以系数0.3，焊接钢管按相应定额主材用量乘以0.3计算。

⑤ 雨水管安装定额（室内虹吸塑料雨水管安装除外）已包括雨水斗的安装，雨水斗主材另计；虹吸式雨水斗安装执行本册定额第二章"管道附件"的相应项目。

⑥ 室外管道碰头适用于新建管道与已有管道的破口开三通碰头连接，执行本册定额第六章"燃气工程"相应定额。如已有水源管道已做预留接口则不执行相应安装项目。

⑦ 管道预安装（即二次安装，指确实需要且实际发生管子吊装上去进行点焊预安装，然后拆下来经镀锌再二次安装的部分），其定额人工费乘以系数2.0。

⑧ 卫生间（内周长在12m以下）暗敷管道每间补贴1个工日，卫生间（内周长在12m以上）暗敷管道每间补贴1.5个工日，厨房暗敷管道每间补贴0.5个工日，阳台暗敷管道每个补贴0.5个工日，其他室内管道安装，不论明敷或暗敷，均执行相应管道安装定额子目，不做调整。

⑨ 室内钢塑给水管沟槽连接执行室内钢管沟槽连接的相应项目。

⑩ 排水管道消能装置中的四个弯头可另计材料费，其余仍按管道计算；H形管计算连接管的长度，管件不再另计。

⑪ 室内螺旋消声塑料排水管（粘接）安装执行室内塑料排水管（粘接）安装定额项目，螺旋管件单价按实补差，定额管件总含量保持不变。

⑫ 楼层阳台排水支管与雨水管接通组成排水系统，执行室内排水管道安装定额，雨水斗主材另计。

⑬ 弧形管道制作、安装按相应管道安装定额，定额人工费和机械费乘以系数1.40。

⑭ 室内雨水镀锌钢管（螺纹连接）项目，执行室内镀锌钢管（螺纹连接）定额基价乘以系数0.8。

⑮ 钢骨架塑料复合管执行塑料管安装的相应定额项目。

⑯ 预制直埋保温管安装项目中已包括管件安装，但不包括接口保温，发生时执行接口保温安装项目。

⑰ 空调凝结水管道安装项目是按集中空调系统编制的，并适用于户用单体空调设备的凝结水系统的安装。

⑱ 辐射供暖供冷系统管道执行本册定额第五章"供暖器具"的相应项目。

（2）管道附件

管道附件定额包括螺纹阀门、法兰阀门、塑料阀门、沟槽阀门、法兰、减压器、疏水器、水表、热量表、倒流防止器、水锤消除器、方形补偿器、软接头（软管）、虹吸式雨水斗、浮标液面计、节水灌溉设备附件、喷泉设备附件的安装。定额相关说明如下：

1）法兰阀门安装，如仅为一侧法兰连接时，定额中的法兰、带帽螺栓及垫圈数量减半。

2）用沟槽式法兰短管安装的"法兰阀门安装"应执行《安装预算定额》第八册《工业管道工程》相应法兰阀门安装子目，螺栓不得重复计算。

3）每副法兰和法兰式附件安装项目中，均包括一个垫片和一副法兰螺栓的材料用量。各种法兰连接用垫片均按石棉橡胶板考虑，如工程要求采用其他材质可按实调整。

4）减压器、疏水器安装均按成组安装考虑，分别依据国家建筑标准设计图集《常用小型仪表及特种阀门选用安装》01SS105 和《蒸汽凝结水回收及疏水装置的选用与安装》05R407 编制。疏水器成组安装未包括止回阀安装，若安装止回阀执行阀门安装相应项目。单独安装减压器疏水器时执行阀门安装相应项目。

5）单个过滤器安装执行阀门安装相应项目。

6）成组水表安装是依据国家建筑标准设计图集《室外给水管道附属构筑物》05S502 编制的。法兰水表（带旁通管）成组安装中三通、弯头均按成品管件考虑。

7）倒流防止器成组安装是根据国家建筑标准设计图集《倒流防止器选用及安装》12S108－1 编制的，按连接方式不同分为带水表与不带水表安装。

8）法兰式软接头安装适用于法兰式橡胶及金属挠性接头安装。

9）电动阀门安装依据连接方式执行相应的阀门安装定额，检查接线执行《安装预算定额》第四册《电气设备安装工程》相应定额。

（3）卫生器具

卫生器具参照国家建筑标准设计图集《排水设备及卫生器具安装》（2010 年合订本）中有关标准图编制，包括浴盆净身盆、洗脸盆、洗涤盆、化验盆、大便器、小便器、拖布池、淋浴器、整体淋浴房、桑拿浴房、水龙头、排水栓、地漏、地面扫除口、蒸汽-水加热器、冷热水混合器、饮水器、隔油器等器具安装项目，以及大小便槽自动冲洗水箱和小便槽冲洗管制作、安装。定额相关说明如下：

1）各类卫生器具安装项目包括卫生器具本体、配套附件、成品支托架安装。各类卫生器具配套附件是指给水附件（水嘴、金属软管、阀门、冲洗管、喷头等）和排水附件（下水口、排水栓、器具存水弯、与地面或墙面排水口间的排水连接管等）。

2）各类卫生器具所用附件已列出消耗量，如随设备或器具配套供应时，其消耗量不得重复计算。各类卫生器具支托架如现场制作，执行《安装预算定额》第十三册《通用项目和措施项目工程》相应定额。

3）浴盆冷热水带喷头若采用埋入式安装，混合水管及管件消耗量应另行计算。按摩浴盆包括配套小型循环设备（过滤罐、水泵按摩泵、气泵等）安装，其循环管路材料配件等均按成套供货考虑。浴盆底部所需要填充的干砂材料消耗量另行计算。

4）台式洗脸盆（冷水）安装执行台式洗脸盆（冷热水）安装的相应定额，基价乘以系数 0.8，软管与角型阀的未计价主材含量减半，其余未计价主材含量不变。

5）液压脚踏卫生器具安装执行本册定额第三章相应定额，人工乘以系数 1.3，液压脚踏阀及控制器等主材另计（如水嘴或喷头等配件随液压脚踏阀及控制器成套供应时，应扣除相应定额中的主材）。

6）除带感应开关的小便器、大便器安装外，其余感应式卫生器具安装执行本册定额第三章相应定额，人工乘以系数 1.2，感应控制器等主材另计（如感应控制器等配件随卫生器具成套供应，则不得另行计算）。

7）大小便器冲洗（弯）管均按成品考虑。大便器安装已包括了柔性连接头或胶皮碗。

8）大小便槽自动冲洗水箱安装中，已包括水箱和冲洗管的成品支托架、管卡安装。

9）各类卫生器具的混凝土或砖基础周边砌砖、瓷砖粘贴，蹲式大便器蹲台砌筑、台式洗脸盆的台面，浴厕配件安装，执行《浙江省房屋建筑与装饰工程预算定额》（2018 版）的有关定额。

（4）采暖、给排水设备

采暖、给排水设备定额包括采暖、生活给排水系统中的各种给水设备、热能源装置、水处理、净化消毒设备、热水器、开水炉、水箱制作与安装等项目。定额相关说明如下：

1）设备安装定额中均包括设备本体以及与其配套的管道、附件、部件的安装和单机试运转或水压试验、通水调试等内容，均不包括与设备外接的第一片法兰或第一个连接口以外的安装工程量，应另行计算。设备安装项目中包括与本体配套的压力表、温度计等附件的安装，如实际未随设备供应附件时，其材料另行计算。

2）水箱安装适用于玻璃钢、不锈钢、钢板等各种材质，不分圆形、方形，均按箱体容积执行相应项目。水箱安装按成品水箱编制，如现场制作、安装水箱，水箱主材不得重复计算。水箱消毒冲洗及注水试验用水按设计图示容积或施工方案计入。组装水箱的连接材料是按随水箱配套供应考虑的。

3）本册定额第四章设备安装定额中均未包括减震装置、机械设备的拆装检查、基础灌浆、地脚螺栓的埋设，发生时执行《安装预算定额》第一册《机械设备安装工程》和第十三册《通用项目和措施项目工程》相应定额。

4）本册定额第四章设备安装定额中均未包括设备支架或底座制作、安装，如采用型钢支架执行《安装预算定额》第十三册《通用项目和措施项目工程》相应定额。混凝土及砖底座执行《浙江省房屋建筑与装饰工程预算定额》（2018 版）有关定额。

5）太阳能集热器是按集中成批安装编制的，如发生 $4m^2$ 以下工程量，人工、机械乘以系数 1.1。

（5）燃气工程

燃气工程定额包括室内外燃气管道的安装、室外管道碰头、氮气置换及警示带、示踪线、地面警示标志桩、燃气开水炉、燃气采暖炉、沸水器、消毒器、热水器、燃气表、燃气灶具、气嘴、调压器、调压箱（柜）安装及引入口保护罩安装等项目。定额相关说明如下：

1）燃气管道安装项目适用于工作压力小于等于 0.4MPa（中压 A）的燃气系统。铸铁管道工作压力大于 0.2MPa 时，安装人工乘以系数 1.3。

2）室外管道安装不分地上与地下，均执行同一子目。

3）管道安装项目中均包括管道及管件安装、强度试验、严密性试验、空气吹扫等内容。

4）管道安装项目中均不包括管道支架管卡、托钩等的制作、安装以及管道穿墙、楼板套管制作、安装等工作内容，发生时执行《安装预算定额》第十三册《通用项目和措施项目工程》相应定额。

5）燃气管道的室外管道碰头定额按不带介质施工考虑。室外碰头项目适用于新建管道与已有管道的破口开三通碰头连接，如已有管道预留接口处已安装阀门则不执行相应安装项目，如预留接口处未安装阀门则执行室外管道碰头定额，基价乘以系数 0.6；如实际为带介质施工则执行相应碰头定额，基价乘以系数 1.5。

6）与已有管道碰头项目中，不包含氮气置换连接后的单独试压以及带气施工措施费，应根据施工方案另行计算。

7）聚乙烯燃气阀门安装参照本册定额第一章塑料阀门安装相应定额，其中热熔连接的，执行塑料阀门（热熔连接）的定额，基价乘以系数 1.2；电熔连接的，执行塑料阀门（热熔连接）的定额，基价乘以系数 1.45，电熔套筒不再另行计算。

8）膜式燃气表安装项目适用于螺纹连接的民用或公用膜式燃气表，IC 卡膜式燃气表安装按膜式燃气表安装项目，其人工乘以系数 1.1。

9）膜式燃气表安装项目中列有 2 个表接头，随燃气表配套表接头时，应扣除所列表接头。膜式燃气表安装项目中不包括表托架制作安装，发生时根据工程要求另行计算。

10）户内家用可燃气体检测报警器与电磁阀成套安装的，执行本册定额第一章"管道附件"中螺纹阀门项目，人工乘以系数 1.3。

3.3.3　《安装预算定额》第十册定额计算规则与应用

1. 管道安装

（1）各类管道安装工程量均按设计管道中心线长度以"m"为计量单位，不扣除阀门管件附件（包括器具组成）及井类所占长度。

（2）室内给排水管道与卫生器具连接的分界线：

1）给水管道工程量计算至卫生器具（含附件）前与管道系统连接的第一个连接件（角阀、三通、弯头、管箍等）止。

2）排水管道工程量自卫生器具出口处的地面或墙面的设计尺寸算起，与地漏连接的排水管道自地面设计尺寸算起，不扣除地漏所占长度。

（3）方形补偿器所占长度计入管道安装工程量。方形补偿器的制作、安装应执行本册定额第二章"管道附件"相应项目。

（4）直埋保温管保温层补口分管径，以"个"为计量单位。

【案例 3.3.3-1】室内塑料给水管（电熔连接）DN20，假设主材塑料给水管

码3.3-5　给排水工程定额清单工程量计算

$DN20$ 预算单价 35 元/m。套用定额并计算未计价主材单位价值。

例题解析： 套用《安装预算定额》定额 10-1-239，计量单位：10m，基价：118.78 元，其中人工费：81.41 元，主材 $DN20$ 塑料给水管定额含量（10.16），应另行计算主材费。

未计价主材塑料给水管单位价格＝35×10.16＝355.6 元/10m。

2. 管道附件

（1）各种阀门、补偿器、软接头、水锤消除器安装，均按照不同连接方式、公称直径以"个"为计量单位。

（2）减压器、疏水器、水表、倒流防止器、热量表成组安装，按照不同组成结构连接方式、公称直径以"组"为计量单位。减压器安装按高压侧的直径计算。

（3）卡紧式软管按照不同管径以"根"为计量单位。

（4）法兰均区分不同公称直径，以"副"为计量单位。承插盘法兰短管按照不同连接方式、公称直径以"副"为计量单位。

（5）各种喷头、滴头以"个"为计量单位，喷泉过滤设备中过滤网以"m²"为计量单位，过滤池以"m³"为计量单位，过滤箱以"个"为计量单位，过滤器以"台"为计量单位，滴灌管以"m"为计量单位。

（6）各种伸缩器的制作、安装均以"个"为计量单位。

3. 卫生器具

（1）各种卫生器具均按设计图示数量计算，以"组"或"套"为计量单位。

（2）大便槽、小便槽自动冲洗水箱安装分容积按设计图示数量，以"套"为计量单位。

（3）小便槽冲洗管制作与安装按设计图示长度以"m"为计量单位，不扣除阀门的长度。

（4）湿蒸房依据使用人数，以"座"为计量单位。

4. 采暖、给排水设备

（1）各种设备安装项目除另有说明外，按设计图示规格型号、重量，均以"台"为计量单位。

（2）给水设备按同底座重量计算，不分泵组出口管道公称直径，按设备重量列项，以"套"为计量单位。

（3）太阳能集热装置区分平板玻璃真空管形式，以"m²"为计量单位。

（4）地源热泵机组按设备重量列项，以"组"为计量单位。

（5）水箱自洁器分外置式、内置式，电热水器分挂式、立式安装，以"台"为计量单位。

（6）水箱安装项目按水箱设计容量，以"台"为计量单位；钢板水箱制作分圆形、矩形，按水箱设计容量，以箱体金属质量"kg"为计量单位。

5. 燃气工程

（1）各类管道安装工程量均按设计管道中心线长度以"m"为计量单位，不扣除阀门、管件、附件及井类所占长度。

（2）室外钢管喷头按主管管径以"处"为计量单位。

（3）燃气开水炉、采暖炉、沸水器、消毒器、热水器以"台"为计量单位。

（4）膜式燃气表安装按不同规格型号以"块"为计量单位；燃气流量计安装区分不同管径，以"台"为计量单位；流量计控制器区分不同管径，以"个"为计量单位。

（5）燃气灶具区分民用灶具和公用灶具，以"台"为计量单位。

（6）气嘴安装以"个"为计量单位。

（7）调压器、调压箱（柜）区分不同进口管径，以"台"为计量单位。

3.3.4　给排水工程国标清单计算规则与应用

码3.3-6　给排水工程国标清单计算规则与应用

《通用安装工程工程量计算规范》GB 50856—2013 附录 K 给排水、采暖、燃气管道共分为 10 个分部，内容包括给排水、采暖、燃气管道，支架及其他，管道附件，卫生器具，供暖器具，采暖、给排水设备，燃气器具及其他，医疗气体设备及其他，采暖、空调水工程系统调试，相关问题及说明。

1. 给排水、采暖、燃气管道（031001）

工程量清单项目包括镀锌钢管、钢管、不锈钢管、铜管、铸铁管、塑料管、复合管、直埋式预制保温管、承插陶瓷缸瓦管、承插水泥管、室外管道碰头 11 个清单项目。国标清单项目工程量按设计图示管道中心线以长度计算，以"m"为单位。

给排水、采暖、燃气管道工程量清单计价指引见表 3.3.4-1。

给排水、采暖、燃气管道工程量清单计价指引　　　　　　表 3.3.4-1

项目编码	项目名称	项目特征	计量单位	工程量计算规则	工作内容	对应的定额子目
031001001	镀锌钢管	1. 安装部位； 2. 介质； 3. 规格、压力等级； 4. 连接形式； 5. 压力试验及吹、洗设计要求； 6. 警示带形式	m	按设计图示管道中心线以长度计算	1. 管道安装	10-1-1～10-1-11、
					2. 管件制作、安装	10-1-148～10-1-158、 10-1-172～10-1-181、 10-6-1～10-6-16
					3. 压力试验	
					4. 吹扫、冲洗	10-8-31～10-8-36
					5. 警示带铺设	10-6-136～10-6-138
031001002	钢管	1. 安装部位； 2. 材质； 3. 规格、压力等级； 4. 连接形式； 5. 压力试验及吹、洗设计要求； 6. 警示带形式			1. 管道安装	10-1-12～10-1-26、
					2. 管件制作、安装	10-1-159～10-1-171、 10-1-172～10-1-181、 10-6-17～10-6-68
					3. 压力试验	
					4. 吹扫、冲洗	10-8-31～10-8-36
					5. 警示带铺设	10-6-136～10-6-138
031001003	不锈钢管	1. 安装部位； 2. 介质； 3. 规格、压力等级； 4. 连接形式； 5. 压力试验及吹、洗设计要求； 6. 警示带形式			1. 管道安装	10-1-193～10-1-219、 10-6-69～10-6-75
					2. 管件制作、安装	
					3. 压力试验	
					4. 吹扫、冲洗	10-8-31～10-8-36
					5. 警示带铺设	10-6-136～10-6-138

续表

项目编码	项目名称	项目特征	计量单位	工程量计算规则	工作内容	对应的定额子目
031001004	铜管	1. 安装部位; 2. 介质; 3. 规格、压力等级; 4. 连接形式; 5. 压力试验及吹、洗设计要求; 6. 警示带形式			1. 管道安装	10-1-220~10-1-228、 10-1-311~10-1-318、 10-6-76~10-6-81 (制冷剂管路分支器安装另行计算)
					2. 管件制作、安装	
					3. 压力试验	
					4. 吹扫、冲洗	10-8-31~10-8-36
					5. 警示带铺设	10-6-136~10-6-138
031001005	铸铁管	1. 安装部位; 2. 介质; 3. 材质、规格; 4. 连接形式; 5. 接口材料; 6. 压力试验及吹、洗设计要求; 7. 警示带形式			1. 管道安装	10-1-37~10-1-55、 10-1-86~10-1-95、 10-1-256~10-1-275、
					2. 管件安装	
					3. 压力试验	10-6-82~10-6-86
					4. 吹扫、冲洗	10-8-31~10-8-36
					5. 警示带铺设	10-6-136~10-6-138
031001006	塑料管	1. 安装部位; 2. 介质; 3. 材质、规格; 4. 连接形式; 5. 阻火圈设计要求; 6. 压力试验及吹、洗设计要求; 7. 警示带形式	m	按设计图示管道中心线以长度计算	1. 管道安装	10-1-56~10-1-85、 10-1-96~10-1-115、 10-1-229~10-1-255、 10-1-276~10-1-310、 10-6-87~10-6-102
					2. 管件安装	
					3. 塑料卡固定	室内管道已包含,室外管道按实计算
					4. 阻火圈安装	10-8-21~10-8-25
					5. 压力试验	已包含在管道安装定额中
					6. 吹扫、冲洗	10-8-31~10-8-36
					7. 警示带铺设	10-6-136~10-6-138
031001007	复合管	1. 安装部位; 2. 介质; 3. 材质、规格; 4. 连接形式; 5. 压力试验及吹、洗设计要求; 6. 警示带形式			1. 管道安装	10-1-27~10-1-36
					2. 管件安装	10-1-172~10-1-192
					3. 塑料卡固定	按实计算
					4. 压力试验	已包含在管道安装定额中
					5. 吹扫、冲洗	10-8-31~10-8-36
					6. 警示带铺设	10-6-136~10-6-138

【注】 ① 安装部位,指管道安装在室内、室外。
② 输送介质包括给水、排水、中水、雨水、热媒体、燃气、空调水等。
③ 材质包括镀锌钢管、钢管、不锈钢管、铜管、铸铁管(承插铸铁管、球墨铸铁管、柔性抗震铸铁管)、塑料管(UPVC、CPVC、PVC、PP-C、PP-R、PE、PB、ABS管)、复合管(塑铝稳态管、钢塑复合管、铝塑复合管、钢骨架复合管)等。
④ 规格是指管径。
⑤ 连接形式包括螺纹连接、焊接、热熔连接、沟槽连接、承插连接、胶粘连接、法兰连接等。
⑥ 压力试验按设计要求描述试验方法,如水压试验、气压试验、泄漏性试验、闭水试验、通球试验、真空试验等。
⑦ 吹、洗按设计要求描述吹扫、冲洗方法,如水冲洗、消毒冲洗、空气吹扫等。

2. 支架及其他（031002）

工程量清单项目包括管道支架、设备支架 2 个清单项目。国标清单项目工程量按设计图示质量计算或按设计图示数量计算，分别以"kg"或"套"为单位。

支架及其他工程量清单计价指引见表 3.3.4-2。

支架及其他工程量清单计价指引　　　　　　　　表 3.3.4-2

项目编码	项目名称	项目特征	计量单位	工程量计算规则	工作内容	对应的定额子目
031002001	管道支架	1. 材质； 2. 管架形式	1. kg 2. 套	1. 以千克计量，按设计图示质量计算； 2. 以套计量，按设计图示数量计算	1. 制作	13-1-31、13-1-33、13-1-35
					2. 安装	13-1-32、13-1-34、13-1-36～13-1-38
031002002	设备支架	1. 材质； 2. 形式			1. 制作	13-1-39、13-1-40
					2. 安装	13-1-41、13-1-42
031003003	套管	1. 名称； 2. 材质； 3. 规格； 4. 填料材质	个	按设计图示数量计算	1. 制作	13-1-45～13-1-125、10-8-1～10-8-6
					2. 安装	
					3. 除锈、刷油	

【注】单件支架质量 100kg 以上的管道支吊架执行设备支吊架制作安装。成品支吊架安装执行相应管道支架或设备支架项目，不再计取制作费，支架本身价值含在综合单价中。套管制作安装，适用于穿基础、墙、楼板等部位的防水套管、填料套管、无填料套管及防火套管等，应分别列项。

3. 管道附件（031003）

工程量清单项目包括螺纹阀门、螺纹法兰阀门、焊接法兰阀门、带短管甲乙阀门、塑料阀门、减压器、疏水器、除污器（过滤器）、补偿器、软接头（软管）、法兰、倒流防止器、水表、热量表、塑料排水管消声器、浮标液面计、浮漂水位标尺 17 个清单项目（不含浙江省补充规定）。国标清单项目工程量按设计图示数量计算，以"个""组""副（片）""块""套"等为单位。

管道附件工程量清单计价指引见表 3.3.4-3。

管道附件工程量清单计价指引　　　　　　　　表 3.3.4-3

项目编码	项目名称	项目特征	计量单位	工程量计算规则	工作内容	对应的定额子目
031003001	螺纹阀门	1. 类型； 2. 材质； 3. 规格、压力等级； 4. 连接形式； 5. 焊接方法	个	按设计图示数量计算	1. 安装	10-2-1～10-2-25
					2. 电气接线	4-4-142
					3. 调试	

项目编码	项目名称	项目特征	计量单位	工程量计算规则	工作内容	对应的定额子目
031003002	螺纹法兰阀门	1. 类型; 2. 材质; 3. 规格、压力等级; 4. 连接形式; 5. 焊接方法	个	按设计图示数量计算	1. 安装	10-2-26～10-2-33
					2. 电气接线	4-4-142
					3. 调试	
031003003	焊接法兰阀门				1. 安装	10-2-34～10-2-48、 10-2-69～10-2-80、 10-1-327～10-1-334
					2. 电气接线	4-4-142
					3. 调试	
031003005	塑料阀门	1. 规格; 2. 连接形式			1. 安装	10-2-81～10-2-96
					2. 调试	
031003006	减压器	1. 材质; 2. 规格、压力等级; 3. 连接形式; 4. 附件配置	组		组装	10-2-190～10-2-205
031003011	法兰	1. 材质; 2. 规格、压力等级; 3. 连接形式	副 (片)		安装	10-2-107～10-2-189
031003012	倒流防止器	1. 材质; 2. 型号、规格; 3. 连接形式	套			10-2-249～10-2-280
031003013	水表	1. 安装部位(室内外); 2. 型号、规格; 3. 连接形式; 4. 附件配置	组 (个)		组装	10-2-219～10-2-237
Z031003018	法兰阀门(沟槽式法兰连接)	1. 类型; 2. 材质; 3. 规格、压力等级; 4. 连接形式	个		1. 阀门安装	8-3-22～8-3-31
					2. 沟槽法兰安装	10-2-180～10-2-189

项目编码	项目名称	项目特征	计量单位	工程量计算规则	工作内容	对应的定额子目
Z031003021	沟槽阀门	1. 类型； 2. 材质； 3. 规格、压力等级； 4. 连接形式	个	按设计图示数量计算	阀门安装	10-2-97～10-2-106

【注】法兰阀门包括法兰连接，不得另计。阀门安装如仅为一侧法兰连接时，应在项目特征中描述。塑料阀门连接形式需注明热熔连接、粘接、热风焊接等方式。

【案例 3.3.4-1】已知某住宅楼给排水工程的内螺纹截止阀 J11T-16 DN25 有 4 个，编制分部分项工程量清单表。

答案：详见表 3.3.4-4。

分部分项工程量清单表　　　　表 3.3.4-4

序号	项目编码	项目名称	项目特征	计量单位	工程数量
1	031003001001	螺纹阀门	1. 类型：截止阀； 2. 规格、压力等级：J11T-16 DN25； 3. 连接形式：螺纹连接	个	4

4. 卫生器具 (031004)

工程量清单项目包括浴缸、净身盆、洗脸盆、洗涤盆、化验盆、大便器、小便器、其他成品卫生器具、烘手器、淋浴器、淋浴间、桑拿浴房、大、小便槽自动冲洗水箱、给、排水附（配）件、小便槽冲洗管、蒸汽-水加热器、冷热水混合器、饮水器、隔油器 19 个清单项目。国标清单项目工程量按设计图示数量计算，以"组""套""个"为单位。

卫生器具工程量清单计价指引见表 3.3.4-5。

卫生器具工程量清单计价指引　　　　表 3.3.4-5

项目编码	项目名称	项目特征	计量单位	工程量计算规则	工作内容	对应的定额子目
031004001	浴缸	1. 材质； 2. 规格、类型； 3. 组装形式； 4. 附件名称、数量	组	按设计图示数量计算	1. 器具安装 2. 附件安装	10-3-1～10-3-8
031004003	洗脸盆				1. 器具安装 2. 附件安装	10-3-11～10-3-18

续表

项目编码	项目名称	项目特征	计量单位	工程量计算规则	工作内容	对应的定额子目
031004004	洗涤盆				1. 器具安装	10-3-19～10-3-23
					2. 附件安装	
031004006	大便器	1. 材质； 2. 规格、类型； 3. 组装形式； 4. 附件名称、数量	组	按设计图示数量计算	1. 器具安装	10-3-29～10-3-36
					2. 附件安装	
031004007	小便器				1. 器具安装	10-3-37～10-3-40
					2. 附件安装	
031004008	其他成品卫生器具				1. 器具安装	10-3-41
					2. 附件安装	
031004010	淋浴器	1. 材质、规格； 2. 组装形式； 3. 附件名称、数量	套		1. 器具安装	10-3-42～10-3-51
					2. 附件安装	
031004014	给、排水附（配)件	1. 材质； 2. 型号、规格； 3. 安装方式	个（组）		安装	10-3-70～10-3-87

【注】① 成品卫生器具项目中的附件安装，主要指：给水附件包括水嘴、金属软管、阀门、冲洗管、喷头等，排水配件包括存水弯、排水栓、下水口等以及配备的连接管。

② 浴缸支座和浴缸周边的砌砖、瓷砖粘贴，应按国家现行标准《房屋建筑与装饰工程工程量计算规范》GB 50854 相关项目编码列项；功能性浴缸不含电机接线和调试，应按《通用安装工程工程量计算规范》GB 50856—2013 附录 D 电气设备安装工程相关项目编码列项。

③ 洗脸盆适用于洗脸盆、洗发盆、洗手盆安装。

④ 器具安装中若采用混凝土或砖基础，应按现行国家标准《房屋建筑与装饰工程工程量计算规范》GB 50854—2013 相关项目编码列项。

⑤ 给、排水附（配）件是指独立安装的水嘴、地漏、地面扫出口等。

5. 采暖、给排水设备（031006）

工程量清单项目包括变频给水设备，稳压给水设备，无负压给水设备，气压罐，太阳能集热装置，地源（水源、气源）热泵机组，除砂器，水处理器，超声波灭藻设备，水质净化器，紫外线杀菌设备，热水器、开水炉，消毒器、消毒锅，直饮水设备，水箱 15 个清单项目。国标清单项目工程量按设计图示数量计算，以"套""台"为单位。

6. 燃气器具及其他（031007）

工程量清单项包括燃气开水炉，燃气采暖炉，燃气沸水器、消毒器，燃气热水器，燃气表，燃气灶具，气嘴，调压器，燃气凝水器，燃气管道调长器，调长箱、调压装置，引入口砌筑12个清单项目。国标清单项目工程量均按设计图示数量计算，以"台""个"为单位。

7. 相关问题及说明

（1）管道界限的划分

1）给水管道室内外界限划分：以建筑物外墙皮1.5m为界，入口处设阀门者以阀门为界。

2）排水管道室内外界限划分：以出户第一个排水检查井为界。

3）采暖管道室内外界限划分：以建筑物外墙皮1.5m为界，入口处设阀门者以阀门为界，室外设有采暖入口装置者以入口装置循环管三通为界。

4）燃气管道室内外界限划分：地下引入室内的管道以室内第一个阀门为界，地上引入室内的管道以墙外三通为界。

（2）管道、设备及支架除锈、刷油、保温除注明者外，应按《通用安装工程工程量计算规范》GB 50856—2013附录M刷油、防腐蚀、绝热工程相关项目编码列项。

（3）凿（压、切割）槽、打洞（孔）、套管、管道支架、成品支架、各类井项目，应按《通用安装工程工程量计算规范》GB 50856—2013附录N措施项目相关项目编码列项。

3.3.5　任务布置与实施

1. 工程概况

码3.3-7　给水工程案例分析

某宿舍楼给排水工程图例见表3.3.5-1，卫生间详图如图3.3.5-1所示，给水系统图如图3.3.5-2所示，排水系统图如图3.3.5-3所示。本例施工图说明如下：

（1）该宿舍楼为框架结构，共2层，层高3.6m，屋顶为可上人屋面，通气管伸出屋面2m。

（2）本工程采用相对标高，单位以"m"计算，管线标高，给水管以管中心线计，排水管以管底计，其余尺寸以"mm"计。除标注尺寸外，管中心距离墙面的距离：给水管按50mm计，排水管按100mm计。

（3）给水系统：给水管采用钢塑复合管，螺纹连接；给水系统工作压力为0.35MPa，管道安装完毕后需进行水压试验、消毒、冲洗。

（4）排水系统：排水管采用UPVC管，热熔连接；排水管应做灌水试验和通球试验。

（5）卫生间内给排水管道穿楼板，应设置钢套管（套管内径比工作管道的外径大2号），穿屋面管道设置刚性防水套管。

（6）本案例不计管道支架。

某宿舍楼给排水工程图例　　　　　　　　　表3.3.5-1

图例	名称
——————————	生活给水管
- - - - - - - - - - - - - - - - - -	生活污水管

续表

图例	名称
	蹲式大便器
	拖布池
	洗脸盆
	圆形地漏
	地面清扫口
	截止阀
	通气帽
	S形、P形存水弯

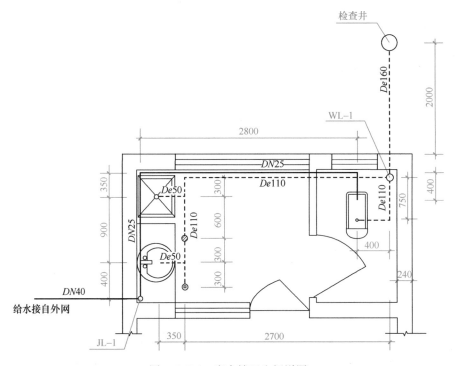

图 3.3.5-1　宿舍楼卫生间详图

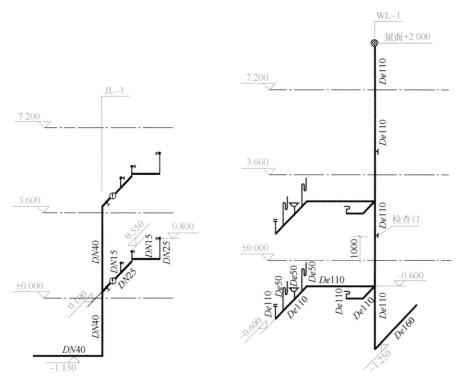

图 3.3.5-2　宿舍楼卫生间给水系统图　　　图 3.3.5-3　宿舍楼卫生间排水系统图

任务：根据《通用安装工程工程量计算规范》GB 50856—2013、《浙江省通用安装工程预算定额》（2018 版），编制分部分项工程量清单并计算分部分项工程费。本案例中涉及的相关材料价均为除税价，企业管理费、利润按《浙江省建设工程计价规则》（2018 版）中一般计税法中值计取（企业管理费费率按 21.72%、利润费率按 10.40% 计取），风险费暂不计取，主要材料和工程设备价格见表 3.3.5-2。

主要材料和工程设备一览表　　　　　　　　表 3.3.5-2

序号	名称、规格、型号	单位	除税价（元）
1	钢塑复合管 DN40	m	37.23
2	钢塑复合管 DN25	m	24.10
3	钢塑复合管 DN15	m	19.50
4	UPVC 排水管 De160	m	33.82
5	UPVC 排水管 De110	m	17.04
6	UPVC 排水管 De50	m	5.34
7	碳钢管 DN65	m	61.35
8	碳钢管 DN150	m	130.00
9	碳素结构钢焊接钢管	kg	4.48
10	中厚钢板	kg	5.01
11	扁钢 Q235B 综合	kg	6.02

序号	名称、规格、型号	单位	除税价（元）
12	挂墙式陶瓷洗脸盆（配备冷热水混合水龙头），型号 L5521S	个	840.00
13	洗脸盆托架	副	100.00
14	角型阀（带铜活）DN15	个	16.99
15	洗脸盆排水附件	套	88.00
16	混合冷热水龙头	个	460.00
17	金属软管	根	20.85
18	陶瓷蹲式大便器，冲洗阀式蹲便器，型号 FLD5601B	个	290.00
19	防污器 DN32	个	21.00
20	冲洗管 DN32	根	30.25
21	内螺纹截止阀 J11T-16 DN25	个	33.84
22	成品拖布池，型号 FM7806	个	550.00
23	长颈水嘴 DN15	个	7.47
24	排水栓带链堵	套	58.00
25	不锈钢地漏 DN50	个	42.00
26	不锈钢地面扫除口 DN100	个	72.24
27	螺纹水表 LXS-25C DN25	只	85.27
28	螺纹闸阀 Z15W-16T DN25	个	34.81
29	水	m³	4.50

2. 工程施工图识读

（1）平面图识读：根据图 3.3.5-1 可以识读每间卫生间设有蹲式大便器、洗脸盆、拖布池、地漏、地面清扫口。粗实线表示给水，粗虚线表示排水。

（2）给水系统图识读：根据图 3.3.5-2 可知进户管 DN40 在 -1.15m 处从室外进入室内，JL-1 给水立管的底标高为 -1.15m，顶标高为 3.70m。每层与立管相连的给水横支管为 DN25，先连接 1 个截止阀和 1 个水表，再分别接至其他卫生器具。

（3）排水系统图识读：根据图 3.3.5-3 可以识读 WL-1 排水立管的底标高为 -1.25m，通气管伸出屋面 2m。排出管 De160 在 -1.25m 处由室内排出至室外第一个排水检查井。排水横管管径为 De110，洗脸盆、拖布池排水支管为 De50。

3. 工程量计算

工程量按给水系统、排水系统分别进行计算。

（1）给水系统工程量计算

① 钢塑复合管 DN40

（室内外界限划分 1.5＋墙厚 0.24＋给水立管中心至墙面的距离 0.05）＋立管（3.7＋1.15）＝6.64m

② 钢塑复合管 $DN25$

给水立管中心至洗脸盆、拖布池、蹲式大便器的冲洗管中心的距离$(0.40+0.90+0.35+2.8+0.4)×2+$接至蹲式大便器的立支管$(0.8-0.1)×2=11.10$m

③ 钢塑复合管 $DN15$

[接至洗脸盆的立支管$(0.55-0.1)+$接至拖布池的立支管$(0.55-0.1)]×2=1.80$m

④ 穿楼板设置钢套管 $DN65$：1个。

⑤ 内螺纹截止阀 J11T-16 $DN25$：2个。

⑥ 旋翼式螺纹水表 LXS-25C $DN25$：2组。

（2）排水系统工程量计算

① UPVC 排水管 $De160$

室外第一个排水检查井至外墙皮 2+墙厚 0.24+排水立管中心至墙的距离 0.1=2.34m。

② UPVC 排水管 $De110$

[排水立管中心至地面清扫口的距离$(2.7+0.3+0.6+0.3+0.3)+$排水立管中心至蹲式大便器的距离$(0.75+0.4)+$（接至蹲式大便器的排水立支管 0.6+接至地面清扫口的排水立支管 0.6）]×2+排水立管$(7.2+1.25+$伸出屋面 2)=23.55m

③ UPVC 排水管 $De50$

[接至洗脸盆、拖布池的水平横支管$(0.35+0.35)+$接至洗脸盆、拖布池、地漏的立支管长度$(0.6×3)]×2=5.00$m

④ 蹲式大便器：2套。

⑤ 洗脸盆：2组。

⑥ 拖布池：2套。

⑦ 不锈钢地漏 $DN50$：2个。

⑧ 不锈钢清扫口 $DN100$：2个。

⑨ 穿楼板设置钢套管 $DN150$：1个。

⑩ 穿屋面设置刚性防水套管 $DN150$：1个。

（3）工程量汇总（见表3.3.5-3）

工程量汇总表   表 3.3.5-3

序号	名称	单位	给水系统	排水系统	结果
1	钢塑复合管 $DN40$	m	6.64		6.64
2	钢塑复合管 $DN25$	m	11.10		11.10
3	钢塑复合管 $DN15$	m	1.80		1.80
4	UPVC 排水管 $De160$	m		2.34	2.34
5	UPVC 排水管 $De110$	m		23.55	23.55
6	UPVC 排水管 $De50$	m		5.00	5.00
7	一般钢套管 $DN65$（穿楼板）	个	1		1
8	一般钢套管 $DN150$（穿楼板）	个		1	1

序号	名称	单位	给水系统	排水系统	结果
9	刚性防水套管 DN150（穿屋面）	个		1	1
10	内螺纹截止阀 J11T-16 DN25	个	2		2
11	旋翼式螺纹水表 LXS-25C DN25	组	2		2
12	蹲式大便器	套		2	2
13	洗脸盆	组		2	2
14	拖布池	套		2	2
15	不锈钢地漏 DN50	个		2	2
16	不锈钢清扫口 DN100	个		2	2

4. 分部分项工程量清单编制

分部分项工程量清单见表 3.3.5-4。

分部分项工程量清单 　　　　　　　　　　表 3.3.5-4

单位（专业）工程名称：某宿舍楼给排水工程

序号	项目编码	项目名称	项目特征描述	计量单位	工程量
1	031001007001	复合管	1. 安装部位：室内 2. 介质：给水 3. 材质、规格：钢塑复合管 DN40 4. 连接形式：螺纹连接 5. 压力试验及吹、洗设计要求：工作压力 0.35MPa，含水压试验及管道消毒、冲洗	m	6.64
2	031001007002	复合管	1. 安装部位：室内 2. 介质：给水 3. 材质、规格：钢塑复合管 DN25 4. 连接形式：螺纹连接 5. 压力试验及吹、洗设计要求：工作压力 0.35MPa，含水压试验及管道消毒、冲洗	m	11.10
3	031001007003	复合管	1. 安装部位：室内 2. 介质：给水 3. 材质、规格：钢塑复合管 DN15 4. 连接形式：螺纹连接 5. 压力试验及吹、洗设计要求：工作压力 0.35MPa，含水压试验及管道消毒、冲洗	m	1.80
4	031001006001	塑料管	1. 安装部位：室内 2. 介质：排水 3. 材质、规格：UPVC 排水管 De160 4. 连接形式：热熔连接 5. 压力试验及吹、洗设计要求：含灌水试验和通球试验	m	2.34

续表

序号	项目编码	项目名称	项目特征描述	计量单位	工程量
5	031001006002	塑料管	1. 安装部位：室内 2. 介质：排水 3. 材质、规格：UPVC 排水管 $De110$ 4. 连接形式：热熔连接 5. 压力试验及吹、洗设计要求：含灌水试验和通球试验	m	23.55
6	031001006003	塑料管	1. 安装部位：室内 2. 介质：排水 3. 材质、规格：UPVC 排水管 $De50$ 4. 连接形式：热熔连接 5. 压力试验及吹、洗设计要求：含灌水试验和通球试验	m	5.00
7	031002003001	套管	1. 类型：穿楼板钢套管制作安装 2. 材质：钢套管 3. 规格：$DN65$	个	1
8	031002003002	套管	1. 类型：穿楼板钢套管制作安装 2. 材质：钢套管 3. 规格：$DN150$	个	1
9	031002003003	套管	1. 类型：穿屋面刚性防水套管 2. 材质：刚性防水套管 3. 规格：$DN150$	个	1
10	031003001001	螺纹阀门	1. 类型：截止阀 2. 规格、压力等级：J11T-16 $DN25$ 3. 连接形式：螺纹连接	个	2
11	031003013001	水表	1. 安装部位（室内外）：室内 2. 型号、规格：旋翼式螺纹水表 LXS-25C $DN25$ 3. 连接形式：螺纹连接 4. 附件名称、规格、数量：含1个 $DN25$ 闸阀	组	2
12	031004003001	洗脸盆	1. 材质：陶瓷 2. 规格、类型：L5521S 3. 组装形式：挂墙式 4. 附件名称、数量：配备冷热水混合水龙头，1个	组	2
13	031004006001	大便器	1. 材质：陶瓷 2. 规格、类型：手动开关蹲式大便器FLD5601B 3. 组装形式：蹲式	组	2
14	031004008001	其他成品卫生器具	1. 材质：陶瓷 2. 规格、类型：拖布池 FM7806	组	2
15	031004014001	给、排水附（配）件	1. 材质：不锈钢 2. 型号、规格：地漏 $DN50$	个	2
16	031004014002	给、排水附（配）件	1. 材质：不锈钢 2. 型号、规格：地面清扫口 $DN100$	个	2

5. 综合单价计算

分部分项工程量清单综合单价分析见 3.3.5-5。

分部分项工程量清单综合单价分析表

表 3.3.5-5

单位（专业）工程名称：某宿舍楼给排水工程

序号	编号	名称	计量单位	数量	综合单价（元）							合计（元）
					人工费	材料费	机械费	管理费	利润	风险费用	小计	
1	031001007001	复合管 1. 安装部位：室内 2. 介质：给水 3. 材质、规格：钢塑复合管 DN40 4. 连接形式：螺纹连接 5. 压力试验及吹、洗设计要求：工作压力 0.35MPa，含水压试验及管道消毒、冲洗	m	6.64	17.91	47.22	0.70	4.04	1.93	0	71.80	476.75
	10-1-186	室内钢塑给水管（螺纹连接）公称直径(mm以内)40	10m	0.664	176.04	470.29	6.98	39.74	19.03	0	712.08	472.82
	主材	钢塑给水管 DN40	m	10.020	0	37.23	0	0	0	0	37.23	373.04
	10-8-31	管道消毒、冲洗 公称直径（mm以内）50	100m	0.0664	30.65	19.43	0	6.66	3.19	0	59.93	3.98
	主材	水	m³	4.25	0	4.50	0	0	0	0	4.50	19.13
2	031001007002	复合管 1. 安装部位：室内 2. 介质：给水 3. 材质、规格：钢塑复合管 DN25 4. 连接形式：螺纹连接 5. 压力试验及吹、洗设计要求：工作压力 0.35MPa，含水压试验及管道消毒、冲洗	m	11.10	14.79	31.39	0.49	3.32	1.59	0	51.58	572.54

续表

序号	编号	名称	计量单位	数量	综合单价（元）							合计（元）
					人工费	材料费	机械费	管理费	利润	风险费用	小计	
	10-1-184	室内钢塑给水管（螺纹连接）公称直径（mm以内）25	10m	1.11	144.86	311.93	4.88	32.51	15.57	0	509.75	565.82
	主材	钢塑给水管 DN25	m	9.910	0	37.23	0	0	0	0	37.23	368.95
	10-8-31	管道消毒、冲洗 公称直径（mm以内）50	100m	0.111	30.65	19.43	0	6.66	3.19	0	59.93	6.65
	主材	水	m³	4.25	0	4.50	0	0	0	0	4.50	19.13
3	031001007003	复合管 1. 安装部位：室内 2. 介质：给水 3. 材质、规格：钢塑复合管 DN15 4. 连接形式：螺纹连接 5. 压力试验及吹、洗设计要求：工作压力0.35MPa，含水压试验及管道消毒、冲洗	m	1.80	12.35	23.73	0.17	2.72	1.30	0	40.27	72.49
	10-1-182	室内钢塑给水管（螺纹连接）公称直径（mm以内）15	10m	0.18	120.42	235.34	1.69	26.52	12.70	0	396.67	71.40
	主材	钢塑给水管 DN15	m	9.91	0	37.23	0	0	0	0	37.23	368.95
	10-8-31	管道消毒、冲洗 公称直径（mm以内）50	100m	0.018	30.65	19.43	0	6.66	3.19	0	59.93	1.08
	主材	水	m³	4.25	0	4.50	0	0	0	0	4.50	19.13

续表

序号	编号	名称	计量单位	数量	综合单价（元）							合计（元）
					人工费	材料费	机械费	管理费	利润	风险费用	小计	
4	031001006001	塑料管 1. 安装部位：室内 2. 介质：排水 3. 材质、规格：UPVC排水管 De160 4. 连接形式：热熔连接 5. 压力试验及吹、洗设计要求：含灌水试验和通球试验	m	2.34	19.89	100.11	0.57	4.44	2.13	0	127.14	297.51
	10-1-284	室内塑料排水管（热熔连接）公称直径（mm以内）150	10m	0.234	198.86	1001.06	5.72	44.42	21.27	0	1271.33	297.49
	主材	UPVC排水管 De160	m	9.50	0	33.82	0	0	0	0	33.82	321.29
5	031001006002	塑料管 1. 安装部位：室内 2. 介质：排水 3. 材质、规格：UPVC排水管 De110 4. 连接形式：热熔连接 5. 压力试验及吹、洗设计要求：含灌水试验和通球试验	m	23.55	14.24	88.02	0.35	3.17	1.52	0	107.30	2526.92
	10-1-283	室内塑料排水管（热熔连接）公称直径（mm以内）100	10m	2.355	142.43	880.15	3.51	31.69	15.17	0	1072.95	2526.80
	主材	UPVC排水管 De110	m	8.600	0	17.04	0	0	0	0	17.04	146.54

续表

序号	编号	名称	计量单位	数量	综合单价（元）							合计（元）
					人工费	材料费	机械费	管理费	利润	风险费用	小计	
6	0310010006003	塑料管 1. 安装部位：室内 2. 介质：排水 3. 材质、规格：UPVC排水管De50 4. 连接形式：热熔连接 5. 压力试验及吹、洗设计要求：含灌水试验和通球试验	m	5.00	9.48	11.07	0.18	2.10	1.00	0	23.83	119.15
	10-1-281	室内塑料排水管（热熔连接）公称直径（mm以内）50	10m	0.50	94.77	110.73	1.75	20.96	10.04	0	238.25	119.125
	主材	UPVC排水管De50	m	10.12	0	5.34	0	0	0	0	5.34	54.04
7	0310020003001	套管 1. 类型：穿楼板钢套管制作安装 2. 材质：钢套管 3. 规格：DN65	个	1	24.57	27.00	1.05	5.56	2.66	0	60.84	60.84
	13-1-109	一般穿墙钢套管制作安装 公称直径（mm以内）100	个	1	24.57	27.00	1.05	5.56	2.66	0	60.84	60.84
	主材	碳钢管DN65	m	0.20	0	61.35	0	0	0	0	61.35	12.27
8	0310020003002	套管 1. 类型：穿楼板钢套管制作安装 2. 材质：钢套管 3. 规格：DN150	个	1	47.39	49.44	1.05	10.52	5.04	0	113.44	113.44

续表

序号	编号	名称	计量单位	数量	人工费	材料费	机械费	管理费	利润	风险费用	小计	合计（元）
	13-1-110	一般穿墙钢套管制作安装 公称直径（mm以内）150	个	1	47.39	49.44	1.05	10.52	5.04	0	113.44	113.44
	主材	碳钢管 DN150	m	0.20	0	130.00	0	0	0	0	130.00	26.00
9	03100200 3003	套管 1.类型：穿屋面刚性防水套管 2.材质：刚性防水套管 3.规格：DN150	个	1	98.12	104.34	38.78	29.72	14.23	0	285.19	285.19
	13-1-80	刚性防水套管制作 公称直径（mm以内）150	个	1	83.70	98.67	38.78	26.59	12.73	0	260.47	260.47
	主材	碳素结构钢焊接钢管	kg	9.46	0	4.48	0	0	0	0	4.48	42.38
	主材	中厚钢板	kg	6.592	0	5.01	0	0	0	0	5.01	33.03
	主材	扁钢 Q235B 综合	kg	1.280	0	6.02	0	0	0	0	6.02	7.71
	13-1-97 换	刚性防水套管安装 公称直径（mm以内）150	个	1	14.42	5.67	0	3.13	1.50	0	24.72	24.72
10	03100300 1001	螺纹阀门 1.类型：截止阀 2.规格、压力等级：J11T-16 DN25 3.连接形式：螺纹连接	个	2	7.97	40.34	0.35	1.81	0.87	0	51.34	102.68
	10-2-3	螺纹阀门安装 公称直径（mm以内）25	个	2	7.97	40.34	0.35	1.81	0.87	0	51.34	102.68
	主材	螺纹截止阀 DN25	个	2.02	0	33.84	0	0	0	0	33.84	68.36
11	03100301 3001	水表 1.安装部位（室内外）：室内 2.型号、规格：螺纹水表 LXS-25C DN25 3.连接形式：螺纹连接 4.附件名称、规格、数量：含1个DN25闸阀	组	2	31.59	126.44	0.80	7.03	3.37	0	169.23	338.46

（综合单价（元））

续表

序号	编号	名称	计量单位	数量	综合单价（元）							合计（元）
					人工费	材料费	机械费	管理费	利润	风险费用	小计	
	10-2-221	螺纹水表组成安装 公称直径（mm 以内）25	组	2	31.59	126.44	0.80	7.03	3.37	0	169.23	338.46
	主材	螺纹水表 DN25	只	1	0	85.27	0	0	0	0	85.27	85.27
	主材	螺纹闸阀 DN25	个	1.01	0	34.81	0	0	0	0	34.81	35.16
12	031004003001	洗脸盆 1. 材质：陶瓷 2. 规格，类型：L5521S 3. 组装形式：挂墙式 4. 附件名称，数量：配备冷热水混合水龙头，1 个	组	2	37.06	1592.27	0	8.05	3.85	0	1641.23	3282.46
	10-3-13	洗脸盆 挂墙式冷热水	10 组	0.20	370.58	15922.72	0	80.49	38.54	0	16412.33	3282.47
	主材	洗脸盆	个	10.10	0	840.00	0	0	0	0	840.00	8484.00
	主材	洗脸盆托架	副	10.10	0	100.00	0	0	0	0	100.00	1010.00
	主材	洗脸盆排水附件	套	10.10	0	88.00	0	0	0	0	88.00	888.80
	主材	混合冷热水龙头	个	10.10	0	460.00	0	0	0	0	460.00	4646.00
	主材	角型阀（带铜活）DN15	个	20.20	0	16.99	0	0	0	0	16.99	343.20
	主材	金属软管	根	20.20	0	20.85	0	0	0	0	20.85	421.17
13	031004006001	大便器 1. 材质：陶瓷 2. 规格，类型：手动开关蹲式大便器 FLD5601B 3. 组装形式：蹲式	组	2	34.16	343.1	0	7.42	3.55	0	388.23	776.46
	10-3-31	蹲式大便器安装 手动开关	10 套	0.2	341.55	3431.01	0	74.18	35.52	0	3882.26	776.45
	主材	瓷蹲式大便器	个	10.10	0	229.00	0	0	0	0	229.00	2312.90

安装工程计量与计价

续表

序号	编号	名称	计量单位	数量	综合单价（元）							合计（元）
					人工费	材料费	机械费	管理费	利润	风险费用	小计	
	主材	截止阀 J11T-16K DN25	个	10.10	0	33.84	0	0	0	0	33.84	341.78
	主材	防污器 DN32	个	10.10	0	21.00	0	0	0	0	21.00	212.10
	主材	冲洗管 DN32	根	10.10	0	30.25	0	0	0	0	30.25	305.53
14	031004008001	其他成品卫生器具 1.材质：陶瓷 2.规格、类型：拖布池 FM7806	组	2	23.03	630.97	0	5	2.4	0	661.40	1322.80
	10-3-41	拖布池安装	10套	0.2	230.31	6309.66	0	50.02	23.95	0	6613.94	1322.79
	主材	成品拖布池	个	10.10	0	550.00	0	0	0	0	550.00	5555.00
	主材	长颈水嘴 DN15	个	10.10	0	7.47	0	0	0	0	7.47	75.45
	主材	排水栓带链堵	套	10.10	0	58.00	0	0	0	0	58.00	585.80
15	031004014001	给、排水附（配）件 1.材质：不锈钢 2.型号、规格：地漏 DN50	个	2	9.49	42.67	0	2.06	0.99	0	55.21	110.42
	10-3-79	地漏安装 公称直径（mm以内）50	10个	0.20	94.91	426.7	0	20.61	9.87	0	552.09	110.42
	主材	地漏 DN50	个	10.10	0	42.00	0	0	0	0	42.00	424.20
16	031004014002	给、排水附（配）件 1.材质：不锈钢 2.型号、规格：地面清扫口 DN100	个	2	5.75	73.42	0	1.25	0.6	0	81.02	162.04
	10-3-85	地面扫除口安装 公称直径（mm以内）100	10个	0.20	57.51	734.17	0	12.49	5.98	0	810.15	162.03
	主材	地面清扫口 DN100	个	10.10	0	72.24	0	0	0	0	72.24	729.62
合 计												10620.15

3.3.6　检查评估

1. 单选题

(1) 在定额中关于管道的分界线，下列说法正确的是(　　)。

A. 燃气管出调压站后进小区的管道，执行市政定额

B. 在现有城市道路下敷设燃气管道，执行市政定额

C. 高层建筑内加压泵间的管道执行《安装预算定额》第十册《给排水、采暖、燃气工程》的相应定额

D. 消火栓管道执行《安装预算定额》第十册《给排水、采暖、燃气工程》的相应定额

(2) 室内外管道界线的划分规定：无阀门者以建筑物外墙皮(　　)为界。

A. 5m　　　　　　　B. 1m　　　　　　　C. 1.5m　　　　　　　D. 2m

(3) 台上式洗脸盆（冷水）安装，其定额基价为(　　)元/10组。

A. 500.60　　　　　B. 482.06　　　　　C. 400.48　　　　　D. 385.65

(4) 液压脚踏卫生器具安装执行《安装预算定额》第十册第三章相应定额，人工乘以系数(　　)。

A. 1.3　　　　　　　B. 1.4　　　　　　　C. 1.5　　　　　　　D. 2

2. 多选题

关于生活给排水工程，下列描述正确的有(　　)。

A. 室内钢塑给水管道（螺纹连接）定额不包括管件的安装

B. 卫生间暗敷管道每间补贴2工日

C. 管道穿墙、过楼板套管制作与安装等工作内容，发生时，执行《安装预算定额》第十三册《通用项目和措施项目工程》的"一般穿墙套管制作、安装"相应子目，其中过楼板套管执行"一般穿墙套管制作、安装"相应子目，主材按0.2计，其余不变

D. 卫生间内管道穿楼板安装刚性防水套管，套用《安装预算定额》第八册《工业管道工程》定额中的"一般穿墙套管制作安装"的相应定额子目，主材按0.2m计，其余不变

E. 管道预安装，其定额人工费乘以系数2.0

3. 计算题

计算定额清单综合单价（本题管理费费率21.72%，利润费率10.4%，风险费不计，计算保留2位小数。安装费的人材机单价均按《浙江通用安装工程预算定额》(2018版)取定的基价考虑，不考虑《关于增值税调整后我省建设工程计价依据增值税税率及有关计价调整的通知》（浙建建发〔2019〕92号）所涉及的调整系数）。

请完善表3.3.6-1。

定额清单综合单价　　　　　　　　　　　　表 3.3.6-1

序号	项目编码	定额项目名称	计量单位	综合单价（元）					
				人工费	材料费	机械费	管理费	利润	小计
1		某项目采用台上式洗脸盆（冷水、带感应器开关），（洗脸盆除税单价600元/套，排水附件除税单价15元/套，感应式水龙头（含感应控制器等配件）除税单价500元/个，角型阀除税单价20元/个，金属软管除税单价15元/个）							

码3.3-8　检查评估的参考答案

3.4 工作任务五 消防工程计量与计价

【学习目标】

1. 能力目标：具有消防工程识图的能力；具有消防工程定额清单工程量计算的能力和定额套用及换算的能力；具有消防工程国标清单编制和综合单价计算的能力。

2. 知识目标：了解消防工程施工图组成；熟悉施工图常用图例符号；掌握消防工程施工图的识图；熟悉消防工程定额说明和工程量计算规则；熟悉消防工程清单计算规范。

3. 素质目标：提高消防安全意识，掌握消防安全知识，明确消防工作的方针，具备良好的职业道德素养，有强烈的民族自豪感。

【项目流程图】

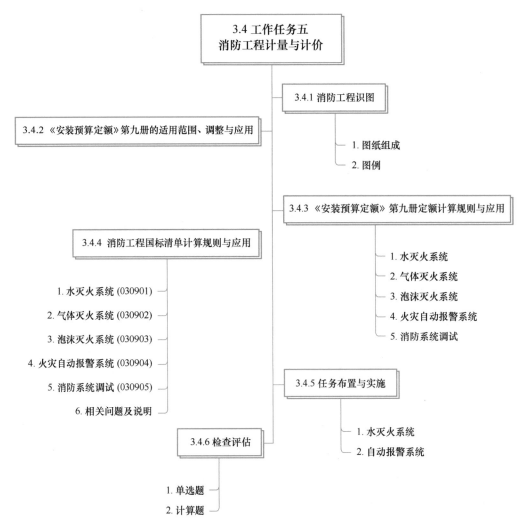

3.4.1　消防工程识图

1. 图纸组成

消防系统一般由管道、电缆电线及电气自控设备元件等组成。因此，从工程角度上看，消防工程实际上就是给排水工程和电气等工程的集合。其施工图的种类、内容、表达方式与给排水工程和电气设备安装工程基本相同，因此这里只介绍一些特殊的内容，相同部分不再介绍。

消防系统施工图总体可分为四大类：设计说明、平面图、系统图及大样详图。识图顺序为先看设计说明，再把平面图与系统图结合起来识图。平面图及系统图中有大量的图例在图纸设计说明中会专设一张该工程图图例表。

消防图纸通常不会独立设定，消防水系统施工图通常会放置于给排水施工图中，消防火灾自动报警施工图通常放置于电气图纸中。

2. 图例

消防工程常见基本图例符号见表 3.4.1-1。

码3.4-1　消防工程识图

消防工程常见基本图例符号　　　　　　　　表 3.4.1-1

名称	图例	说明
手提式灭火器	△	
推车式灭火器	⟓	
固定式灭火系统（全淹没）	◇	
固定式灭火系统（局部应用）	◊	
固定式灭火系统（指出应用区）	⊢◇⊣	
清水灭火器	△	
推车式 ABC 类干粉灭火器	⟓	
二氧化碳灭火器	▲	
BC 类干粉灭火器	△	
水桶	⊖	
推车式 BC 类干粉灭火器	⟓	
水灭火系统（全淹没）	◈	
手动控制灭火系统	◊	

名称	图例	说明
卤代烷灭火系统	◇	
二氧化碳灭火系统	◇	
二氧化碳瓶站	◿	
泡沫罐站	◿	
消防泵站	◿	
消防控制中心	▨	
温感探测器	▯	
手动报警装置	Y	
气体探测器	◿	
火灾警铃	◿	
火灾报警发生器	◿	
火灾光信号装置	◿	
火灾报警扬声器	◿	
灭火设备安装处所	◠	
控制和指示设备	▭	
火灾报警装置	◠	

续表

名称	图例	说明
消防通风口		
卤代烷灭火器		
泡沫灭火器		
推车式卤代烷灭火器		
推车式泡沫灭火器		
ABC 类干粉灭火器		
沙桶		
ABC 类干粉灭火系统		
泡沫灭火系统（全淹没）		
BC 类干粉灭火系统		
ABC 干粉罐		
BC 干粉灭火站罐		
火灾报警控制器		
感光探测器		
烟感探测器		
报警电话		

3.4.2　《安装预算定额》第九册的适用范围、调整与应用

《安装预算定额》第九册为消防工程（本节简称"本册定额"）。

（1）本册定额适用于新建、扩建、改建项目中的消防工程。

（2）下列内容执行其他册相应定额

1）阀门、稳压装置、消防水箱安装，执行《安装预算定额》第十册《给排水、采暖、燃气工程》相应定额。

2）各种消防泵安装，执行《安装预算定额》第一册《机械设备安装工程》相应定额。

码3.4-2　消防工程定额调整与应用（1）

157

3）不锈钢管和管件、铜管和管件及泵房间管道安装，管道系统强度试验严密性试验执行《安装预算定额》第八册《工业管道工程》相应定额。

4）刷油、防腐蚀绝热工程，执行《安装预算定额》第十二册《刷油、防腐蚀、绝热工程》相应定额。

5）电缆敷设、桥架安装、配管配线、接线盒、电动机检查接线、防雷接地装置等的安装，执行《安装预算定额》第四册《电气设备安装工程》相应定额。

6）各种仪表的安装，执行《安装预算定额》第六册《自动化控制仪表安装工程》相应定额。带电信号的阀门、水流指示器、压力开关、驱动装置及泄漏报警开关的接线、校线等执行《安装预算定额》第六册《自动化控制仪表安装工程》"继电线路报警系统 4 点以下"子目，定额基价乘以系数 0.2。

7）各种套管、支架的制作与安装，执行《安装预算定额》第十三册《通用项目和措施项目工程》相应定额。

（3）本册定额第一章水灭火系统定额适用于工业和民用建（构）筑物设置的水灭火系统的管道、各种组件、消火栓、消防水炮等的安装。

（4）水灭火系统定额应用说明

1）钢管（法兰连接）定额中包括管件及法兰安装，但管件法兰数量应按设计图纸用量另行计算，螺栓按设计用量加 3% 损耗计算。

2）若设计或规范要求钢管需要热镀锌，其热镀锌及场外运输费用另行计算。

3）消火栓管道采用钢管（沟槽连接或法兰连接）时，执行水喷淋钢管相关定额项目。

4）管道安装定额均包括一次水压试验、一次水冲洗，如发生多次试压及冲洗，执行《安装预算定额》第十册《给排水、采暖、燃气工程》相关定额。

5）设置于管道井、管廊内的管道、法兰、阀门、支架安装其定额人工乘以系数 1.2。

6）弧形管道安装执行相应管道安装定额，其定额人工、机械乘以系数 1.4。

7）管道预安装（即二次安装，指确实需要且实际发生管子吊装上去进行点焊预安装，然后拆下来，经镀锌后再二次安装的部分），其人工费乘以系数 2.0。

8）喷头追位增加的弯头主材按实计算，其安装费不另计取。

9）报警装置安装项目，定额中已包括装配管泄放试验管及水力警铃出水管安装，水力警铃进水管按图示尺寸执行管道安装相应项目，其他报警装置适用于雨淋、干湿两用及预作用报警装置。

10）水流指示器（马鞍形连接）项目，主材中包括胶圈、U 形卡。

11）喷头报警装置及水流指示器安装定额均是按管网系统试压、冲洗合格后安装考虑的，定额中已包括丝堵、临时短管的安装、拆除及摊销。

12）温感式水幕装置安装定额中已包括给水三通至喷头、阀门间的管道、管件、阀门、喷头等全部安装内容，但管道的主材数量按设计管道中心长度另加损耗计算，喷头数量按设计数量计算。

13）末端试水装置安装定额中已包括 2 个阀门、1 套压力表（带表弯、旋塞）的安装费。

14）集热板安装项目，主材中应包括所配备的成品支架。

15）室内消火栓箱箱体暗装时，钢丝网及砂浆抹面执行《浙江省房屋建筑与装饰工程预算定额》（2018 版）的有关定额。

16）组合式消防柜安装，执行室内消火栓安装的相应定额项目，基价乘以系数 1.1。

17）单个试火栓安装参照《安装预算定额》第十册《给排水、采暖、燃气工程》阀门安装相应定额项目，试火栓带箱安装执行室内消火栓安装定额项目。

18）室外消火栓、消防水泵接合器安装，定额中包括法兰接管及弯管底座（消火栓三通）的安装，本身价值另行计算。

19）消防水炮安装定额中仅包括本体安装，不包括型钢底座制作、安装和混凝土基础砌筑。型钢底座制作、安装执行《安装预算定额》第十三册《通用项目和措施项目工程》设备支架制作、安装相应定额项目，混凝土基础执行《浙江省房屋建筑与装饰工程预算定额》（2018 版）的有关定额。

【案例 3.4.2-1】室内消火栓镀锌钢管弧形管道 DN100 沟槽连接（主材除税单价 5100 元/t，理论质量 11.23kg/m），其定额清单综合单价计算见表 3.4.2-1。

定额清单综合单价计算表　　　　　　　　表 3.4.2-1

序号	定额编号	定额项目名称	计量单位	综合单价（元）					
				人工费	材料费	机械费	管理费	利润	小计
1	9-1-18 换	室内消火栓镀锌钢管弧形管道 DN100 沟槽连接（主材除税单价 5100 元/t，理论质量 11.23kg/m）	10m	379.13	570.70	5.46	83.53	40.00	1078.82

例题解析： 由题意，消火栓管道采用钢管（沟槽连接或法兰连接时），执行水喷淋钢管相关定额，弧形管道安装执行相应管道安装定额，其中定额人工及定额机械乘以系数 1.4。则人工费 $= 270.81 \times 1.4 = 379.13$ 元；材料费 $= 5.99 + 9.86 \times 5.1 \times 11.23 = 570.70$ 元；机械费为 $3.9 \times 1.4 = 5.46$ 元。

（5）本册定额第二章气体灭火系统定额适用于工业和民用建筑中设置的七氟丙烷、IG541、二氧化碳灭火系统中的管道、管件、系统装置及组件等的安装。

（6）气体灭火系统定额应用说明

1）高压二氧化碳灭火系统执行本册定额第二章定额时，人工、机械乘以系数 1.2。

2）无缝钢管（螺纹连接）定额不包括钢制管件连接内容，应按设计用量执行钢制管件连接内容。

3）无缝钢管（法兰连接）定额包括管件及法兰安装，但管件、法兰数量应按设计用量另行计算，螺栓按设计用量加 3% 损耗计算。

4）若设计或规范要求钢管需要热镀锌，其热镀锌及场外运输费用另行计算。

码3.4-3　消防工程定额调整与应用(2)

5）管道预安装，其人工费按直管安装和实际管件连接的人工之和乘以系数2.0（预安装即二次安装，指确实需要且实际发生管子吊装上去进行点焊预安装，然后拆下来，经镀锌后再二次安装的部分）。

6）喷头追位增加的弯头主材按实计算，其安装费不另计取。

7）贮存装置安装定额包括灭火剂贮存容器和驱动瓶的安装固定支框架、系统组件（集流管、容器阀、气液单向阀、高压软管）、安全阀等贮存装置和驱动装置的安装及氮气增压。二氧化碳贮存装置安装不需增压，执行定额时应扣除高纯氮气，其余不变。称重装置价值含在贮存装置设备价中。

8）二氧化碳称重检漏装置包括泄漏报警开关、配重及支架安装。

9）管网系统包括管道，选择阀，气、液单向阀，高压软管等组件。

10）气体灭火系统调试费执行本册定额第五章"消防系统调试"相应子目。

11）本册定额第二章阀门安装（选择阀除外）分压力执行《安装预算定额》第八册《工业管道工程》相应定额。

（7）本册定额第三章泡沫灭火系统定额适用于高、中、低倍数固定式或半固定式泡沫灭火系统的发生器及泡沫比例混合器安装。

（8）泡沫灭火系统定额应用说明

1）泡沫发生器及泡沫比例混合器安装中包括整体安装、焊法兰、单体调试及配合管道试压时隔离本体所消耗的人工和材料。

2）本册定额第三章设备安装工作内容中不包括支架的制作、安装和二次灌浆，应另行计算。

3）泡沫灭火系统的管道、管件、法兰、阀门等的安装及管道系统试压及冲（吹）洗，执行《安装预算定额》第八册《工业管道工程》相应定额。

4）泡沫发生器、泡沫比例混合器安装定额中不包括泡沫液充装，泡沫液充装另行计算。

5）泡沫灭火系统的调试应按批准的施工方案另行计算。

（9）火灾自动报警系统定额应用说明

1）感烟探测器（有吊顶）、感温探测器（有吊顶）安装执行相应探测器（无吊顶）安装定额，基价乘以系数1.1。

2）闪灯执行声光报警器安装定额子目。

3）本册定额第四章不包括事故照明及疏散指示控制装置安装内容，执行《安装预算定额》第四册《电气设备安装工程》相关定额。

4）按钮安装定额适用于火灾报警按钮和消火栓报警按钮，带电话插孔的手动报警按钮执行按钮定额，基价乘以系数1.3。

5）短路隔离器安装执行本册定额第四章消防专用模块安装定额项目。

6）火灾报警控制微机（包括计算机主机、显示器、打印机安装软件安装及调试等）执行《安装预算定额》第五册《建筑智能化工程》相应定额。

（10）本册定额第五章消防系统调试定额应用说明

1）系统调试是指消防报警和防火控制装置灭火系统安装完毕且联通，并达到国家有关消防施工验收规范、标准而进行的全系统检测、调整和试验。

2）定额中不包括气体灭火系统调试试验时采取的安全措施，应另行计算。

3）自动报警系统装置包括各种探测器、手动报警按钮和报警控制器，灭火系统控制装置包括消火栓、自动喷水、七氟丙烷、二氧化碳等固定灭火系统的控制装置。

4）防火门监控系统、消防电源监控系统、电气火灾监控系统的调试，执行自动报警系统调试的相应定额。

3.4.3　《安装预算定额》第九册定额计算规则与应用

1. 水灭火工程

（1）管道安装按设计图示管道中心线长度以"m"为计量单位，不扣除阀门、管件及各种组件所占长度。

码3.4-4　消防工程定额清单工程量计算

（2）喷头、水流指示器、减压孔板按设计图示数量计算。按安装部位、方式、分规格以"个"为计量单位。

（3）报警装置、消火栓、消防水泵接合器均按设计图示数量计算，分形式按成套产品以"套""组"为计量单位。

（4）末端试水装置按设计图示数量计算，分规格以"组"为计量单位。

（5）温感式水幕装置安装以"组"为计量单位。

（6）灭火器按设计图示数量计算，分形式以"套、组"为计量单位。

（7）消防水炮按设计图示数量计算，分规格以"台"为计量单位。

（8）集热板安装按设计图示数量计算，以"套"为计量单位。

2. 气体灭火系统

（1）管道安装按设计图示管道中心线长度，以"m"为计量单位。不扣除阀门、管件及各种组件所占长度。

（2）钢制管件连接分规格，以"个"为计量单位。

（3）气体驱动装置管道按设计图示管道中心线长度计算，以"m"为计量单位。

（4）选择阀、喷头安装按设计图示数量计算，分规格、连接方式以"个"为计量单位。

（5）贮存装置、称重检漏装置、无管网气体灭火装置安装按设计图示数量计算，以"套"为计量单位。

（6）管网系统试验按贮存装置数量，以"套"为计量单位。

3. 泡沫灭火系统

泡沫发生器、泡沫比例混合器安装按设计图示数量计算，均按不同型号以"台"为计量单位。

4. 火灾自动报警系统

（1）火灾报警系统按设计图示数量计算。

（2）点型探测器按设计图示数量计算，不分规格、型号、安装方式与位置，以"个""对"为计量单位。探测器安装包括了探头和底座的安装及本体调试。红外光束探测器是成对使用的，在计算时一对为两只。

（3）线型探测器依据探测器长度按设计图示数量计算，以"m"为计量单位。

（4）空气采样管依据图示设计长度计算，以"m"为计量单位；空气采样报警器依据探测回路数按设计图示。

（5）报警联动一体机按设计图示数量计算，区分不同点数，以"台"为计量单位。

5. 消防系统调试

（1）自动报警系统调试区分不同点数根据报警控制器台数按系统计算。自动报警系统点数按实际连接的具有地址编码的器件数量计算。火灾事故广播、消防通信系统调试按消防广播喇叭及音箱、电话插孔和消防通信的电话分机的数量分别以"只"或"部"为计量单位。

（2）自动喷水灭火系统调试按水流指示器数量以"点"为计量单位；消火栓灭火系统按消火栓启泵按钮数量以"点"为计量单位；消防水炮控制装置系统调试按水炮数量以"点"为计量单位。

（3）防火控制装置调试按设计图示控制装置的数量计算。

（4）切断非消防电源的点数以执行切除非消防电源的模块数量确定点数。

（5）气体灭火系统装置调试按调试、检验和验收所消耗的试验容量总数计算，以"点"为计量单位。

码3.4-5 消防工程国标清单计算规则与应用

3.4.4 消防工程国标清单计算规则与应用

《通用安装工程工程量计算规范》GB 50856—2013附录J消防工程共分5个分部，共计53个清单项目，内容包括水灭火系统、气体灭火系统、泡沫灭火系统、火灾自动报警系统、消防系统调试、相关问题及说明。

1. 水灭火系统（030901）

工程量清单项目包括水喷淋钢管、消火栓钢管、水喷淋（雾）喷头、报警装置、温感式水幕装置、水流指示器、减压孔板、末端试水装置、集热板制作安装、室内消火栓、室外消火栓、消防水泵接合器、灭火器、消防水炮14个清单项目。

（1）水灭火系统管道工程量清单计价指引（表3.4.4-1）

水灭火系统管道工程量清单计价指引 表3.4.4-1

项目编码	项目名称	项目特征	计量单位	工程量计算规则	工作内容	对应的定额子目
030901001	水喷淋钢管	1. 安装部位； 2. 材质、规格； 3. 连接形式； 4. 钢管镀锌设计要求； 5. 压力试验及冲洗设计要求； 6. 管道标识设计要求	m	按设计图示管道中心线以长度计算	1. 管道及管件安装	9-1-1～9-1-23
					2. 钢管镀锌	按实计算
					3. 压力试验	已含在管道安装定额中
					4. 冲洗	已含在管道安装定额中
					5. 管道标识	套用刷油工程相应定额，人工乘以系数2.0

续表

项目编码	项目名称	项目特征	计量单位	工程量计算规则	工作内容	对应的定额子目
030901002	消火栓钢管	1. 安装部位； 2. 材质、规格； 3. 连接形式； 4. 钢管镀锌设计要求； 5. 压力试验及冲洗设计要求； 6. 管道标识设计要求	m	按设计图示管道中心线以长度计算	1. 管道及管件安装	9-1-24～9-1-33
					2. 钢管镀锌	按实计算
					3. 压力试验	已含在管道安装定额中
					4. 冲洗	已含在管道安装定额中
					5. 管道标识	套用刷油工程相应定额，人工乘以系数2.0

【注】水灭火管道工程量计算，不扣除阀门、管件及各种组件所占长度以延长米计算。

（2）喷头工程量清单计价指引（表 3.4.4-2）

喷头工程量清单计价指引 表 3.4.4-2

项目编码	项目名称	项目特征	计量单位	工程量计算规则	工作内容	对应的定额子目
030901003	水喷淋（雾）喷头	1. 安装部位； 2. 材质、型号、规格； 3. 连接形式； 4. 装饰盘设计要求	个	按设计图示数量计算	1. 安装	9-1-34～9-1-39
					2. 装饰盘安装	
					3. 严密性试验	

【注】① 水喷淋（雾）喷头安装部位应区分有吊顶、无吊顶。
　　　② 水喷淋（雾）喷头分为闭式喷头和开式喷头，见图 3.4.4-1。

(a) 闭式喷头

(b) 开式喷头

图 3.4.4-1　喷头

（3）报警装置、温感式水幕装置、水流指示器工程量清单计价指引（表 3.4.4-3）

报警装置、温感式水幕装置、水流指示器工程量清单计价指引 表 3.4.4-3

项目编码	项目名称	项目特征	计量单位	工程量计算规则	工作内容	对应的定额子目
030901004	报警装置	1. 名称； 2. 型号、规格	组	按设计图示数量计算	1. 安装	9-1-40～9-1-45
					2. 电气接线	6-5-81 换
					3. 调试	已含在安装定额中
030901005	温感式水幕装置	1. 规格、型号； 2. 连接形式			1. 安装	9-1-60～9-1-64
					2. 电气接线	6-5-81 换
					3. 调试	已含在安装定额中
030901006	水流指示器		个		1. 安装	9-1-46～9-1-59
					2. 电气接线	6-5-81 换
					3. 调试	已含在安装定额中

【注】① 报警装置适用于湿式报警装置、干湿两用报警装置、电动雨淋报警装置、预作用报警装置等报警装置安装。报警装置安装包括装配管（除水力警铃进水管）的安装，水力警铃进水管并入消防管道工程量。

② 成套产品内容如表 3.4.4-4 所示。

成套产品包括内容 表 3.4.4-4

序号	项目名称	包括内容
1	湿式报警装置	湿式阀、装配管、供水压力表、装置压力表、试验阀、泄放试验阀、泄放试验管、试验管流量计、过滤器、延时器、水力警铃、报警截止阀、漏斗、压力开关等
2	干湿两用报警装置	两用阀、装配管、加速器、加速器压力表、供水压力表、试验阀、泄放试验阀（湿式、干式）、挠性接头、泄放试验管、试验管流量计、排气阀、截止阀、漏斗、过滤器、延时器、水力警铃、压力开关等
3	电动雨淋报警装置	雨淋阀、装配管、压力表、泄放试验阀、流量表、截止阀、注水阀、止回阀、电磁阀、排水阀、手动应急球阀、报警试验阀、漏斗、压力开关、过滤器、水力警铃等
4	预作用报警装置	干式报警阀、压力表（2 块）、流量表、截止阀、排放阀、注水阀、止回阀、泄放阀、报警试验阀、液压切断阀、装配管、供水检验管、气压开关（2 个）、试压电磁阀、应急手动试压器、漏斗、过滤器、水力警铃等
5	温感式水幕装置	给水三通至喷头、阀门间的管道、管件、阀门、喷头等

（4）末端试水装置工程量清单计价指引（表 3.4.4-5）

末端试水装置工程量清单计价指引 表 3.4.4-5

项目编码	项目名称	项目特征	计量单位	工程量计算规则	工作内容	对应的定额子目
030901008	末端试水装置	1. 规格； 2. 组装形式	组	按设计图示数量计算	1. 安装 2. 电气接线 3. 调试	9-1-70、9-1-71

【注】末端试水装置，包括压力表、控制阀等附件安装。末端试水装置安装中不含连接管及排水管安装，其工程量并入消防管道。

（5）室内消火栓、室外消火栓、消防水泵接合器、灭火器工程量清单计价指引
（表 3.4.4-6）

室内消火栓、室外消火栓、消防水泵接合器、灭火器工程量清单计价指引　　表 3.4.4-6

项目编码	项目名称	项目特征	计量单位	工程量计算规则	工作内容	对应的定额子目
030901010	室内消火栓	1. 安装方式； 2. 型号、规格； 3. 附件材质、规格	套	按设计图示数量计算	1. 箱体及消火栓安装	9-1-73～9-1-80
					2. 配件安装	
030901011	室外消火栓				1. 安装	9-1-81～9-1-84
					2. 配件安装	
030901012	消防水泵接合器	1. 安装部位； 2. 型号、规格； 3. 附件材质、规格			1. 安装	9-1-85～9-1-90
					2. 附件安装	
030901013	灭火器	1. 形式； 2. 型号、规格	具（组）		设置	9-1-91～9-1-93

【注】① 室内外消火栓（图 3.4.4-2、图 3.4.4-3）、消防水泵接合器（图 3.4.4-5）成套产品内容如
　　　表 3.4.4-7 所示。
　　　② 灭火器如图 3.4.4-4 所示。

成套产品包括内容　　　　　　表 3.4.4-7

序号	项目名称	包括内容
1	室内消火栓	消火栓箱、消火栓、水枪、水龙带、水龙带接扣、自救卷盘、挂架；落地消火栓箱包括箱内手提灭火器
2	室外消火栓	地上式消火栓安装包括地上式消火栓、法兰接管、弯管底座； 地下式消火栓安装包括地下式消火栓、法兰接管、弯管底座或消火栓三通
3	消防水泵接合器	法兰接管及弯头安装，接合器井内阀门、弯管底座、标牌等附件安装

2. 气体灭火系统（030902）

工程量清单项目包括无缝钢管、不锈钢管、不锈钢管管件、气体驱动装置管道、选择阀、气体喷头、贮存装置、称重捡漏装置、无管网气体灭火装置 9 个清单项目。

3. 泡沫灭火系统（030903）

工程量清单项目包括碳钢管、不锈钢管、铜管、不锈钢管管件、铜管管件、泡沫发生器、泡沫比例混合器、泡沫液贮罐 8 个清单项目。

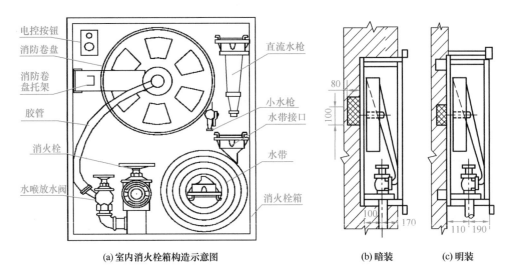

电控按钮
消防卷盘
消防卷盘托架
胶管
消火栓
水喉放水阀

直流水枪
小水枪
水带接口
水带
消火栓箱

80
100
100
170
110 190

(a)室内消火栓箱构造示意图　　　　　(b)暗装　　　(c)明装

图 3.4.4-2　室内消火栓（单位：mm）

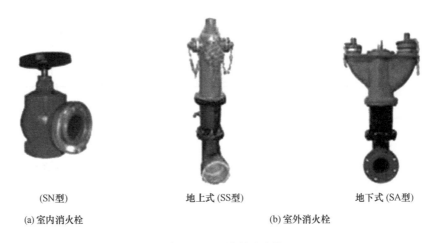

(SN型)
(a)室内消火栓

地上式(SS型)　　　　地下式(SA型)
(b)室外消火栓

图 3.4.4-3　常见消火栓

(a)支架安装　　　(b)箱体暗装　　　(c)推车式　　　(d)落地消火栓箱内安装

图 3.4.4-4　灭火器

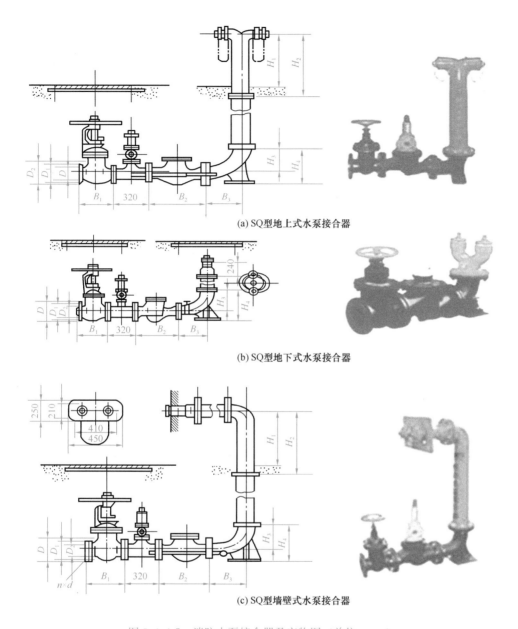

(a) SQ型地上式水泵接合器

(b) SQ型地下式水泵接合器

(c) SQ型墙壁式水泵接合器

图 3.4.4-5　消防水泵接合器及实物图（单位：mm）

4. 火灾自动报警系统（030904）

工程量清单项目包括点型探测器、线型探测器、按钮、消防警铃、声光报警器、消防报警电话插孔（电话）、消防广播（扬声器）、模块（模块箱）、区域报警控制箱、联动控制箱、远程控制箱（柜）、火灾报警系统控制主机、联动控制主机、消防广播及对讲电话主机（柜）、火灾报警控制微机（CRT）、备用电源及电池主机（柜）、报警联动一体机、机箱（柜）18 个清单项目。

（1）各类探测器工程量清单计价指引（表 3.4.4-8）

各类探测器工程量清单计价指引　　　　　表 3.4.4-8

项目编码	项目名称	项目特征	计量单位	工程量计算规则	工作内容	对应的定额子目
030904001	点型探测器	1. 名称； 2. 规格； 3. 线制； 4. 类型	个	按设计图示数量计算	1. 底座安装 2. 探头安装	9-4-1
					3. 校接线 4. 编码	9-1-81～9-1-84
					5. 探测器调试	9-1-85～9-1-90
030904002	线型探测器	1. 名称； 2. 规格； 3. 安装方式	m		1. 探测器安装	9-4-6
					2. 校接线	已包含在安装定额中

【注】点型探测器包括火焰、烟感、温感、红外光束、可燃气体探测器等。

（2）按钮、消防警铃等工程量清单计价指引（表 3.4.4-9）

按钮、消防警铃等工程量清单计价指引　　　　　表 3.4.4-9

项目编码	项目名称	项目特征	计量单位	工程量计算规则	工作内容	对应的定额子目
030902003	按钮				1. 安装 2. 校接线 3. 编码 4. 调试	9-4-7
030902004	消防警铃	1. 名称； 2. 规格	个	按设计图示数量计算	1. 安装 2. 校接线 3. 编码 4. 调试	9-4-8
030902005	声光报警器				1. 安装 2. 校接线 3. 编码 4. 调试	
030902006	消防报警电话插孔（电话）	1. 名称； 2. 规格； 3. 安装方式	个（部）		1. 安装 2. 校接线 3. 编码 4. 调试	9-4-15、9-4-16
030902007	消防广播（扬声器）	1. 名称； 2. 功率； 3. 安装方式	个		1. 安装 2. 校接线 3. 编码 4. 调试	9-4-19、9-4-20

续表

项目编码	项目名称	项目特征	计量单位	工程量计算规则	工作内容	对应的定额子目
030902008	模块（模块箱）	1. 名称； 2. 规格； 3. 类型； 4. 输出形式	个（台）	按设计图示数量计算	1. 安装 2. 校接线 3. 编码 4. 调试	9-4-21、9-4-22

【注】① 消防报警系统配管、配线、接线盒均应按《通用安装工程工程量计算规范》GB 50856—2013 附录D电气设备安装工程相关项目编码列项。
② 消防广播及对讲电话主机包括功放、录音机、分配器、控制柜等设备。

（3）火灾自动报警系统设备工程量清单计价指引（表3.4.4-10）

火灾自动报警系统设备工程量清单计价指引　　　　表 3.4.4-10

项目编码	项目名称	项目特征	计量单位	工程量计算规则	工作内容	对应的定额子目
030902009	区域报警控制箱	1. 多线制； 2. 总线制； 3. 安装方式； 4. 控制点数量； 5. 显示器类型	台	按设计图示数量计算	1. 本体安装 2. 校接线、摇测绝缘电阻 3. 排线、绑扎、导线标识 4. 显示器安装 5. 调试	9-4-25
030904017	报警联动一体机	1. 规格、线制； 2. 控制回路； 3. 安装方式			1. 安装 2. 校接线 3. 调试	9-4-27～9-4-35
Z030904018	机箱（柜）	1. 名称； 2. 规格； 3. 类型			安装	5-2-1～5-2-4

【注】区域报警控制器箱的清单项目仅指设备的安装，其箱体安装单列清单项目。

5. 消防系统调试（030905）

工程量清单项目包括自动报警系统调试、水灭火控制装置调试、防火控制装置调试、气体灭火系统装置调试4个清单项目。

（1）自动报警系统调试工程量清单计价指引（表3.4.4-11）

码3.4-6　水灭火控制装置调试的应用

自动报警系统调试工程量清单计价指引　　　　表 3.4.4-11

项目编码	项目名称	项目特征	计量单位	工程量计算规则	工作内容	对应的定额子目
030905001	自动报警系统调试	1. 点数； 2. 线制	系统	按系统计算	系统调试	9-5-1～9-5-11

【注】自动报警系统，包括各种探测器、报警器、报警按钮、报警控制器、消防广播、消防电话等组成的报警系统；按不同点数以系统计算。

（2）水灭火控制装置调试工程量清单计价指引（表 3.4.4-12）

水灭火控制装置调试工程量清单计价指引　　　表 3.4.4-12

项目编码	项目名称	项目特征	计量单位	工程量计算规则	工作内容	对应的定额子目
030905002	水灭火控制装置调试	系统形式	点	按控制装置的点数计算	调试	9-5-12～9-5-14

【注】水灭火控制装置，自动喷水系统按水流指示器数量以点（支路）计算；消火栓系统按消火栓启泵按钮点数以点计算；消防水炮系统按水炮数量以点计算。

（3）防火控制装置调试工程量清单计价指引（表 3.4.4-13）

防火控制装置调试工程量清单计价指引　　　表 3.4.4-13

项目编码	项目名称	项目特征	计量单位	工程量计算规则	工作内容	对应的定额子目
030905003	防火控制装置调试	1. 名称；2. 类型	个（部）	按设计图示数量计算	调试	9-5-15～9-5-21

【注】防火控制装置，包括电动防火门、防火卷帘门、正压送风阀、排烟阀、防火控制阀、消防电梯等；电动防火门、防火卷帘门、正压送风阀、排烟阀、防火控制阀调试以"个"计算，消防电梯调试以"部"计算。

6. 相关问题及说明

（1）管道界限的划分

1）喷淋系统水灭火管道：室内外界限应以建筑物外墙皮 1.5m 为界，入口处设阀门者以阀门为界；设在高层建筑物内的消防泵间管道应以泵间外墙皮为界。

2）消火栓管道：给水管道室内外界限划分应以外墙皮 1.5m 为界，入口处设阀门者应以阀门为界。

3）与市政给水管道的界限：以与市政给水管道碰头点（井）为界。

（2）消防管道如需进行探伤，应按《通用安装工程工程量计算规范》GB 50856—2013 附录 H 工业管道工程相关项目编码列项。

（3）消防管道上的阀门、管道及设备支架、套管制作安装，按《通用安装工程工程量计算规范》GB 50856—2013 附录 K 给排水、采暖、燃气工程相关项目编码列项。

（4）消防管道及设备除锈、刷油、保温除注明者外，均应按《通用安装工程工程量计算规范》GB 50856—2013 附录 M 刷油、防腐蚀、绝热工程相关项目编码列项。

（5）消防工程措施项目，应按《通用安装工程工程量计算规范》GB 50856—2013 附录 N 措施项目相关项目编码列项。

3.4.5　任务布置与实施

1. 水灭火系统

（1）工程概况

某市区医院消防工程的部分施工图包括自动喷水灭火系统图、首层消防给水平

码3.4-7　水灭火系统案例分析

面图、二层消防给水平面图，根据图纸和以下说明完成任务。

该工程管道材质为镀锌钢管，$DN \leq 50mm$ 时采用螺纹连接，$DN > 50mm$ 时采用沟槽连接，管道安装完毕后需进行水压试验、水冲洗。假设镀锌钢管（沟槽连接）$DN100$ 配沟槽弯头 3 个，沟槽正三通 2 个，沟槽异径三通 $DN100 \times 80$ 有 2 个，沟槽异径管 $DN100 \times 70$ 和 $DN100 \times 50$ 各 1 个，接头 10 个；镀锌钢管（沟槽连接）$DN80$ 配沟槽异径三通 $DN80 \times 15$ 有 4 个，沟槽异径管 $DN80 \times 70$ 有 2 个；镀锌钢管（沟槽连接）$DN70$ 配沟槽弯头 1 个，沟槽异径三通 $DN70 \times 32$ 有 1 个，沟槽异径管 $DN70 \times 50$ 有 1 个。水平管距吊顶顶部 0.3m，支管采用 $DN15$ 的镀锌钢管连接喷头。

本工程仅要求计算 ± 0.00 以上的分部分项工程费（其中镀锌钢管安装（沟槽连接）$DN100$ 工程量按 18.5m 计），且喷淋管道刷油防腐，管道穿楼板刚性防水套管不计。企业管理费按 21.72% 计取，利润按 10.4% 计取。

本工程涉及的主要材料单价见表 3.4.5-1。

主要材料价格表

表 3.4.5-1

序号	名称	单位	除税单价（元）	备注
1	镀锌钢管（沟槽连接）$DN100$	m	51.49	—
2	沟槽弯头 $DN100$	个	45	—
3	沟槽正三通 $DN100$	个	55	—
4	沟槽异径三通 $DN100 \times 80$	个	50	—
5	沟槽异径管 $DN100 \times 70$	个	38	—
6	沟槽异径管 $DN100 \times 50$	个	36	—
7	沟槽接头 $DN100$	个	28	—
8	镀锌钢管（沟槽连接）$DN80$	m	39.3	—
9	沟槽异径三通 $DN80 \times 15$	个	35	—
10	沟槽异径管 $DN80 \times 70$	个	30	—
11	镀锌钢管（沟槽连接）$DN70$	m	30.52	—
12	沟槽弯头 $DN70$	个	26	—
13	沟槽异径三通 $DN70 \times 32$	个	28	—
14	沟槽异径管 $DN70 \times 50$	个	26	—
15	镀锌钢管（螺纹连接）$DN50$	m	22.99	—
16	镀锌钢管（螺纹连接）$DN40$	m	18.09	—
17	镀锌钢管（螺纹连接）$DN32$	m	14.86	—
18	镀锌钢管（螺纹连接）$DN25$	m	11.5	—
19	镀锌钢管（螺纹连接）$DN15$	m	9.2	—
20	直立型喷头（有吊顶）$DN15$	个	14.5	—
21	湿式报警装置 $DN100$	套	1386	

序号	名称	单位	除税单价（元）	备注
22	水流指示器（沟槽法兰连接）DN70	个	176	—
23	沟槽法兰 DN70	片	16.5	—
24	水流指示器（沟槽法兰连接）DN100	个	215	—
25	沟槽法兰 DN100	片	28.65	—
26	法兰阀门 DN25	个	38	—
27	安全信号阀（沟槽连接）DN100	个	135	—
28	沟槽法兰短管	个	33.6	—
29	卡箍连接件（含胶圈）	套	8.6	—
30	沟槽式夹箍 DN70	套	11	—
31	末端试水装置 DN25	套	65	—

　　任务：试根据说明、平面图、系统图（图 3.4.5-1～图 3.4.5-3），按浙江省现行计价依据的相关规定，完成工程量计算，分部分项工程量清单编制，综合单价计算。

　　（2）工程量计算

　　工程量计算见表 3.4.5-2。

工程量计算表　　　　　　　　表 3.4.5-2

序号	项目名称	单位	工程量	计算式
1	水喷淋镀锌钢管 沟槽连接 DN100	m	18.5	—
2	水喷淋镀锌钢管 沟槽连接 DN80	m	8.4	1.5＋2.7＋1.5＋2.7
3	水喷淋镀锌钢管 沟槽连接 DN70	m	10.2	3.3＋2.7＋2.7＋1.5
4	水喷淋镀锌钢管 螺纹连接 DN50	m	13.8	3.3＋3.3＋3.6＋3.6
5	水喷淋镀锌钢管 螺纹连接 DN40	m	17.4	3.6＋3.6＋1.5＋1.5＋3.6＋3.6
6	水喷淋镀锌钢管 螺纹连接 DN32	m	21.6	3.3＋3.3＋2.7＋2.7＋3.6＋1.5×4
7	水喷淋镀锌钢管 螺纹连接 DN25	m	25.8	3.6＋3.6＋2.7＋2.7＋3.3×4
8	水喷淋镀锌钢管 螺纹连接 DN15	m	8.4	0.3×28
9	直立型喷头（有吊顶）DN15	个	28	—
10	末端试水装置安装 DN25	组	2	—
11	水流指示器安装（沟槽法兰连接）DN100	个	1	—
12	水流指示器安装（沟槽法兰连接）DN70	个	1	—
13	安全信号阀 DN100（沟槽连接）	个	2	—
14	安全信号阀 DN70（沟槽连接）	个	1	—
15	湿式报警器 DN100	组	1	—
16	水灭火控制装置调试	点	2	—

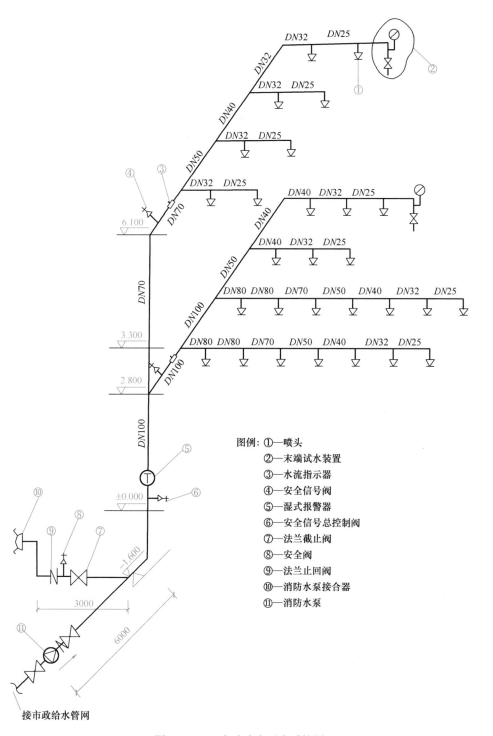

图 3.4.5-1　自动喷水灭火系统图

接市政给水管网

图例：①—喷头
②—末端试水装置
③—水流指示器
④—安全信号阀
⑤—湿式报警器
⑥—安全信号总控制阀
⑦—法兰截止阀
⑧—安全阀
⑨—法兰止回阀
⑩—消防水泵接合器
⑪—消防水泵

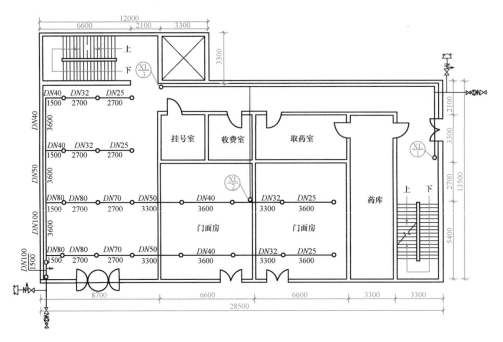

图 3.4.5-2　首层消防给水平面图

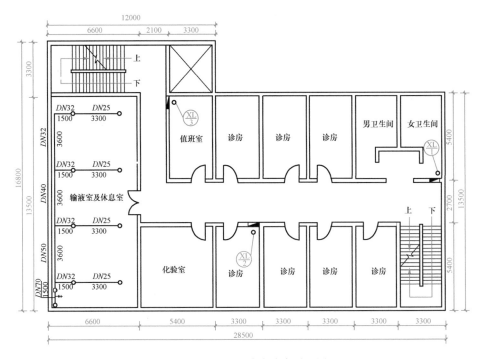

图 3.4.5-3　二层消防给水平面图

（3）分部分项工程量清单

分部分项工程量清单见表 3.4.5-3。

分部分项工程量清单项目表　　　　　　　　表 3.4.5-3

工程名称：某医院消防工程

序号	项目编码	项目名称	项目特征	计量单位	工程数量
1	030901001001	水喷淋钢管	1. 安装部位：室内； 2. 材质、规格：镀锌钢管 $DN100$； 3. 连接方式：沟槽连接； 4. 压力试验及冲洗设计要求：管道水压试验、水冲洗	m	18.50
2	030901001002	水喷淋钢管	1. 安装部位：室内； 2. 材质、规格：镀锌钢管 $DN80$； 3. 连接方式：沟槽连接； 4. 压力试验及冲洗设计要求：管道水压试验、水冲洗	m	8.40
3	030901001003	水喷淋钢管	1. 安装部位：室内； 2. 材质、规格：镀锌钢管 $DN70$； 3. 连接方式：沟槽连接； 4. 压力试验及冲洗设计要求：管道水压试验、水冲洗	m	10.20
4	030901001004	水喷淋钢管	1. 安装部位：室内； 2. 材质、规格：镀锌钢管 $DN50$； 3. 连接方式：螺纹连接； 4. 压力试验及冲洗设计要求：管道水压试验、水冲洗	m	13.80
5	030901001005	水喷淋钢管	1. 安装部位：室内； 2. 材质、规格：镀锌钢管 $DN40$； 3. 连接方式：螺纹连接； 4. 压力试验及冲洗设计要求：管道水压试验、水冲洗	m	17.40
6	030901001006	水喷淋钢管	1. 安装部位：室内； 2. 材质、规格：镀锌钢管 $DN32$； 3. 连接方式：螺纹连接； 4. 压力试验及冲洗设计要求：管道水压试验、水冲洗	m	21.60
7	030901001007	水喷淋钢管	1. 安装部位：室内； 2. 材质、规格：镀锌钢管 $DN25$； 3. 连接方式：螺纹连接； 4. 压力试验及冲洗设计要求：管道水压试验、水冲洗	m	25.80

序号	项目编码	项目名称	项目特征	计量单位	工程数量
8	030901001008	水喷淋钢管	1. 安装部位：室内； 2. 材质、规格：镀锌钢管 DN15； 3. 连接方式：螺纹连接； 4. 压力试验及冲洗设计要求：管道水压试验、水冲洗	m	8.40
9	030901003001	水喷淋（雾）喷头	1. 安装部位：有吊顶； 2. 材质、型号、规格：直立型喷头 DN15； 3. 连接方式：螺纹连接	个	28
10	030901008001	末端试水装置	1. 规格：末端试水装置安装 DN25； 2. 组装形式：螺纹连接	组	2
11	030901006001	水流指示器	1. 规格、形式：水流指示器安装 DN100； 2. 连接形式：沟槽法兰连接； 3. 检查接线	个	1
12	030901006002	水流指示器	1. 规格、形式：水流指示器安装 DN70； 2. 连接形式：沟槽法兰连接； 3. 检查接线	个	1
13	Z031003018001	沟槽式法兰阀门	1. 类型、材质：安全信号阀； 2. 规格、压力等级：DN100； 3. 连接形式：沟槽式法兰连接（含沟槽法兰短管及配件）； 4. 检查接线	个	2
14	Z031003018002	沟槽式法兰阀门	1. 类型、材质：安全信号阀； 2. 规格、压力等级：DN70； 3. 连接形式：沟槽式法兰连接（含沟槽法兰短管及配件）； 4. 检查接线	个	1
15	030901004001	报警装置	1. 名称：湿式报警器； 2. 型号、规格：DN100； 3. 检查接线	组	1
16	030905002001	水灭火控制装置调试	水灭火控制装置调试	点	2

（4）综合单价计算

综合单价计算见表 3.4.5-4。

表 3.4.5-4

综合单价计算表

单位（专业）工程名称：某医院消防工程

清单序号	项目编码（定额编码）	清单（定额）项目名称	计量单位	数量	综合单价（元）						合计（元）
					人工费	材料（设备）费	机械费	管理费	利润	小计	
1	030901001001	水喷淋钢管 1. 安装部位：室内； 2. 材质、规格：镀锌钢管 DN100； 3. 连接方式：沟槽连接； 4. 压力试验及冲洗设计要求：管道水压试验、水冲洗	m	18.5	27.08	121.27	0.39	5.97	2.86	157.57	2915.05
	9-1-18	钢管（沟槽连接）公称直径（mm 以内）100	10m	1.85	270.81	513.68	3.90	59.67	28.57	876.63	1621.77
	主材	镀锌钢管 DN100	m	9.86	0	51.49	0	0	0	51.49	507.69
	主材	沟槽弯头 DN100	个	3	0	45.00	0	0	0	45.00	135.00
	主材	沟槽正三通 DN100	个	2	0	55.00	0	0	0	55.00	110.00
	主材	沟槽异径三通 DN100×80	个	2	0	50.00	0	0	0	50.00	100.00
	主材	沟槽异径管 DN100×70	个	1	0	38.00	0	0	0	38.00	38.00
	主材	沟槽异径管 DN100×50	个	1	0	36.00	0	0	0	36.00	36.00
	主材	沟槽接头 DN100	个	10	0	28.00	0	0	0	28.00	280.00
2	030901001002	水喷淋钢管 1. 安装部位：室内； 2. 材质、规格：镀锌钢管 DN80； 3. 连接方式：沟槽连接； 4. 压力试验及冲洗设计要求：管道水压试验、水冲洗	m	8.40	25.04	59.31	0.34	5.51	2.64	92.84	779.86

续表

清单序号	项目编码（定额编码）	清单（定额）项目名称	计量单位	数量	综合单价（元）						合计（元）
					人工费	材料（设备）费	机械费	管理费	利润	小计	
	9-1-17	钢管（沟槽连接）公称直径（mm 以内）80	10m	0.84	250.43	393.13	3.40	55.13	26.40	728.49	611.93
	主材	镀锌钢管 DN80	m	9.86	0	39.30	0	0	0	39.30	387.50
	主材	沟槽异径三通 DN80×15	个	4	0	35.00	0	0	0	35.00	140.00
	主材	沟槽异径管 DN80×70	个	2	0	30.00	0	0	0	30.00	60.00
3	030901001003	水喷淋钢管 1. 安装部位：室内； 2. 材质、规格：镀锌钢管 DN70； 3. 连接方式：沟槽连接； 4. 压力试验及冲洗设计要求：管道水压试验、水冲洗	m	10.20	24.11	38.38	0.30	5.30	2.54	70.63	720.43
	9-1-16	钢管（沟槽连接）公称直径（mm 以内）65	10m	1.02	241.11	305.40	2.98	53.02	25.39	627.90	640.46
	主材	镀锌钢管 DN70	m	9.86	0	30.52	0	0	0	30.52	300.93
	主材	沟槽弯头 DN70	个	1	0	26.00	0	0	0	26.00	26.00
	主材	沟槽异径三通 DN70×32	个	1	0	28.00	0	0	0	28.00	28.00
	主材	沟槽异径管 DN70×50	个	1	0	26.00	0	0	0	26.00	26.00
4	030901001004	水喷淋钢管 1. 安装部位：室内； 2. 材质、规格：镀锌钢管 DN50； 3. 连接方式：螺纹连接； 4. 压力试验及冲洗设计要求：管道水压试验、水冲洗	m	13.80	19.05	33.12	0.79	4.31	2.06	59.33	818.75

续表

清单序号	项目编码（定额编码）	清单（定额）项目名称	计量单位	数量	综合单价（元）						合计（元）
					人工费	材料（设备）费	机械费	管理费	利润	小计	
	9-1-4	水喷淋镀锌钢管（螺纹连接）公称直径（mm以内）50	10m	1.38	190.49	331.25	7.94	43.10	20.64	593.42	818.92
	主材	镀锌钢管DN50	m	10.05	0	22.99	0	0	0	22.99	231.05
5	030901001005	水喷淋钢管 1.安装部位：室内； 2.材质、规格：镀锌钢管DN40； 3.连接方式：螺纹连接； 4.压力试验及冲洗设计要求：管道水压试验、水冲洗	m	17.40	18.62	24.52	0.86	4.23	2.03	50.26	874.52
	9-1-3	水喷淋镀锌钢管（螺纹连接）公称直径（mm以内）40	10m	1.74	186.17	245.24	8.61	42.31	20.26	502.59	874.51
	主材	镀锌钢管DN40	m	10.05	0	18.09	0	0	0	18.09	181.80
6	030901001006	水喷淋钢管 1.安装部位：室内； 2.材质、规格：镀锌钢管DN32； 3.连接方式：螺纹连接； 4.压力试验及冲洗设计要求：管道水压试验、水冲洗	m	21.60	16.54	20.06	0.61	3.72	1.78	42.71	922.54
	9-1-2	水喷淋镀锌钢管（螺纹连接）公称直径（mm以内）32	10m	2.16	165.38	200.613	6.05	37.23	17.83	427.10	922.54
	主材	镀锌钢管DN32	m	10.05	0	14.86	0	0	0	14.86	149.34

续表

清单序号	项目编码（定额编码）	清单（定额）项目名称	计量单位	数量	综合单价（元）						合计（元）
					人工费	材料（设备）费	机械费	管理费	利润	小计	
7	030901001007	水喷淋钢管 1. 安装部位：室内； 2. 材质、规格：镀锌钢管DN25； 3. 连接方式：螺纹连接； 4. 压力试验及冲洗设计要求：管道水压试验、水冲洗	m	25.80							910.74
	9-1-1	水喷淋镀锌钢管（螺纹连接）公称直径（mm以内）25	10m	2.58	156.33	141.355	3.81	34.78	16.65	352.93	910.55
	主材	镀锌钢管DN25	m	10.05	0	11.5	0	0	0	11.50	115.58
					15.63	14.14	0.38	3.48	1.67	35.30	
8	030901001008	水喷淋钢管 1. 安装部位：室内； 2. 材质、规格：镀锌钢管DN15； 3. 连接方式：螺纹连接； 4. 压力试验及冲洗设计要求：管道水压试验、水冲洗	m	8.40							277.03
	9-1-1	水喷淋镀锌钢管（螺纹连接）公称直径（mm以内）25	10m	0.84	156.33	118.24	3.81	34.78	16.65	329.81	277.04
	主材	镀锌钢管DN15	m	10.05	0	9.20	0	0	0	9.20	92.46
					15.63	11.82	0.38	3.48	1.67	32.98	
9	030901003001	水喷淋（雾）喷头 1. 安装部位：有吊顶； 2. 材质、型号、规格：直立型喷头DN15； 3. 连接方式：螺纹连接	个	28	14.18	17.67	0.43	3.17	1.52	36.97	1035.16

续表

清单序号	项目编码(定额编码)	清单(定额)项目名称	计量单位	数量	综合单价（元）					小计	合计（元）
					人工费	材料（设备）费	机械费	管理费	利润		
10	9-1-37	水喷淋喷头有吊顶公称直径 (mm以内) 15	个	28	14.18	17.67	0.43	3.17	1.52	36.97	1035.16
	主材	直立型喷头 DN15	个	1.01	0	14.50	0	0	0	14.50	14.65
	030901008001	末端试水装置 1. 规格：末端试水装置安装 DN25; 2. 组装形式：螺纹连接	组	2	83.97	73.22	1.50	18.56	8.89	186.14	372.28
	9-1-70	末端试水装置公称直径 (mm以内) 25	组	2	83.97	73.22	1.50	18.56	8.89	186.14	372.28
	主材	末端试水装置 DN25	组	1.01	0	65	0	0	0	65.00	65.65
11	030901006001	水流指示器 1. 规格、形式：水流指示器安装 DN100; 2. 连接形式：沟槽法兰连接; 3. 检查接线	个	1	100.26	310.20	4.24	22.70	10.87	448.27	448.27
	9-1-48	水流指示器（沟槽法兰连接）公称直径 (mm以内) 100	个	1	82.49	308.53	1.33	18.21	8.72	419.28	419.28
	主材	水流指示器（沟槽法兰连接）DN100	个	1	0	215.00	0	0	0	215.00	215.00
	主材	沟槽法兰 1.6MPa DN100	片	2	0	28.65	0	0	0	28.65	57.30
	6-5-81 换	继电电路报警系统 (报警点 6 点以下)	套	1	17.77	1.67	2.91	4.49	2.15	28.99	28.99
12	030901006002	水流指示器 1. 规格、形式：水流指示器安装 DN70; 2. 连接形式：沟槽法兰连接; 3. 检查接线	个	1	86.76	246.49	4.21	19.76	9.46	366.68	366.68

清单序号	项目编码(定额编码)	清单(定额)项目名称	计量单位	数量	综合单价(元)						合计(元)
					人工费	材料(设备)费	机械费	管理费	利润	小计	
	9-1-47	水流指示器(沟槽法兰连接)公称直径(mm以内)80	个	1	68.99	244.82	1.30	15.27	7.31	337.69	337.69
	主材	水流指示器(沟槽法兰连接)DN70	个	1	0	176.00	0	0	0	176.00	176.00
	主材	沟槽法兰1.6MPa DN70	片	2	0	16.50	0	0	0	16.50	33.00
	6-5-81换	继电线路报警系统(报警点4点以下)	套	1	17.77	1.67	2.91	4.49	2.15	28.99	28.99
13	Z03100302100	沟槽式法兰阀门 1. 类型、材质:安全信号阀; 2. 规格、压力等级:DN100; 3. 连接形式:沟槽式法兰连接(含沟槽法兰短管及配件); 4. 检查接线	个	2	103.51	217.01	40.67	31.32	14.99	407.50	815.00
	8-3-24	法兰阀门公称直径(mm以内)100	个	2	55.76	139.54	34.96	19.70	9.43	259.39	518.78
	主材	安全信号阀DN100	个	1	0	135.00	0	0	0	135.00	135.00
	10-2-182换	沟槽法兰短管安装	个	2	29.98	75.80	2.80	7.12	3.41	119.11	238.22
	主材	沟槽法兰短管	个	1	0	33.60	0	0	0	33.60	33.60
	主材	卡箍连接件(含胶圈)	套	1	0	8.60	0	0	0	8.60	8.60
	6-5-81换	继电线路报警系统(报警点4点以下)	套	2	17.77	1.67	2.91	4.49	2.15	28.99	57.98

续表

清单序号	项目编码（定额编码）	清单（定额）项目名称	计量单位	数量	综合单价（元）						合计（元）
					人工费	材料（设备）费	机械费	管理费	利润	小计	
14	Z0310003021002	沟槽阀门 1. 类型、材质：安全信号阀；2. 规格、压力等级：DN70；3. 连接形式：沟槽式法兰连接（含沟槽法兰短管及配件）；4. 检查接线	个	1	87.98	181.17	5.98	20.41	9.77	305.31	305.31
	8-3-23	法兰阀门公称直径（mm以内）80	个	1	41.85	123.59	0.79	9.26	4.43	179.92	179.92
	主材	安全信号阀（沟槽连接）DN70	个	1	0	120.00	0	0	0	120.00	120.00
	10-2-181换	沟槽法兰短管安装	个	1	28.36	55.91	2.28	6.66	3.19	96.40	96.40
	主材	沟槽法兰短管	个	1	0	33.60	0	0	0	33.60	33.60
	主材	卡箍连接件（含胶圈）	套	1	0	8.60	0	0	0	8.60	8.60
	6-5-81换	继电电线线路报警系统（报警点 4 点以下）	套	1	17.77	1.67	2.91	4.49	2.15	28.99	28.99
15	0309010004001	报警装置 1. 名称：湿式报警器；2. 型号、规格：DN100；3. 检查接线	组	1	471.37	1566.21	4.92	103.45	49.53	2195.48	2195.48
	9-1-40	湿式报警器 DN100	组	1	453.60	1564.54	2.01	98.96	47.38	2166.49	2166.49
	主材	湿式报警器	套	1	0	1386.00	0	0	0.0	1386.00	1386.00
	主材	平焊法兰	片	2	0	28.65	0	0	0.0	28.65	57.30
	6-5-81换	继电电线线路报警系统（报警点 4 点以下）	套	1	17.77	1.67	2.91	4.49	2.15	28.99	28.99
16	03090500020001	水灭火控制装置调试	点	2	106.79	8.14	13.47	26.12	12.51	167.03	334.06
	9-5-13	水灭火控制装置调试	点	2	106.79	8.14	13.47	26.12	12.51	167.03	334.06

2. 自动报警系统

（1）工程概况

图3.4.5-4、图3.4.5-5为某图书馆一楼大厅消防报警工程的系统图和平面图，房间层高3.6m，混凝土现浇板厚150mm。

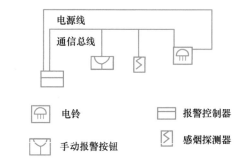

图3.4.5-4 某图书馆一楼大厅消防报警工程系统图

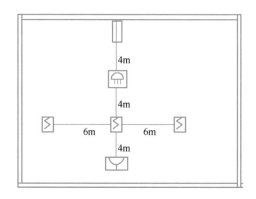

图3.4.5-5 某图书馆一楼大厅消防报警工程平面图

1）采用二总线制，系统信号二总线选用RV-2×1.5mm²，电源线选用BV-2×2.5mm²，穿钢管保护沿墙及顶棚内暗敷DN20。

2）报警控制器宽×高×厚（400mm×300mm×200mm），挂壁安装，距地1.5m，感烟探测器吸顶安装，手动报警按钮距地1.3m安装，声光报警器距地1.5m安装。

本工程涉及的主要材料单价见表3.4.5-5。

主要材料价格表　　　　　　　　表3.4.5-5

序号	名称	单位	除税单价（元）	备注
1	烟感探测器（有吊顶）	只	60.00	—
2	手动报警按钮	只	20.00	—
3	声光报警器	个	80.00	—
4	电气配管SC20	m	6.60	—
5	电气配线RV1.5	m	1.20	—
6	电气配线BV2.5	m	2.10	—

任务：试根据工程概况、系统图、平面图、主要材料价格表，按浙江省现行计价依据的相关规定，完成感烟探测器、手动报警按钮、声光报警器、配管、配线的工程量计算和国标清单的编制，并完成感烟探测器、火灾报警按钮、声光报警器三个国标清单综合单价计算。

（2）工程量计算

工程量计算见表 3.4.5-6。

工程量计算表　　　　　　　　表 3.4.5-6

序号	项目名称	单位	工程量	计算式
1	烟感探测器（有吊顶）	个	3	3
2	手动报警按钮	个	1	1
3	声光报警器	个	1	1
4	电气配管 SC20	m	32.00	$(3.6-0.15/2-0.3-1.5)+4+$ $(3.6-0.15/2-1.5)+(3.6-0.15/2-1.5)+4+$ $6+6+4+(3.6-0.15/2-1.3)$
5	电气配线 RV-2×1.5	m	32.76	$7.78+24.28+(0.4+0.3)×1$
6	电气配线 BV-2.5	m	16.96	$(7.78+0.4+0.3)×2$

（3）分部分项工程量清单

分部分项工程量清单见表 3.4.5-7。

分部分项工程量清单项目表　　　　　　表 3.4.5-7

工程名称：市某图书馆一楼大厅消防报警工程

序号	项目编码	项目名称	项目特征	计量单位	工程数量
1	030904001001	点型探测器	1. 名称：烟感探测器； 2. 类型：有吊顶	个	3
2	030904003001	按钮	名称：手动报警按钮	个	1
3	030904005001	声光报警器	名称：声光报警器安装	个	1
4	030411001001	配管	1. 名称：焊接钢管； 2. 规格：SC20； 3. 配置形式：砖、混凝土结构暗配； 4. 接地要求：钢管接地	m	32.00
5	030411004001	电气配线 RV-2×1.5	配线： 1. 名称：管内穿线； 2. 型号、规格：RV-2×1.5	m	32.76
6	030411004002	电气配线 BV-2.5	配线： 1. 名称：管内穿线； 2. 型号、规格：BV-2.5	m	16.96

（4）综合单价计算

综合单价计算见表 3.4.5-8。

综合单价计算表

表 3.4.5-8

单位工程名称：某图书馆一楼大厅消防报警工程

清单序号	项目编码（定额编码）	清单（定额）项目名称	计量单位	数量	综合单价（元）						合计（元）
					人工费	材料（设备）费	机械费	管理费	利润	小计	
1	03090400001001	点型探测器 1. 名称：烟感探测器； 2. 类型：有吊顶	个	3	23.91	63.55	0.19	5.23	2.51	95.39	286.17
	9-4-1换	点型探测器安装 感烟（有吊顶）	个	3	23.914	63.553	0.187	5.23	2.51	95.39	286.17
	主材	感烟探测器	个	1	0	60.00	0	0	0	60.00	60.00
2	03090400003001	按钮 名称：手动报警按钮安装	个	1	12.83	22.58	0.07	2.80	1.34	39.62	39.62
	9-4-7	按钮安装	个	1	12.83	22.58	0.07	2.80	1.34	39.62	39.62
	主材	手动报警按钮	个	1	0	20.00	0	0	0	20.00	20.00
3	03090400005001	声光报警器 名称：声光报警器安装	个	1	38.48	81.91	0.07	8.37	4.01	132.84	132.84
	9-4-8	声光报警器安装	个	1	38.48	81.91	0.07	8.37	4.01	132.84	132.84
	主材	声光报警器	个	1	0	80.00	0	0	0	80.00	80.00

3.4.6　检查评估

1. 单选题

（1）某项目采用组合式消防柜，双栓暗装，其定额基价为（　　）元/套。

A. 126.34　　　　　　　　　　　　B. 141.87

C. 138.97　　　　　　　　　　　　D. 124.04

（2）消防水炮 $DN80$ 安装，其定额基价为（　　）元/组。

A. 356　　　　　　　　　　　　　B. 121.95

C. 417　　　　　　　　　　　　　D. 463

（3）消防喷淋工程中水流指示器 $DN80$ 的检查接线、校线，应套用（　　）。

A. 9-1-47　　　　　　　　　　　　B. 9-1-47 基价×0.2

C. 6-5-81　　　　　　　　　　　　D. 6-5-81 基价×0.2

（4）《安装预算定额》第九册喷淋镀锌钢管（螺纹连接）定额不包括（　　）工作内容，应另计工程量。

A. 管件安装　　　　　　　　　　　B. 水冲洗

C. 支架制安　　　　　　　　　　　D. 水压试验

2. 计算题

（1）本题管理费费率 21.72%，利润费率 10.4%，风险费不计，计算保留 2 位小数。本题中安装费的人材机单价均按《浙江通用安装工程预算定额》（2018 版）取定的基价考虑，不考虑《关于增值税调整后浙江省建设工程计价依据增值税税率及有关计价调整的通知》（浙建建发〔2019〕92 号）所涉及的调整系数。

请完善表 3.4.6-1。

定额清单综合单价　　　　　　　　　　　　　　表 3.4.6-1

序号	项目编码	定额项目名称	计量单位	综合单价（元）					
				人工费	材料费	机械费	管理费	利润	小计
1		感烟探测器（有吊顶）安装（主材除税单价 80 元/个）							
2		室内消火栓镀锌钢管弧形管道 $DN80$（螺纹连接）（镀锌钢管 $DN80$ 除税单价 5800 元/t，理论质量 8.84kg/m）							

（2）本题中安装费的人材机单价均按《浙江省通用安装工程预算定额》（2018 版）取定的基价考虑，不考虑《关于增值税调整后浙江省建设工程计价依据增值税税率及有关计价调整的通知》（浙建建发〔2019〕92 号）所涉及的调整系数。

码3.4-9　检查评估的参考答案

　　某消防工程，共有烟感器 180 个，温感器 50 个，输入输出模块 22 个，消防广播喇叭 18 个，水流指示器 3 个，末端试水装置 5 组，消火栓启泵按钮 10 个，DN15 喷头 106 个。

　　根据《通用安装工程工程量计算规范》GB 50856—2013 和浙江省现行计价依据的相关规定，利用表 3.4.6-2 完成水灭火控制装置调试涉及的相关国标清单综合单价计算。其中管理费费率按 23.00%、利润费率按 12.00% 计算，风险费不计。

综合单价计算表　　　　　　　　　　　　　　　　　表 3.4.6-2

工程名称：某消防工程

清单序号	项目编码（定额编码）	清单（定额）项目名称	计量单位	数量	综合单价（元）						合计（元）
					人工费	材料费	机械费	管理费	利润	小计	

3.5　工作任务六　通风空调工程计量与计价

【学习目标】

　　1. 能力目标：具有通风空调工程识图的能力；具有通风空调工程定额清单工程量计算的能力和定额套用及换算的能力；具有通风空调工程国标清单编制和综合单价计算的能力。

　　2. 知识目标：了解通风空调工程施工图组成；熟悉施工图常用图例符号；掌握通风空调工程施工图的识图；熟悉通风空调工程定额说明和工程量计算规则；熟悉通风空调工程清单计算规范。

　　3. 素质目标：了解通风空调对于建筑物内空气流通的重要性，具有良好的行为规范，安全意识，具备良好的职业道德素养，有强烈的民族自豪感。

【项目流程图】

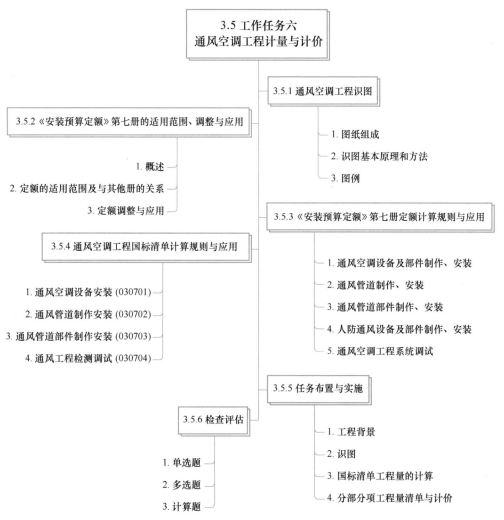

3.5.1　通风空调工程识图

1. 图纸组成

码3.5-1　通风空调工程识图

通风空调工程施工图一般由两大部分组成：文字部分与图纸部分。文字部分包括图纸目录、设计施工说明、设备及主要材料表。图纸部分包括两大部分：基本图和详图。基本图包括通风空调系统的平面图、剖面图、系统图、原理图等。详图包括系统中某局部或部件的放大图、加工图、施工图等。

（1）图例、设计说明及主要材料设备表

通风空调工程施工图上的图形不能反映实物的具体形象与结构，它采用了国家规定的统一图例符号来表示。读图前，应首先了解并掌握与图纸有关的图例符号所代表的含义。通过设计说明了解工程的系统组成形式，系统各部位所用的材料、设备、施工方法、保温绝热以及刷油的做法，对施工图的内容大致掌握，以便于后期划分项目，计算工程量。主要设备材料表是工程施工图的重要文件，表内详细列出工程中材料设备的名称、规格、数量及所需参照的标准图编号。

（2）平面图

通风空调工程平面图一般包括建筑物各层面各通风空调系统平面图、空调机房平面图、制冷机房平面图等。通风空调系统平面图主要说明通风空调系统的设备、系统风道、冷热媒管道、凝结水管道的平面布置。它的主要内容包括风管系统、水管系统和空气处理设备。风管系统一般以双线绘制，包括风管系统的构成、布置及风管上各部件、设备的位置，例如三通、四通、异径管、弯头、调节阀、防火阀、送风口、排风口等。空气处理设备包括各设备的轮廓、位置。

（3）剖面图

剖面图总是与平面图相对应的，如通风管路及设备在建筑物中的垂直位置、相互之间的关系、标高及尺寸。空调通风工程施工图中剖面图主要有空调通风系统剖面图、空调通风机房剖面图、冷冻机房剖面图等。剖面和位置在平面图上都有说明。

（4）系统图

系统图一般都是以轴测投影图来表示，所以又叫作轴测图，主要反映通风系统构成情况及各种尺寸、型号、数量等。

（5）原理图

原理图一般反应制冷站制冷原理和冷冻水、冷却水的工艺流程，使工艺施工人员对整个水系统或制冷工艺有全面了解。原理图可不按比例绘制。

（6）详图

详图又称大样图，包括制作加工详图和安装详图。如果是国家通用标准图，则只表明图号，不必将图画出，需要时直接查标准图即可。如果没有标准图，必须画出大样图，以便加工、制作和安装。

2. 识图基本原理和方法

阅读通风空调安装工程图，通常从平面图开始，将平面图、剖面图和系统图结合起来阅读，一般情况下可以顺着气流的流动方向逐段阅读。对于排风系统，可以从吸风口开始阅读，沿着管路直到室外排风口。

（1）通过原理图或系统图了解工程概况、设备组成及连接关系。

（2）平面图与剖面图结合识图。从系统图上识读该系统中设备及配件的型号、尺寸、数量，连接各设备之间管道的走向、尺寸、安装高度，风管上各个部件的设置位置，平面图中识读通风空调系统的设备、风管、冷热媒管道、凝结水管道的平面布置。

（3）通过设备材料表和平面、剖面图了解设备、材料技术参数、规格尺寸、数量。

（4）通过大样图了解系统细部尺寸。

（5）通过设计施工说明了解设计意图、材料材质、施工技术要求。

3. 图例

通风空调施工图常用风管代号、图例见表 3.5.1-1～表 3.5.1-3。

风管代号　　　　　　　　　　　　　　　　表 3.5.1-1

序号	代号	管道名称	备注
1	SF	送风管	—
2	HF	回风管	1、2 次回风可附加 1、2 区别
3	PF	排风管	—
4	XF	新风管	—
5	PY	消防排烟风管	—
6	ZY	加压送风管	—
7	P(Y)	排风排烟兼风管	—
8	XB	消防补风管	—
9	S(B)	送风兼消防补风风管	

风道、阀门及附件图例　　　　　　　　　表 3.5.1-2

序号	名称	图例	备注
1	矩形风管	***×****	宽×高
2	圆形风管	φ***	直径
3	风管向上		—
4	风管向下		—
5	风管上升摇手弯		—
6	风管向下摇手弯		—
7	天圆地方		左接矩形风管，右接圆形风管
8	软风管		—
9	圆弧形弯头		—
10	带导流片的矩形弯头		—

191

序号	名称	图例	备注
11	消声器		—
12	消声弯头		—
13	消声静压箱		—
14	风管软接头		—
15	对开多叶调节风阀		—
16	蝶阀		—
17	插板阀		—
18	止回风阀		—
19	余压阀	DPV DPV	—
20	防烟、防火阀	××× ×××	×××表示防烟、防火阀名称代号
21	方形风口		—
22	条缝形风口		—
23	矩形风口		—
24	圆形风口		—
25	侧面风口		—
26	防雨百叶		—

续表

序号	名称	图例	备注
27	检修门		—
28	气流方向		左为通用表示法，中表示送风，右表示回风
29	远程手控盒	B	防排烟用
30	防雨罩		—

暖通空调设备图例　　　　　　　　　　　　　　　表 3.5.1-3

序号	名称	图例	备注
1	轴流风机		—
2	轴（混）流式管道风机		—
3	离心式管道风机		—
4	吊顶式排气扇		—
5	水泵		—
6	摇手泵		—
7	变风量末端		—
8	空气过滤器		从左到右分别为粗效、中效及高效
9	电加热器		—

续表

序号	名称	图例	备注
10	板式换热器		—
11	立式明装风机盘管		—
12	立式暗装风机盘管		—
13	卧式明装风机盘管		—
14	卧式暗装风机盘管		—
15	窗式空调器		—
16	分体空调器	室内机　室外机	—
17	射流诱导导风机		—

3.5.2　《安装预算定额》第七册的适用范围、调整与应用

1. 概述

《安装预算定额》的第七册为通风空调工程（本节简称"本册定额"）。本册定额由 5 个定额章和 2 个附录组成，共计 504 个子目。其可概括为五大部分内容：通风空调设备及部件制作、安装，通风管道制作、安装，通风管道部件制作、安装，人防通风设备及部件制作、安装，通风空调工程系统调试。具体名称和排列顺序如下：

（1）第一章 通风空调设备及部件制作、安装，共 13 节 88 个子目。

（2）第二章 通风管道制作、安装，共 12 节 165 个子目。

（3）第三章 通风管道部件制作、安装，共 17 节 211 个子目。

（4）第四章 人防通风设备及部件制作、安装，共 3 节 38 个子目。

（5）第五章 通风空调工程系统调试，共 1 节 2 个子目。

（6）附录一 主要材料损耗率表。

（7）附录二 风管、部件参数表。

2. 定额的适用范围及与其他册的关系

（1）定额的适用范围

本册定额适用于浙江省行政区域范围内新建、扩建、改建项目中的通风、空调工程。

（2）本册定额与其他册的界限划分

1）通风设备、除尘设备为专供通风工程配套的各种风机及除尘设备，其他工业用风机（如热力设备用风机）及除尘设备安装应执行《安装预算定额》第一册

码3.5-2　通风空调工程定额册说明应用

194

《机械设备安装工程》、第二册《热力设备安装工程》相应定额。

2）空调系统中管道配管执行《安装预算定额》第十册《给排水、采暖、燃气工程》相应定额，制冷机机房、锅炉房管道配管执行《安装预算定额》第八册《工业管道工程》相应定额。

3）刷油、防腐蚀绝热工程，执行《安装预算定额》第十二册《刷油、防腐蚀、绝热工程》相应定额。

① 薄钢板风管刷油按其工程量执行相应定额，仅外（或内）面刷油定额乘以系数 1.20，内外均刷油定额乘以系数 1.10（其法兰加固框、吊托支架已包括在此系数内）。

② 薄钢板部件刷油按其工程量执行金属结构刷油项目，定额乘以系数 1.15。

③ 薄钢板风管、部件以及单独列项的支架，其除锈不分锈蚀程度均按其第一遍刷油的工程量，执行《安装预算定额》第十二册《刷油、防腐蚀、绝热工程》中除轻锈的项目。

4）安装在支架上的木衬垫或非金属垫料，发生时按实计入成品材料价格。

5）定额中未包括风管穿墙、穿楼板的孔洞修补，发生时参照《浙江省房屋建筑与装饰工程预算定额》（2018 版）的相应定额。

6）设备支架的制作安装、减振器、隔振垫的安装，执行《安装预算定额》第十三册《通用项目和措施项目工程》的相应定额。

3. 定额调整与应用

（1）制作安装比例

本册定额空调管道及部件制作和安装的人工、材料、机械比例见表 3.5.2-1。

码3.5-3　通风管道工程定额调整与应用

空调管道及部件制作和安装的人工、材料、机械比例表　　　表 3.5.2-1

序号	项目名称	制作（%）			安装（%）		
		人工	材料	机械	人工	材料	机械
1	安装部件及设备支架制作、安装	86	98	95	14	2	5
2	镀锌薄钢板法兰通风管道制作、安装	60	95	95	40	5	5
3	镀锌薄钢板共板法兰通风管道制作、安装	40	95	95	60	5	5
4	薄钢板法兰通风管道制作、安装	60	95	95	40	5	5
5	净化通风管道及部件制作、安装	40	85	95	60	15	5
6	不锈钢板通风管道及部件制作、安装	72	95	95	28	5	5
7	铝板通风管道及部件制作、安装	68	95	95	32	5	5
8	塑料通风管道及部件制作、安装	85	95	95	15	5	5
9	复合型风管制作、安装	60	—	99	40	100	1
10	风帽制作、安装	75	80	99	25	20	1
11	罩类制作、安装	78	98	95	22	2	5

【案例 3.5.2-1】 不锈钢板矩形风管（电弧焊）长边长 500mm，壁厚 2mm，试求该风管制作、安装的基价及其人工费、机械费。

例题解析： 套用《安装预算定额》的定额 7-2-52 换。

基价＝1422.09×72%＋262.59×95%＋435.10×95%＝1686.71 元

其中：人工费＝1422.09×72％＝1023.90元

机械费＝435.10×95％＝413.35元

（2）通风空调设备及部件制作、安装

1）通风机安装子目内包括电动机安装，其安装形式包括A、B、C、D等类型，适用于碳钢、不锈钢、塑料通风机安装。

2）诱导器安装执行风机盘管安装子目。

3）多联式空调系统的室内机按安装方式执行风机盘管子目。

4）玻璃钢和PVC挡水板执行钢板挡水板安装子目。

5）卫生间通风器执行《安装预算定额》第四册《电气设备安装工程》中换气扇安装的相应定额。

6）轴流式通风机如果安装在墙体里，参照轴流式通风机吊式安装的相应定额子目，人工材料乘以系数0.7。箱体式风机安装执行通风机安装的相应子目，基价乘以系数1.2。

7）成套分体空调器安装定额包含室内机、室外机安装，以及长度在5m以内的冷媒管及其保温、保护层的安装电气接线工作，未计价主材包含设备本体、冷媒管、保温及保护层材料、电线。

（3）通风管道制作、安装

1）薄钢板风管整个通风系统设计采用渐缩管均匀送风者，圆形风管按平均直径、矩形风管按平均长边长参照相应规格子目，其人工乘以系数2.5。

【案例3.5.2-2】镀锌薄钢板法兰矩形风管渐缩管1400mm×800mm～800mm×600mm，均匀送风，钢板厚度1.0mm，厚度1.0mm的镀锌薄钢板价格为80元/m²，试求该风管制作、安装的基价、人工费、机械费、未计价主材价值。

例题解析：套用《安装预算定额》的定额7-2-9换。

基价＝415.67×2.5＋213.57＋10.08＝1262.83元

其中：人工费＝415.67×2.5＝1039.18元

机械费＝10.8元

未计价主材价值＝11.38×80＝910.4元

2）如制作空气幕送风管时，按矩形风管平均长边长执行相应风管规格子目，其人工乘以系数3.0。

3）圆弧形风管制作安装参照相应规格子目，人工、机械乘以系数1.4。

4）风管导流叶片不分单叶片和香蕉形双叶片均执行同一子目。

5）薄钢板通风管道、净化通风管道玻璃钢通风管道、复合型风管制作安装子目中，包括弯头、三通、变径管、天圆地方等管件及法兰、加固框和吊托支架的制作安装，但不包括过跨风管落地支架，落地支架制作安装执行《安装预算定额》第十三册《通用项目和措施项目工程》的相应定额。

6）净化圆形风管制作安装执行本册定额第二章净化矩形风管制作安装子目。

【案例3.5.2-3】镀锌薄钢板净化圆形风管的圆弧形风管制作安装，风管直径420mm，钢板厚度0.6mm，厚度0.6mm的镀锌薄钢板的价格为45元/m²，试求该风管制作、安装的基价、人工费、机械费、未计价主材价值。

例题解析： 套用《安装预算定额》的定额 7-2-36 换。

基价＝（695.39＋23.95）×1.4＋361.59＝1368.67 元

其中：人工费＝695.39×1.4＝973.55 元

机械费＝23.95×1.4＝33.53 元

未计价主材价值＝11.49×45＝517.05 元

7) 净化风管涂密时胶按全部口缝外表面涂抹考虑。如设计要求口缝不涂抹而只在法兰处涂抹时，每 10m² 风管应减去密封胶 1.5kg 和 0.37 工日。

【案例 3.5.2-4】 镀锌薄钢板矩形净化风管（咬口）长边长 1000mm，钢板厚度 0.75mm，只在法兰处涂密封胶，厚度 0.75mm 的镀锌薄钢板的价格为 50 元/m²，试求该风管制作、安装的基价、人工费、机械费、未计价主材价值。

例题解析： 套用《安装预算定额》的定额 7-2-37 换。

基价＝928.68－13.28×1.5－0.37×135＝858.81 元

其中：人工费＝562.82－0.37×135＝512.87 元

机械费＝12.2 元

未计价主材价值＝11.49×50＝574.5 元

8) 净化风管及部件制作安装子目中，型钢未包括镀锌费，如设计要求镀锌时，应另加镀锌费。

9) 净化通风管道子目按空气洁净度 100000 级编制。

10) 不锈钢板风管、铝板风管制作安装子目中包括管件，但不包括法兰和吊托支架；法兰和吊托支架应单独列项计算，执行相应子目。

11) 不锈钢板风管咬口连接制作安装参照本册定额第二章镀锌薄钢板法兰风管制作安装子目，其中材料乘以系数 3.5，不锈钢法兰和吊托支架不再另外计算。

【案例 3.5.2-5】 不锈钢板风管咬口连接，圆形风管，直径 800mm，试求该风管制作、安装的基价、材料费。

例题解析： 套用《安装预算定额》的定额 7-2-3 换。

基价＝713.7＋169.16×2.5＝1136.6 元

其中：材料费＝169.16×3.5＝592.06 元

12) 风管制作安装子目规格所表示的直径为内径，边长为内边长。

13) 塑料风管制作安装子目中包括管件、法兰、加固框，但不包括吊托支架制作安装，吊托支架执行《安装预算定额》第十三册《通用项目和措施项目工程》的相应定额。

14) 塑料风管制作安装子目中的法兰垫料如与设计要求使用品种不同时可以换算，但人工消耗量不变。

15) 塑料通风管道胎具材料摊销费的计算方法：塑料风管管件制作的胎具摊销材料费，未包括在内，按以下规定另行计算。

①风管工程量在 30m² 以上的，每 10m² 风管的胎具摊销木材为 0.06m³，按材料价格计算胎具材料摊销费。

②风管工程量在 30m² 以下的，每 10m² 风管的胎具摊销木材为 0.09m³，按材料价格计算胎具材料摊销费。

【案例 3.5.2-6】 塑料矩形风管 1000mm×40mm 制作，$\delta=6$mm，工程量 20m² (6mm 厚的硬聚氯乙烯板单价为 160 元/m²，胎具木材单价为 2000 元/m³)，计算其定额清单综合单价。

定额清单综合单价计算表　　　　　　　　　　表 3.5.2-2

序号	定额编号	定额项目名称	计量单位	综合单价（元）					
				人工费	材料费	机械费	管理费	利润	小计
1	7-2-98 换	塑料矩形风管 1000mm×400mm 制作，$\delta=6$mm，工程量 20m²（6mm 厚的硬聚氯乙烯板单价为 160 元/m²，胎具木材单价为 2000 元/m³）	10m²	1346.60	2462.79	227.87	362.13	188.94	4588.33

例题解析： 根据题目要求，塑料矩形风管 1000mm×400mm 制作，首先根据熟料通风管道及部件制作、安装的比例表可知制作的人工费占 85%，材料费占 95%，机械费占 95%。根据定额说明，风管工程量在 30m² 以下的，每 10m² 风管的胎具摊销木材为 0.09m³，按材料价格计算胎具材料摊销费。

套用《安装预算定额》的定额 7-2-98 换。

其中：人工费 = 1584.23×0.85 = 1346.60 元

材料费 = 449.25×0.95＋160×11.6＋0.09×2000 = 2462.79 元

机械费 = 239.86×0.95 = 227.87 元

管理费 =（1346.6＋227.87）×0.23 = 362.13 元

利润 =（1346.6＋227.87）×0.12 = 188.94 元

计算结果详见表 3.5.2-2。

16）玻璃钢风管定额中未计价主材在组价时应包括同质法兰和加固框，其重量暂按风管全重的 15% 计。风管修补应由加工单位负责。

17）软管接头如使用人造革而不使用帆布时可以换算。

18）子目中的法兰垫料按橡胶板编制，如与设计要求使用的材料品种不同时可以换算，但人工消耗量不变。使用泡沫塑料者每 1kg 橡胶板换算为 0.125kg 泡沫塑料；使用闭孔乳胶海绵者每 1kg 橡胶板换算为 0.5kg 闭孔乳胶海绵。

19）柔性软风管适用于由金属、涂塑化纤织物、聚酯、聚乙烯、聚氯乙烯薄膜、铝箔等材料制成的软风管。

20）固定式挡烟垂壁适用于防火玻璃型和挡烟布型等材料制成的固定式挡烟垂壁。

【案例 3.5.2-7】 某项目有电动挡烟垂壁 10m，试求该项目安装的基价和人工费。

例题解析： 由浙建站计〔2020〕11 号，电动挡烟垂壁安装执行固定式挡烟垂壁安装定额，人工乘以系数 1.3，工作内容包括挡烟垂壁、电动装置、五金配件安装。

套用《安装预算定额》的定额 7-2-161 换。

码3.5-4 通风空调管道附件、设备及其他定额调整与应用

基价＝17.5×1.3＋7.4＋1.2＝31.35 元

其中：人工费＝17.5×1.3＝22.75 元

（4）通风管道部件制作、安装

1）碳钢阀门安装定额适用于玻璃钢阀门安装，铝及铝合金阀门安装执行本册定额第三章碳钢阀门安装的相应定额，人工乘以系数 0.8。

2）蝶阀安装子目适用于圆形保温蝶阀，方、矩形保温蝶阀，圆形蝶阀，方、矩形蝶阀；风管止回阀安装子目适用于圆形风管止回阀，方形风管止回阀。

3）对开多叶调节阀安装定额适用于密闭式对开多叶调节阀与手动式对开多叶调节阀安装。

4）木风口、碳钢风口、玻璃钢风口安装，执行铝合金风口的相应定额，人工乘以系数 1.2。

【案例 3.5.2-8】 木质百叶风口 400mm×320mm 安装，试求该风口安装的基价及其人工费、机械费。

例题解析： 套用《安装预算定额》的定额 7-3-44 换。

基价＝22.68×1.2＋5.2＋0.12＝32.54 元

其中：人工费＝22.68×1.2＝27.22 元

机械费＝0.12 元

5）送吸风口安装定额适用于铝合金单面送吸风口、双面送吸风口。

6）风口的宽与长之比小于或等于 0.125 为条缝形风口，执行百叶风口的相关定额，人工乘以系数 1.1。

【案例 3.5.2-9】 铝合金风口 800mm×100mm 安装，试求该风口安装的基价及其人工费。

例题解析： 套用《安装预算定额》的定额 7-3-44 换。

基价＝22.68×1.1＋5.2＋0.12＝30.27 元

其中：人工费＝22.68×1.1＝24.95 元

7）铝制孔板风口如需电化处理时，电化费另行计算。

8）风机防虫网罩安装执行风口安装相应定额，基价乘以系数 0.8。

9）带调节阀（过滤器）百叶风口安装、带调节阀散流器安装，执行铝合金风口安装的相应定额，基价乘以系数 1.5。

（5）人防通风设备及部件制作、安装

1）电动密闭阀安装执行手动密闭阀安装子目，人工乘以系数 1.05。

【案例 3.5.2-10】 人防电动密闭阀安装，直径 360mm，试求该阀门安装的基价及其人工费。

例题解析： 套用《安装预算定额》的定额 7-4-9 换。

基价＝366.64＋235.58×0.05＝378.42 元

其中：人工费＝235.58×1.05＝247.36 元

2）手动密闭阀安装子目包括副法兰、两副法兰螺栓及橡胶石棉垫圈。如为一侧接管时，人工乘以系数 0.6，材料、机械乘以系数 0.5。该子目不包括吊托支架制作与安装，如发生执行《安装预算定额》第十三册《通用项目和措施项目工程》

的相应定额。

3）滤尘器、过滤吸收器安装子目不包括支架制作安装，其支架制作安装执行《安装预算定额》第十三册《通用项目和措施项目工程》的相应定额。

4）探头式含磷毒气报警器安装包括探头固定板和三角支架制作、安装。

5）γ射线报警器定额已包含探头安装孔孔底电缆套管的制作与安装，但不包括电缆敷设。如设计电缆穿管长度大于0.5m，超过部分另外执行相应子目。地脚螺栓（M12×200，6个）按与设备配套编制。

6）密闭穿墙管填塞定额按油麻丝、黄油封堵考虑，如填料不同，不做调整。

7）密闭穿墙管制作安装分类：Ⅰ型为薄钢板风管直接浇入混凝土墙内的密闭穿墙管；Ⅱ型为取样管用密闭穿墙管；Ⅲ型为薄钢板风管通过套管穿墙的密闭穿墙管。

8）密闭穿墙管按墙厚0.3m编制，如与设计墙厚不同，管材可以换算，其余不变；Ⅲ型穿墙管项目不包括风管本身。

9）密闭穿墙套管为成品安装时，按密闭穿墙套管制作安装定额乘以系数0.3，穿墙管主材另计。

（6）通风空调工程系统调试

变风量空调风系统调试仅适用于变风量空调风系统，不得再重复计算通风空调系统调试项目。

3.5.3 《安装预算定额》第七册定额计算规则与应用

码3.5-5 通风空调工程定额清单工程量计算

1. 通风空调设备及部件制作、安装

（1）空气加热器（冷却器）安装按设计图示数量计算，以"台"为计量单位。

（2）除尘设备安装按设计图示数量计算，以"台"为计量单位。

（3）整体式空调机组、分体式空调器安装按设计图示数量计算，分别以"台""套"为计量单位。

（4）组合式空调机组安装依据设计风量，按设计图示数量计算，以"台"为计量单位。

（5）多联体空调机室外机安装依据制冷量按设计图示数量计算，以"台"为计量单位。

（6）风机盘管安装按设计图示数量计算，以"台"为计量单位。

（7）空气幕按设计图示数量计算，以"台"为计量单位。

（8）VAV变风量末端装置安装按设计图示数量计算，以"台"为计量单位。

（9）滤水器溢水盘制作安装按设计图示尺寸以质量计算，以"kg"为计量单位。非标准部件制作安装按成品质量计算。

（10）高、中、低效过滤器安装净化工作台、风淋室安装按设计图示数量计算，以"台"为计量单位。

（11）通风机安装依据不同形式、规格按设计图示数量计算，以"台"为计量单位。

2. 通风管道制作、安装

（1）风管制作、安装按设计图示内径尺寸以展开面积计算，以"m²"为计量单位，不扣除检查孔、测定孔、送风口、吸风口等所占面积。

$$圆形风管 \ F = \pi \times D \times L$$

式中　F——圆形风管展开面积；

　　　D——圆形风管直径；

　　　L——管道中心线长度。

矩形风管展开面积按图示内周长乘以管道中心线长度计算。

$$F = 2(A + B)L$$

式中　A、B——矩形风管边长；

　　　L——管道中心线长度。

（2）风管长度均以设计图示中心线长度（主管与支管以其中心线交点划分）计算，包括弯头、变径管、天圆地方等管件的长度，不包括部件所占长度。

【**案例 3.5.3-1**】如图 3.5.3-1 所示为某通风空调系统部分管道平面图，采用镀锌薄钢板，板厚均为 2mm，试计算该风管的工程量和其定额清单综合单价（本题管理费费率 21.72%，利润费率 10.4%，风险费不计，计算结果保留 2 位小数）。

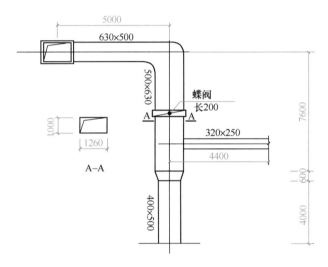

图 3.5.3-1　某通风空调系统部分管道平面图

例题解析：矩形风管 630mm×500mm，风管长度 $L = 5 + 7.6 - 0.2 = 12.4m$

风管制作安装工程量 $F = 2 × (0.63 + 0.50) × 12.4 = 28.02m^2$

矩形风管变径短管 630mm×500mm～500mm×400mm，风管长度 $L = 0.6m$

风管制作安装工程量 $F = (0.63 + 0.50 + 0.5 + 0.4) × 0.6 = 1.22m^2$

矩形风管 500mm×400mm，风管长度 $L = 4.0m$

风管制作安装工程量 $F = 2 × (0.50 + 0.40) × 4 = 7.20m^2$

矩形风管 320mm×250mm，风管长度 $L = 4.40m$

风管制作安装工程量 $F = 2 × (0.32 + 0.25) × 4.4 = 5.02m^2$

其中长边长 1000mm 以内的汇总工程量，面积为

$28.02 + 1.22 + 7.2 = 36.44m^2$

长边长 320mm 以内的汇总工程量，面积为 $5.02m^2$

定额清单综合单价见表 3.5.3-1。

表 3.5.3-1

定额清单综合单价计算表

序号	定额项目	定额项目名称	计量单位	综合单价（元）					
				人工费	材料费	机械费	管理费	利润	小计
1	7-2-8	镀锌薄钢板矩形风管长边长 1000mm 以内	10m²	395.55	199.87	10.99	88.30	42.28	736.99
2	7-2-6	镀锌薄钢板矩形风管长边长 320mm 以内	10m²	669.87	168.66	40.38	154.27	73.87	1107.05

【案例 3.5.3-2】某通风系统风管采用玻璃钢圆形风管制作，风管外径为 1000mm，壁厚 5mm，风管中心线长度 100m，试求风管展开面积（π 取 3.14）。

例题解析：

国标清单工程量（按设计图示外径尺寸以展开面积计算）：

$$3.14 \times 1 \times 100 = 314 \text{m}^2$$

定额清单工程量（按设计图示内径尺寸以展开面积计算）：

$$3.14 \times (1 - 0.005 \times 2) \times 100 = 310.86 \text{m}^2$$

【案例 3.5.3-3】某工程设计图示为矩形镀锌薄钢板，钢板厚 1.2mm，风管规格为 300mm×400mm，长度为 9.25m，咬口连接。试计算风管工作量及主材消耗量，并说明如何套用定额。

例题解析：依据已知条件得：

$$F = 2 \times (0.3 + 0.4) \times 9.25 = 12.95 \text{m}^2$$

因长边长为 400mm，套用《安装预算定额》的定额 7-2-7。

主材即为镀锌薄钢板，其消耗量为 12.95×11.38/10＝14.74m²

（3）柔性软风管安装按设计图示中心线长度计算，以"m"为计量单位。

（4）弯头导流叶片制作、安装按设计图示叶片的面积计算，以"m²"为计量单位。

（5）软管（帆布）接口制作、安装按设计图示尺寸，以展开面积计算，以"m²"为计量单位。

【案例 3.5.3-4】某通风空调工程中空调器与风管的连接处采用帆布柔性接口 2 处，每个长度为 0.2m，风管直径为 1.4m，试计算帆布接口的工程量。

例题解析：帆布接口按照软管接口套用定额，工程量以展开面积计算

$$F = 周长 \times 长度 = 3.14 \times 1.4 \times 0.2 \times 2 = 1.76 \text{m}$$

（6）风管检查孔制作、安装按设计图示尺寸质量计算，以"kg"为计量单位。

（7）温度、风量测定孔制作、安装依据其型号，按设计图示数量计算，以"个"为计量单位。

（8）固定式挡烟垂壁按设计图示长度计算以"m"为计量单位。

3. 通风管道部件制作、安装

（1）碳钢调节阀安装依据其类型、直径（圆形）或周长（方形），按设计图示数量计算，以"个"为计量单位。

（2）柔性软风管阀门安装按设计图示数量计算，以"个"为计量单位。

（3）铝合金风口、散流器的安装依据类型、规格尺寸按设计图示数量计算，以"个"为计量单位。

（4）百叶窗及活动金属百叶风口安装依据规格尺寸按设计图示数量计算，以"个"为计量单位。

【案例 3.5.3-5】带调节阀的木风口 320mm×320mm 安装（主材除税单价 100 元/个），计算其定额清单综合单价本题管理费费率 21.72%，利润费率 10.4%，风险费不计，计算结果保留 2 位小数。

定额清单综合单价计算表　　　　　　　　　　表 3.5.3-2

序号	定额编号	定额项目名称	计量单位	综合单价（元）					
				人工费	材料费	机械费	管理费	利润	小计
1	7-3-43 换	带调节阀的木风口 320mm × 320mm 安装（主材除税单价 100 元/个）	个	22.61	105.60	0.18	4.95	2.37	135.71

例题解析：根据定额说明：木风口、碳钢风口、玻璃钢风口安装，执行铝合金风口的相应定额，人工乘以系数 1.2。带调节阀（过滤器）百叶风口安装、带调节阀散流器安装，执行铝合金风口安装的相应定额，基价乘以系数 1.5。

套用《安装预算定额》的定额 7-3-43 换。

其中：人工费＝12.56×1.2×1.5＝22.61 元

材料费＝3.73×1.5＋100×1＝105.60 元

机械费＝0.12×1.5＝0.18 元

管理费＝（22.61＋0.18）×0.2172＝4.95 元

利润＝（22.61＋0.18）×0.104＝2.37 元

定额清单综合单价见表 3.5.3-2。

（5）塑料通风管道柔性接口及伸缩节制作与安装应依连接方式按设计图示尺寸以展开面积计算，以"m²"为计量单位。

（6）塑料通风管道分布器、散流器的安装按其成品质量，以"kg"为计量单位。

（7）不锈钢风口安装、圆形法兰制作与安装、不锈钢板风管吊托支架制作与安装按设计图示尺寸以质量计算，以"kg"为计量单位。

（8）铝板圆伞形风帽、铝板风管圆、矩形法兰制作按设计图示尺寸以质量计算，以"kg"为计量单位。

（9）微穿孔板消声器、管式消声器、阻抗式消声器成品安装按设计图示数量计算，以"个"为计量单位。

（10）消声弯头安装按设计图示数量计算，以"个"为计量单位。

（11）静压箱安装按设计图示数量计算，以"个"为计量单位。

（12）静压箱制作按设计图示尺寸以展开面积计算，以"m²"为计量单位。

（13）厨房油烟过滤排气罩以"个"为计量单位。

4. 人防通风设备及部件制作、安装

（1）人防通风机安装按设计图示数量计算，以"台"为计量单位。

（2）人防各种调节阀制作、安装按设计图示数量计算，以"个"为计量单位。

（3）LWP型滤尘器安装按设计图示尺寸以面积计算，以"m²"为计量单位。

（4）探头式含磷毒气及γ射线报警器安装按设计图示数量计算，以"台"为计量单位。

（5）过滤吸收器、预滤器、除湿器等安装按设计图示数量计算，以"台"为计量单位。

（6）密闭穿墙管制作、安装按设计图示数量计算，以"个"为计量单位。密闭穿墙管填塞按设计图示数量计算，以"个"为计量单位。

（7）测压装置安装按设计图示数量计算，以"套"为计量单位。

（8）换气堵头安装按设计图示数量计算，以"个"为计量单位。

（9）波导窗安装按设计图示数量计算，以"个"为计量单位。

5. 通风空调工程系统调试

（1）通风空调工程系统调试费按通风空调系统工程人工总工日数，以"100工日"为计量单位。

（2）变风量空调风系统调试费按变风量空调风系统工程人工总工日数，以"100工日"为计量单位。

3.5.4 通风空调工程国标清单计算规则与应用

码3.5-6 通风空调工程国标清单计算规则与应用

《安装计算规范》附录G通风空调工程适用于采用工程量清单报价的新建、扩建工程中的通风空调工程，内容分为4个分部，共52个清单项目，包括通风空调设备安装、通风管道制作安装、通风管道部件制作安装、通风工程检测调试等。通风设备、除尘设备、专供为通风工程配套的各种风机及除尘设备，其他工业用风机（如热力设备用风机）及除尘设备应按《安装计算规范》附录A及附录B的相关项目编制工程量清单。

1. 通风空调设备安装（030701）

（1）工程量清单项目设置。工程量清单项目设置为通风及空调设备及部件安装，包括空气加热器、除尘设备、空调器（各式空调机、风机盘管等）、过滤器、净化工作台、风淋室、洁净室及空调设备部件制作安装等，共15个清单项目。

（2）清单项目特征描述。通风空调设备按设备名称、型号、规格、质量、安装形式、支架形式及材质、试压要求等描述项目特征。空调器的安装位置应描述吊顶式、落顶式、墙上式、窗式、分段组装式，并标出每台空调器的重量；风机盘管的安装应描述吊顶式、落地式；过滤器的安装应描述初效过滤器、中效过滤器、高效过滤器。

（3）需要说明的问题。

1）冷冻机组站内的设备安装及管道安装，按《安装计算规范》附录A及附录H的相应项目编制清单项目，冷冻站外墙皮以外通往通风空调设备的供热、供冷、供水等管道，按《安装计算规范》附录K的相应项目编制清单项目。

2）通风空调设备安装的地脚螺栓按设备自带考虑。

（4）清单项目工程量计算。

1) 通风及空调设备安装按设计图示数量计算。

2) 挡水板制作安装按空调器断面面积计算。

3) 金属壳体制作安装、滤水器及溢水盘制作安装按设计图示数量计算。

(5) 空调器工程量清单计价指引 (表 3.5.4-1)。

空调器工程量清单计价指引　　　　　　　　　表 3.5.4-1

项目编码	项目名称	项目特征	计量单位	工程量计算规则	工作内容	对应的定额子目
030701003	空调器	1. 名称; 2. 型号; 3. 规格; 4. 安装形式; 5. 质量; 6. 隔振垫 (器)、支架形式、材质	台(组)	按设计图示数量计算	1. 本体安装或组装、调试	7-1-8～7-1-36、7-1-41～7-1-43
					2. 设备支架制作、安装	13-1-39～13-1-42
					3. 隔振器 (垫) 安装	13-1-43、13-1-44
					4. 补刷 (喷) 油漆	12-2-26～12-2-75

2. 通风管道制作安装 (030702)

(1) 工程量清单项目设置。工程量清单项目设置为通风管道制作安装,包括碳钢通风管道制作安装、净化通风管道制作安装、不锈钢板风管制作安装、铝板风管制作安装、塑料风管制作安装、复合型风管制作安装、柔性风管安装等 11 个清单项目。

(2) 清单项目特征描述。通风管道制作安装应描述风管的材质、形状 (圆形、矩形、渐缩形)、管径 (矩形风管按周长)、板材厚度、接口形式 (咬口、焊接)、风管附件及支架设计要求。

(3) 需要说明的问题。

1) 通风管道的法兰垫料或封口材料,可按图纸要求的材质计价。

2) 净化风管的空气清净度按 100000 级标准编制。

3) 净化风管使用的型钢材料如图纸要求镀锌时,镀锌费另列。

4) 不锈钢风管制作安装,不论圆形、矩形均按圆形风管计价。

5) 不锈钢、铝风管的风管厚度,可按图纸要求的厚度列项。厚度不同时只调整板材价,其他不做调整。

6) 碳钢风管、净化风管、塑料风管、玻璃钢风管的工程内容中均列有法兰、加固框、支吊架制作、安装工程内容,上述工程内容已包括在该定额内,不再重复列项。

(4) 清单项目工程量计算。

1) 清单项目工程量按设计图示以展开面积计算,不扣除检查孔、测定孔、送风口、吸风口等所占面积。

2) 风管长度以设计图示中心线长度为准 (主管与支管以其中心线交点划分),包括弯头、三通、变径管、天圆地方等管件的长度,但不包括部件所占长度,直径和周长以图示尺寸为准,咬口重叠部分已包括在定额内,不得另行增加。

205

【案例 3.5.4-1】 某空调系统的风管采用镀锌薄钢板制作，风管截面为 500mm
×200mm，$\delta=0.6$mm，风管中心线长度为 50m，要求风管外表面用离心超细玻璃
棉保温，保温层厚度为 30mm，计算风管制作安装、风管保温的国标清单工程量。

例题解析： 风管制作安装国标清单工程量

$$F=(A+B)\times 2L=(0.5+0.2)\times 2\times 50=70\text{m}^2$$

风管保温国标清单工程量

$$V=[(A+\delta)+(B+\delta)]\times 2L\delta$$
$$=[(0.5+0.03)+(0.2+0.03)]\times 2\times 50\times 0.03=2.28\text{m}^3$$

3）渐缩管。圆形风管按平均直径计算，矩形风管按平均周长计算。

【案例 3.5.4-2】 计算如图 3.5.4-1 所示镀锌薄钢板圆形渐缩式风管及支管的工程
量，并计算其国际清单综合单价（表 3.5.4-2）。已知 $D1=1400$mm，$D2=600$mm，
$D3=300$mm，钢板厚 1.2mm（本题管理费费率 21.72%，利润费率 10.4%，风险费不
计，计算结果保留 2 位小数）。

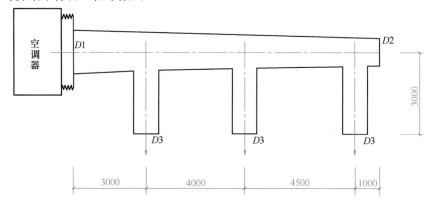

图 3.5.4-1　圆形渐缩式风管

例题解析： 圆形渐缩风管

平均直径 $D_{平均}=(D1+D2)/2=(1.4+0.6)/2=1$m

展开面积 $F_{渐缩管}=\pi\times(D1+D2)/2\times L=3.14\times(1.4+0.6)/2\times(3+4+4.5+1)$
　　　　　　$=39.25\text{m}^2$

圆形风管直径为 300mm

展开面积 $F=\pi\times D3\times L=3.14\times 0.3\times 3\times 3=8.48\text{m}^2$

综合单价计算表　　　　　　　　　　　表 3.5.4-2

清单序号	项目编码（定额编码）	清单（定额）项目名称	计量单位	数量	综合单价（元）						合计（元）
					人工费	材料费	机械费	管理费	利润	小计	
1	030702001001	碳钢通风管道	m²	39.25	133.48	16.94	1.13	29.24	14.00	194.79	7645.51
	7-2-3H	圆形渐缩风管	10m²	3.93	1333.13	169.16	11.29	292.01	139.82	1945.41	7645.46
2	030702001002	碳钢通风管道	m²	8.48	83.90	11.48	3.50	18.98	9.09	126.95	1076.54
	7-2-1	圆形风管	10m²	0.85	837.00	114.51	34.87	189.37	90.67	1266.42	1076.46

（5）通风管道工程量清单计价指引（表3.5.4-3）。

通风管道工程量清单计价指引　　　　　　表 3.5.4-3

项目编码	项目名称	项目特征	计量单位	工程量计算规则	工作内容	对应的定额子目
030702001	碳钢通风管道	1. 名称； 2. 材质； 3. 形状； 4. 规格； 5. 板材厚度； 6. 管件、法兰等附件及支架设计要求； 7. 接口形式	m²	按设计图示内径尺寸以展开面积计算	1. 风管、管件、法兰、零件、支吊架制作、安装	7-2-1～ 7-2-99
					2. 过跨风管落地支架制作、安装	13-1-39～ 13-1-42
030702002	净化通风管道				1. 风管、管件、法兰、零件、支吊架制作、安装	7-2-1～ 7-2-99
					2. 过跨风管落地支架制作、安装	13-1-39～ 13-1-42
030702003	不锈钢板通风管道				1. 风管、管件、法兰、零件、支吊架制作、安装	7-2-1～ 7-2-99
					2. 过跨风管落地支架制作、安装	13-1-39～ 13-1-42
030702004	铝板通风管道				1. 风管、管件、法兰、零件、支吊架制作、安装	7-2-1～ 7-2-99
					2. 过跨风管落地支架制作、安装	13-1-39～ 13-1-42
030702005	塑料通风管道	1. 名称； 2. 材质； 3. 形状； 4. 规格； 5. 板材厚度； 6. 管件、法兰等附件			1. 风管、管件、法兰、零件、支吊架制作、安装	7-2-1～ 7-2-99
					2. 过跨风管落地支架制作、安装	13-1-39～ 13-1-42

项目编码	项目名称	项目特征	计量单位	工程量计算规则	工作内容	对应的定额子目
030702006	玻璃钢通风管道	1. 名称； 2. 材质； 3. 形状； 4. 规格； 5. 板材厚度； 6. 接口形式； 7. 支架形式、材质	m²	按设计图示外径尺寸以展开面积计算	1. 风管、管件安装	7-2-100～7-2-138
					2. 支吊架制作、安装	已含在风管安装中
					3. 过跨风管落地支架制作、安装	13-1-39～13-1-42
030702007	复合型风管				1. 风管、管件安装	7-2-100～7-2-138
					2. 支吊架制作、安装	已含在风管安装中
					3. 过跨风管落地支架制作、安装	13-1-39～13-1-42

3. 通风管道部件制作安装（030703）

（1）工程量清单项目设置

工程量清单项目设置为通风管道部件制作安装，包括各种材质、规格和类型的阀类、散流器、风口、风帽、罩类、消声器制作安装等 24 个清单项目。

（2）清单项目特征描述

1）有的部件图纸要求制作安装，有的要求用成品部件，只安装不制作，这类特征在工程量清单中应明确描述。

2）碳钢调节阀制作安装项目，包括空气加热器上通风旁通阀、圆形瓣式启动阀、保温及不保温风管蝶阀、风管止回阀、密闭式斜插阀、矩形风管三通调节阀、对开多叶调节阀、风管防火阀、各类风罩调节阀等。编制工程量清单时，除明确描述上述调节阀的类型外，还应描述其规格、重量、形状（方形、圆形）等特征。

【案例 3.5.4-3】对开多叶调节阀 1000mm×500mm，单价为 350 元/个，根据要求计算清单综合单价（表 3.5.4-4）（本题管理费费率 21.72%，利润费率 10.4%，风险费不计，计算结果保留 2 位小数）。

综合单价计算表　　　　表 3.5.4-4

清单序号	项目编码 (定额编码)	清单（定额） 项目名称	计量单位	数量	综合单价（元）						合计（元）
					人工费	材料费	机械费	管理费	利润	小计	
1	030703001001	碳钢阀门 1. 名称：对开多叶调节阀（成品）安装； 2. 规格：1000mm×500mm	个	1	34.97	361.32	4.65	8.61	4.12	413.67	413.67

续表

清单序号	项目编码(定额编码)	清单(定额)项目名称	计量单位	数量	综合单价(元)						合计(元)
					人工费	材料费	机械费	管理费	利润	小计	
	7-3-27	对开多叶调节阀安装,周长≤4000mm	个	1	34.97	361.32	4.65	8.61	4.12	413.67	413.67
	主材	对开多叶调节阀(成品)1000mm×500mm	个	1	—	350.00	—	—	—	350.00	350.00

3)散流器制作安装项目,包括矩形空气分布器、圆形散流器、方形散流器、流线型散流器、百叶风口、矩形风口、旋转吹风口、送吸风口、活动箅式风口、网式风口、钢百叶窗等。编制工程量清单时,除明确描述上述散流器及风口的类型外,还应描述其规格、重量、形状(方形、圆形)等特征。

【案例3.5.4-4】铝合金方形散流器200mm×200mm(成品)安装,单价为80元/个,根据要求计算清单综合单价(表3.5.4-5)(本题管理费费率21.72%,利润费率10.4%,风险费不计,计算结果保留2位小数)。

综合单价计算表　　　　　　　　　　表3.5.4-5

清单序号	项目编码(定额编码)	清单(定额)项目名称	计量单位	数量	综合单价(元)						合计(元)
					人工费	材料费	机械费	管理费	利润	小计	
1	030703011001	铝及铝合金风口、散流器 1. 名称:铝合金方形散流器(成品)安装; 2. 规格:200mm×200mm	个	8.00	14.04	82.28	0	3.05	1.46	100.83	806.64
	7-3-64	方形散流器(成品),周长≤1000mm	个	8.00	14.04	82.28	0	3.05	1.46	100.83	806.64
	主材	铝合金方形散流器(成品)200mm×200mm	个	1	—	80.00	—	—	—	80.00	80.00

4)风帽制作安装项目,包括碳钢风帽、不锈钢板风帽、铝风帽、塑料风帽等。编制工程量清单时,除明确描述上述风帽的材质外,还应描述其规格、重量、形状(伞形、锥形、筒形)等特征。

5)罩类制作安装项目,包括皮带防护罩、电动机防雨罩、侧吸罩、焊接台排气罩、整体分组式槽边侧吸罩、吹吸式槽边通风罩、条缝槽边抽风罩、泥心烘炉排气罩、升降式回转排气罩、上下吸式圆形回转罩、升降式排气罩、手锻炉排气罩等。编制罩类工程量清单时，应明确描述出罩类的种类、重量等特征。

6）消声器制作安装项目，包括片式消声器、矿棉管式消声器、聚酯泡沫管式消声器、卡普隆纤维式消声器、弧形声流式消声器、阻抗复合式消声器、消声弯头等。编制消声器制作安装工程量清单时，应明确描述出消声器的种类、重量等特征。

【案例 3.5.4-5】微穿孔板消声器 120kg，单价为 2200 元/台，规格 1250mm×500mm，根据要求计算国标清单综合单价（表 3.5.4-6）（本题管理费费率 21.72%，利润费率 10.4%，风险费不计，计算结果保留 2 位小数）。

综合单价计算表   表 3.5.4-6

清单序号	项目编码（定额编码）	清单（定额）项目名称	计量单位	数量	综合单价（元）						合计（元）
					人工费	材料费	机械费	管理费	利润	小计	
1	030703020001	消声器 1. 名称：微穿孔板消声器安装； 2. 规格：1250mm×500mm； 3. 质量：120kg/台	个	1	208.17	2383.74	0	45.21	21.65	2658.77	2658.77
	7-3-180	微穿孔板消声器安装，周长≤4000mm	个	1	208.17	2383.74	0	45.21	21.65	2658.77	2658.77
	主材	微穿孔板消声器120kg/台，1250mm×500mm	个	1	—	2200.00	—	—	—	2200.00	2200.00

（3）通风管道部件工程量清单计价指引（表 3.5.4-7）。

通风管道工程量清单计价指引   表 3.5.4-7

项目编码	项目名称	项目特征	计量单位	工程量计算规则	工作内容	对应的定额子目
030703001	碳钢阀门	1. 名称； 2. 型号； 3. 规格； 4. 质量； 5. 类型 6. 支架形式、材质	个	按设计图示数量计算	1. 阀体制作	按成品考虑
					2. 阀体安装	7-3-1～7-3-36
					3. 支架制作、安装	13-1-39～13-1-42
030703002	柔性软风管阀门	1. 名称； 2. 规格； 3. 材质； 4. 类型			阀体安装	7-3-7～7-3-11、7-3-37～7-3-41、7-3-176

续表

项目编码	项目名称	项目特征	计量单位	工程量计算规则	工作内容	对应的定额子目
030703003	铝蝶阀	1. 名称； 2. 规格； 3. 材质； 4. 类型	个	按设计图示数量计算	阀体安装	7-3-7～7-3-11、 7-3-37～7-3-41、 7-3-176
030703004	不锈钢蝶阀					
030703005	塑料阀门					
030703006	玻璃钢蝶阀					
030703007	碳钢风口、散流器、百叶窗	1. 名称； 2. 型号； 3. 规格； 4. 质量； 5. 类型； 6. 形式			1. 风口制作、安装	7-3-42～7-3-79、 7-3-84～7-3-98
					2. 散流器制作、安装	7-3-63～7-3-69
					3. 百叶窗安装	7-3-80～7-3-83
030703020	消声器	1. 名称； 2. 规格； 3. 材质； 4. 形式； 5. 质量； 6. 支架形式、材质			1. 消声器制作	7-3-177～ 7-3-205
					2. 消声器安装	
					3. 支架制作、安装	已包含在本体安装定额中
030703021	静压箱	1. 名称； 2. 规格； 3. 形式； 4. 材质； 5. 支架形式、材质	个 (m²)	以个计量，按设计图示数量计算 以平方米计量，按设计图示尺寸以展开面积计算	1. 静压箱制作、安装	7-3-206～ 7-3-210
					2. 支架制作、安装	13-1-39～ 13-1-42

4. 通风工程检测调试（030704）

（1）工程量清单项目设置

工程量清单项目设置了通风工程检测、调试及风管漏光试验、漏风试验 2 个清单项目。

（2）清单项目工程量计算

通风工程检测调试按由通风设备、管道及部件等组成的通风系统计算，以"系统"为计量单位，风管漏光试验、漏风试验按设计图纸或规范要求以风管展开面积计算。

（3）通风工程检测调试工程量清单计价指引（表3.5.4-8）。

通风工程检测调试工程量清单计价指引　　　　表3.5.4-8

项目编码	项目名称	项目特征	计量单位	工程量计算规则	工作内容	对应的定额子目
030704001	通风工程检测、调试	风管工程量	系统	按通风系统计算	1. 通风管道风量测定 2. 风压测定 3. 温度测定 4. 各系统风口、阀门调整	7-5-1、7-5-2
030704002	风管漏光试验、漏风试验	漏光试验、漏风试验设计要求	m²	按设计图纸或规范要求以展开面积计算	通风管道漏光试验、漏风试验	

码3.5-7　通风空调工程案例分析

3.5.5　任务布置与实施

1. 工程背景

某集中空调通风管道系统布置图如图3.5.5-1所示。

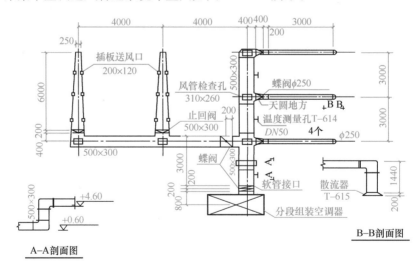

图 3.5.5-1　某集中空调通风管道系统布置图

（1）图3.5.5-1为某工程集中空调通风管道系统布置图，图中标注尺寸标高以"m"计，其他均以"mm"计。

（2）集中通风空调系统的设备为分段组装式空调器，质量为3000kg，型号规格：ZK-200，落地安装。

（3）风管及其管件采用镀锌薄钢板（咬口）现场制作、安装，天圆地方按大口径计。

（4）风管系统中的软管接口、风管检查孔、温度测定孔、插板式送风口为现场制作、安装；阀件、散流器为供应成品现场安装。风管检查孔安装 310mm×260mm，每个质量为 4kg。

（5）分段组装空调器落地安装，其设备支架数量为 2 个，质量为 55kg/个。设备支架人工除轻锈、刷红丹防锈漆两遍。

（6）风管法兰、加固框、支托吊架除锈后刷红丹防锈漆两遍。

（7）本项目不考虑风管保温。

（8）其他未尽事宜均视为与有关规范、标准及定额的要求相符。

（9）材料设备价格见表 3.5.5-1。

材料设备价格表　　　　　　表 3.5.5-1

序号	名称	单位	价格（元）	备注
1	镀锌薄钢板 δ＝1mm	m²	50.00	—
2	设备支架（型钢综合）	t	5000.00	—
3	分段组装	台	20000.00	—
4	矩形 13.85kg/个	个	120.00	成品
5	/个	个	100.00	成品
6	/个	个	180.00	成品
7		kg	8.50	—
8		个	80.00	成品
9		个	60.00	—

该工程所在 本案例中涉及的相关材料价均为除税单价，企业管理 10.40% 计取，风险不计。

根据《浙江 版）、《浙江省通用安装工程预算定额》（2018 版）、 》GB 50856—2013，计算国标清单工程量，编制分部 取整数。

2. 识图

经过整体式空 的送风口送出后，在送风口处有一段 200mm 的帆布 和圆形风管，通过方形散流器送入各房间。

3. 国标清单工

（1）该工程工

表 3.5.5-2

序号		计算式
1	矩形风	—0.6)+3+3+4+4+0.4+0.4+0.8 .8—0.2]×(0.5+0.3)×2=38.40m²
2	渐缩管 500mm×	×(0.5+0.3+0.25+0.2)=15.00m²
3	圆形	+1.44)×3.14×0.25=10.46m²
4	分段	1 台
5	风管检查孔至	4×5=20.00kg
6	温度	4 个
7	碳钢矩形蝶阀至 长度 200m	2 个

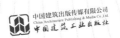

序号	项目名称	计算式
8	碳钢矩形止回阀安装 500mm×300mm， 长度 200mm，15.00kg/个	2个
9	碳钢圆形蝶阀安装 φ250， 长度 200mm，3.43kg/个	3个
10	插板送风口安装 200mm×120mm	12个
11	散流器 T-615，φ250	3个
12	柔性接口 500mm×300mm	(0.3+0.5)×0.2×2=0.32m²
13	空调机主设备支架，风管法兰、 法兰加固框、支吊架	55×2+38.4×(32.536+9.27+1.34)/10+15× (22.15+1.737)/10+10.46× (12.5+2.576+2.637)/10=330.04kg
14	通风工程检测、调试	1个系统

（2）工程量汇总表（表3.5.5-3）

工程量汇总表　　　　　　　　　　　　　　　表3.5.5-3

序号	项目名称	单位	工程数量
1	矩形风管 500mm×300mm	m²	38.40
2	渐缩管 500mm×300mm～250mm×200mm	m²	15.00
3	圆形风管 φ250	m²	10.46
4	分段组装式空调器	台	1
5	风管检查孔安装 310mm×260mm	kg	20.00
6	温度测定孔 T-614	个	4
7	碳钢矩形蝶阀安装 500mm×300mm，长度 200mm，13.85kg/个	个	2
8	碳钢矩形止回阀安装 500mm×300mm，长度 200mm，15.00kg/个	个	2
9	碳钢圆形蝶阀安装 φ250，长度 200mm，3.43kg/个	个	3
10	插板送风口安装 200mm×120mm	个	12
11	散流器 T-615，φ250	个	3
12	通风工程检测、调试	系统	1
13	柔性接口 500mm×300mm	m²	0.32
14	空调机主设备支架，风管法兰、法兰加固框、支吊架	kg	330.04

4. 分部分项工程量清单与计价

（1）编制分部分项工程量清单（表3.5.5-4）

分部分项工程量清单项目表　　　　　　　　表3.5.5-4

序号	项目编码	项目名称	项目特征描述	计量单位	工程数量
1	030701003001	空调器	1. 名称：分段组装式空调器； 2. 型号规格：ZK-200； 3. 质量：3000kg； 4. 安装形式：落地安装； 5. 支架形式、材质：吊托支架	台	1
2	030702001001	碳钢通风管道	1. 名称、材质：镀锌薄钢板风管制作安装； 2. 形状：矩形； 3. 规格：500mm×300mm； 4. 板材厚度：δ=0.75mm； 5. 接口形式：咬口； 6. 包含管件、法兰、加固框等	m²	38.40

续表

序号	项目编码	项目名称	项目特征描述	计量单位	工程数量
3	030702001002	碳钢通风管道	1. 名称：渐缩管制作安装； 2. 材质：镀锌薄钢板风管； 3. 形状：矩形； 4. 规格：500mm×300mm～250mm×200mm； 5. 板材厚度：$\delta=0.75$mm； 6. 接口形式：咬口； 7. 包含管件、法兰、加固框等	m²	15.00
4	030702001003	碳钢通风管道	1. 名称、材质：镀锌薄钢板风管制作安装； 2. 形状：圆形； 3. 规格：$\phi250$； 4. 板材厚度：$\delta=0.75$mm； 5. 接口形式：咬口； 6. 包含管件、法兰、加固框等	m²	10.46
5	030702010001	风管检查孔	1. 名称：风管检查孔安装； 2. 材质、规格：310mm×260mm	kg	20.00
6	030702011001	温度测定孔	1. 名称：风管检查孔安装； 2. 材质、规格：T-614	个	4
7	030703001001	碳钢阀门	1. 名称：碳钢矩形蝶阀安装； 2. 规格：500mm×300mm，长度200mm； 3. 质量：13.85kg/个	个	2
8	030703001002	碳钢阀门	1. 名称：碳钢矩形止回阀安装； 2. 规格：500mm×300mm，长度200mm； 3. 质量：15.00kg/个	个	2
9	030703001003	碳钢阀门	1. 名称：碳钢圆形蝶阀安装； 2. 规格：$\phi250$，长度200mm； 3. 质量：3.43kg/个	个	3
10	030703007001	碳钢风口制作安装	1. 类型：插板送风口安装； 2. 规格：200mm×120mm	个	12
11	030703019001	柔性接口	1. 名称：帆布软接口制作、安装； 2. 规格：500mm×300mm	m²	0.32
12	030703007002	碳钢散流器制作安装	1. 类型：散流器； 2. 型号规格：T-615、$\phi250$	个	3
13	031201003001	金属结构刷油	1. 除锈级别：手工除锈，轻锈； 2. 油漆品种：刷红丹防锈漆； 3. 结构类型：风管法兰、加固框、支托吊架除锈后刷防锈漆2遍； 4. 涂刷遍数：2遍	kg	330.04
14	030704001001	通风工程检测、调试	其他：风管漏光试验、漏风试验	系统	1

（2）分部分项工程和施工技术措施项目清单与计价表（表3.5.5-5）

表 3.5.5-5

分部分项工程和施工技术措施项目清单与计价表

序号	项目编码	项目名称	项目特征	计量单位	工程量	金额（元）		其中			备注
						综合单价	合价	人工费	机械费	暂估价	
1	030701003001	空调器	1. 名称：分段组装式空调器； 2. 型号规格：ZK-200； 3. 质量：3000kg； 4. 安装形式：落地安装； 5. 支架形式、材质：吊托支架	台	1	21178.82	21179	443.99	0	0	—
2	030702001001	碳钢通风管道	1. 名称、材质：镀锌薄钢板风管制作安装； 2. 形状：矩形； 3. 规格：500mm×300mm； 4. 板材厚度：δ=0.75mm； 5. 接口形式：咬口； 6. 包含管件、法兰、加固框等	m²	38.40	130.69	5018	39.56	1.1	0	—
3	030702001002	碳钢通风管道	1. 名称：渐缩管制作安装； 2. 材质：镀锌薄钢板风管； 3. 形状：矩形； 4. 规格：500mm×300mm～250mm×200mm； 5. 板材厚度：δ=0.75mm； 6. 接口形式：咬口； 7. 包含管件、法兰、加固框等	m²	15.00	235.04	3526	121.94	2.09	0	—

续表

序号	项目编码	项目名称	项目特征	计量单位	工程量	综合单价	合价	人工费	机械费	暂估价	备注
						综合单价	合价	金额（元）其中			
4	030702001003	碳钢通风管道	1. 名称、材质：镀锌薄钢板风管制作安装； 2. 形状：圆形； 3. 规格：∅250； 4. 板材厚度：δ=0.75mm； 5. 接口形式：咬口； 6. 包含管作、法兰、加固框等	m²	10.46	183.55	1920	83.7	3.49	0	—
5	030702010001	风管检查孔	1. 名称：风管检查孔安装； 2. 材质、规格：310mm×260mm	kg	20.00	29.75	595	13.72	1.05	0	—
6	030702011001	温度测定孔	1. 名称：风管检查孔安装； 2. 材质、规格：T-614	个	4	66.26	265	39.96	2.51	0	—
7	030703001001	碳钢阀门	1. 名称：碳钢矩形蝶阀安装； 2. 规格：500mm×300mm，长度200mm； 3. 质量：13.85kg/个	个	2	156.62	313	21.06	2.33	0	—
8	030703001002	碳钢阀门	1. 名称：碳钢矩形止回阀安装； 2. 规格：500mm×300mm，长度200mm； 3. 质量：15.00kg/个	个	2	153.26	307	30.11	3.53	0	—

续表

序号	项目编码	项目名称	项目特征	计量单位	工程量	综合单价	合价	人工费	机械费	暂估价	备注
									其中		
							金额（元）				
9	030703001003	碳钢阀门	1. 名称：碳钢圆形蝶阀安装； 2. 规格：φ250、长度200mm； 3. 质量：3.43kg/个	个	3	204.02	612	14.72	0.12	0	—
10	030703007001	碳钢风风口制作安装	1. 类型：插板送风口安装； 2. 规格：200mm×120mm	个	12	81.31	976	9.86	0	0	—
11	030703019001	柔性接口	1. 名称：帆布软接口制作、安装； 2. 规格：500mm×300mm	m²	0.32	240.45	77	72.63	1.76	0	—
12	030703007002	碳钢散流器制作安装	1. 类型：散流器； 2. 型号规格：T-615、φ250	个	3	100.83	302	14.04	0	0	—
13	031201003001	金属结构刷油	除锈后刷防锈漆两遍	kg	330.04	1.15	380	0.53	0.18	0	—
14	030704001001	通风工程检测、调试	包含风管漏光试验、漏风试验设计	系统	1	426.04	426	138.93	0	0	—

（3）综合单价计算表（表3.5.5-6）

综合单价计算表

表3.5.5-6

清单序号	项目编码（定额编码）	清单（定额）项目名称	计量单位	数量	综合单价（元）						合计（元）
					人工费	材料（设备）费	机械费	管理费	利润	小计	
1	030701003001	空调器 1. 名称：分段组装式空调器； 2. 型号规格：ZK-200； 3. 质量：3000kg； 4. 安装形式：落地安装； 5. 支架形式、材质：吊托支架	台	1	443.99	20592.23	0	96.43	46.17	21178.82	21179
	7-1-21	分段组装式空调器、落地安装	台	1	165.11	20003	0	35.86	17.17	20221.14	20221
	主材	分段组装式空调器	台	1	0	20000.00	0	0	0	20000.00	20000
	13-1-40	设备支架制作 单件质量50kg以上	100kg	1.10	253.53	535.66	27.17	60.97	29.19	906.52	997
	主材	型钢（综合）	kg	105.00	0	5.00	0	0	0	5.00	525
2	030702001001	碳钢通风管道 1. 名称、材质：镀锌薄钢板风管制作、安装； 2. 形状：矩形； 3. 规格：500mm×300mm； 4. 板材厚度：δ=0.75mm； 5. 接口形式：咬口； 6. 包含管件、法兰、加固等	m²	38.40	39.56	76.89	1.10	8.91	4.23	130.69	5018
	7-2-8	镀锌薄钢板矩形风管（δ=1mm咬口）长边长≤1000mm	10m²	3.84	395.55	768.87	10.99	89.10	42.30	1306.81	5018
	主材	镀锌薄钢板δ=1mm	m²	11.38	0	50.00	0	0	0	50.00	569

续表

清单序号	项目编码（定额编码）	清单（定额）项目名称	计量单位	数量	综合单价（元）					小计	合计（元）
					人工费	材料（设备）费	机械费	管理费	利润		
3	030702001002	碳钢通风管道 1. 名称：渐缩管制作安装； 2. 材质：镀锌薄钢板风管； 3. 形状：矩形； 4. 规格：500mm×300mm～250mm×200mm； 5. 板材厚度：δ=0.75mm； 6. 接口形式：咬口； 7. 包含管件、法兰、加固框等	m²	15.00	121.94	71.27	2.09	26.84	12.90	235.04	3526
	7-2-7H	镀锌薄钢板矩形风管（δ=1mm 咬口）长边长≤1000mm	10m²	1.50	1219.40	712.68	20.86	268.38	128.99	2350.31	3525
	主材	镀锌薄钢板 δ=1	m²	11.38	0	50.00	0	0	0	50.00	569
4	030702001003	碳钢通风管道 1. 名称、材质：镀锌薄钢板风管制作、安装； 2. 形状：圆形； 3. 规格：φ250； 4. 板材厚度：δ=0.75mm； 5. 接口形式：咬口； 6. 包含管件、法兰、加固框等	m²	10.46	83.70	68.35	3.49	18.94	9.07	183.55	1920
	7-2-1	镀锌薄钢板矩形风管（δ=1.0mm 咬口）长边长≤320mm	10m²	1.05	837.00	683.51	34.87	189.37	90.67	1835.42	1927

续表

清单序号	项目编码（定额编码）	清单（定额）项目名称	计量单位	数量	综合单价（元）						合计（元）
					人工费	材料（设备）费	机械费	管理费	利润	小计	
	主材	镀锌薄钢板 δ＝1mm	m²	11.38	0	50	0	0	0	50.00	569
5	030702010001	风管检查孔 1. 名称：风管检查孔安装； 2. 材质、规格：310×260	kg	20.00	13.72	10.23	1.05	3.21	1.54	29.75	595
	7-2-164	风管检查孔	100kg	0.20	1372.41	1023.07	104.69	320.83	153.62	2974.62	595
6	030702011001	温度测定孔 1. 名称：风管检查孔安装； 2. 材质、规格：T-614	个	4	39.96	10.15	2.51	9.22	4.42	66.26	265
	7-2-165	温度测定孔	个	4	39.96	10.15	2.51	9.22	4.42	66.26	265
7	030703001001	碳钢阀门 1. 名称：碳钢矩形蝶阀安装； 2. 规格：500mm×300mm，长度200mm； 3. 质量：13.85kg/个	个	2	21.06	125.72	2.33	5.08	2.43	156.62	313
	7-3-8	碳钢矩形蝶阀 周长≤1600mm	个	2	21.06	125.72	2.33	5.08	2.43	156.62	313
	主材	蝶阀	个	1	0	120.00	0	0	0	120.00	120

续表

清单序号	项目编码（定额编码）	清单（定额）项目名称	计量单位	数量	人工费	材料（设备）费	机械费	管理费	利润	小计	合计（元）
8	030703001002	碳钢阀门门 1. 名称：碳钢矩形止回阀安装； 2. 规格：500mm×300mm，长度200mm； 3. 质量：15kg/个	个	2	30.11	108.81	3.53	7.31	3.50	153.26	307
	7-3-14	碳钢矩形止回阀安装 周长≤2000mm	个	2	30.11	108.81	3.53	7.31	3.50	153.26	307
	主材	碳钢矩形止回阀安装 500mm×300mm	个	1	0	100.00	0	0	0	100.00	100
9	030703001003	碳钢阀门门 1. 名称：碳钢圆形蝶阀安装； 2. 规格：φ250，长度200mm； 3. 质量：3.43kg/个	个	3	14.72	184.42	0.12	3.22	1.54	204.02	612
	7-3-7	碳钢圆形蝶阀 周长≤800mm	个	3	14.72	184.42	0.12	3.22	1.54	204.02	612
	主材	蝶阀（成品）500mm×300mm	个	1	0	180	0	0	0	180	180
10	030703007001	碳钢风口制作安装 1. 类型：插板送风口安装； 2. 规格：200mm×120mm	个	12	9.86	68.28	0	2.14	1.03	81.31	976
	7-3-112	铝制孔板风口安装周长≤900mm	个	12	9.86	68.28	0	2.14	1.03	81.31	976
	主材	插板送风口	个	1	0	60.00	0	0	0	60.00	60

续表

清单序号	项目编码(定额编码)	清单(定额)项目名称	计量单位	数量	综合单价（元）					小计	合计(元)
					人工费	材料(设备)费	机械费	管理费	利润		
11	030703019001	柔性接口 1.名称：帆布软接口制作、安装； 2.规格：500mm×300mm	m²	0.32	72.63	142.16	1.76	16.16	7.74	240.45	77
	7-2-163	帆布软接口制作、安装	m²	0.32	72.63	142.16	1.76	16.16	7.74	240.45	77
12	030703007002	碳钢散流器制作安装 1.类型：散流器； 2.型号规格：T-615，φ250	个	3	14.04	82.28	0	3.05	1.46	100.83	303
	7-3-64	方形散流器周长≤1000mm	个	3	14.04	82.28	0	3.05	1.46	100.83	303
	主材	铝合金方形散流器（成品）200mm×200mm	个	1.00	0	80.00	0	0	0	80.00	80
13	031201003001	金属结构刷油 1.除锈级别：手工除锈、轻锈； 2.油漆品种：刷红丹防锈漆； 3.结构类型：风管法兰、加固框、支托吊架除锈后刷防锈漆2遍； 4.涂刷遍数：2遍	kg	330.04	0.53	0.22	0.18	0.15	0.07	1.15	380
	12-1-5	手工除锈 一般钢结构 轻锈	100kg	3.30	20.93	1.53	8.75	6.45	3.09	40.75	134
	12-2-53	红丹防锈漆 第一遍	100kg	3.30	16.20	11.48	4.38	4.47	2.14	38.67	128
	主材	醇酸防锈漆 C53-1	kg	1.16	0	8.50	0	0	0	8.50	10
	12-2-54	红丹防锈漆增 一遍	100kg	3.30	15.66	9.48	4.38	4.35	2.08	35.95	119
	主材	醇酸防锈漆 C53-1	kg	0.95	0	8.50	0	0	0	8.50	8
14	030704001001	通风工程检测、调试 其他：通风空调系统调试、漏风试验、漏光试验	系统	1	138.93	242.51	0	30.17	14.45	426.06	426
	7-5-1	通风空调系统调试费	100工日	0.42	330.75	577.40	0	71.84	34.4	1014.39	426

码3.5-8 检查评估的参考答案

3.5.6 检查评估

1. 单选题

(1) 固定式挡烟垂壁安装基价是(　　)元/m。

A. 28.56　　　　　B. 26.15　　　　　C. 76.92　　　　　D. 80.3

(2) 关于空调工程，下列说法正确的是(　　)。

A. 不锈钢板通风管道制作安装定额的工作内容包括制作法兰、吊托支架

B. 塑料风管定额中的风管项目规格表示的直径为内径，周长为内周长

C. 净化通风矩形风管执行圆形风管相应子目

D. 软管接头如使用人造革而不使用帆布时可以换算

(3) 薄钢板风管采用共板法兰时，相应风管保温套用《安装预算定额》第十二册相应定额时，基价及主材乘以(　　)系数。

A. 0.90　　　　　B. 1.03　　　　　C. 1.05　　　　　D. 1.1

(4) 通风空调工程中，"柔性接口"执行项目编码(　　)。

A. 030702008　　B. 030703019　　C. 030702001　　D. 030703018

(5) 薄钢板部件刷油按其工程量执行《安装预算定额》第(　　)册。

A. 七　　　　　B. 十　　　　　C. 十二　　　　　D. 十三

(6) 安装在墙体内的轴流式通风机10号，其安装人工费为(　　)元/台。

A. 672.45　　　B. 806.94　　　C. 662.18　　　D. 463.53

(7) 人防各种调节阀制作、安装按设计图示数量计算，以(　　)为计量单位。

A. 个　　　　　B. 套　　　　　C. 项　　　　　D. 米

(8) 探头式含磷毒气报警器安装包括探头固定板和(　　)制作、安装。

A. 三角支架　　B. 螺栓　　　C. 法兰　　　D. 橡胶

(9) 密闭穿墙套管为成品安装时，按密闭穿墙套管制作安装定额乘以系数(　　)，穿墙管主材另计。

A. 0.2　　　　　B. 0.3　　　　　C. 0.5　　　　　D. 0.7

(10) 风口的宽与长之比小于或等于0.125为条缝形风口，执行百叶风口的相关定额，(　　)乘以系数1.1。

A. 基价　　　　B. 机械　　　C. 人工　　　D. 材料

2. 多选题

(1) 玻璃钢通风管道安装的未计价材料有(　　)。

A. 玻璃钢风管　　　　　　　B. 同质法兰

C. 同质加固框　　　　　　　D. 橡胶板

E. 氧气

(2) 通风空调工程中，在套用《安装预算定额》时，遇(　　)时可对相应定额换算后使用。

A. 铝及铝合金阀门　　　　　B. 箱体式风机

C. 圆弧形风管制作安装　　　D. 风机防虫网罩安装

E. 镀锌薄钢板法兰风管制作、安装

(3)《通用安装工程工程量计算规范》GB 50856—2013中，消声器包括(　　)等。

A. 片式消声器　　　　　　　　B. 矿棉管式消声器

C. 阀式消声器　　　　　　　　D. 微穿孔板消声器

E. 阻抗复合式消声

(4) 在各种风管的制作安装定额中，已包括吊托支架制作、安装的是(　　　)。

A. 镀锌薄钢板通风管道　　　　B. 不锈钢板通风管道

C. 塑料通风管道　　　　　　　D. 复合型通风管道

E. 成品玻璃钢通风管道

(5) 通风管道展开面积计算，不扣除(　　　)等所占面积。

A. 检查孔　　　　　　　　　　B. 测定孔

C. 送风口　　　　　　　　　　D. 吸风口

E. 阀门

3. 计算题

(1) 本题管理费费率 21.72%，利润费率 10.4%，风险费不计，计算结果保留 2 位小数。

请完善表 3.5.6-1。

定额清单综合单价计算　　　　　　　　　　　　　　　表 3.5.6-1

序号	定额项目	定额项目名称	计量单位	综合单价（元）					
				人工费	材料费	机械费	管理费	利润	小计
1		不锈钢板 800mm × 600mm 矩形（壁厚 2mm）风管（咬口连接）制作安装（主材除税单价 300 元/m²）							
2		碳钢百叶风口 1000mm×100mm 安装（主材除税单价 300 元/个）							

(2) 某通风空调工程，安装一台成品静压箱 1500mm×1500mm×800mm，设备支架 50kg/台。设备支架考虑除轻锈、刷红丹防锈漆两遍、刷银粉漆两遍。

根据《通用安装工程工程量计算规范》GB 50856—2013 和浙江省现行计价依据的相关规定，利用"综合单价计算表"完成静压箱安装的国标清单综合单价计算。主要设备材料价格见表 3.5.6-2。管理费费率按 21.72%，利润费率按 10.4% 计算，风险费不计（本题计算结果保留 2 位小数）。

请完善表 3.5.6-3。

主要设备材料价格表　　　　　　　　　　　　　　　表 3.5.6-2

序号	名称	单位	除税单价（元）	备注
1	成品静压箱 1500mm×1500mm×800mm	台	3000.00	
2	型钢综合	kg	3.80	
3	醇酸防锈漆	kg	8.19	
4	银粉漆	kg	10.95	

综合单价计算表　　　　　　　　　　　表 3.5.6-3

工程名称：某通风空调工程

清单序号	项目编号（定额编码）	清单（定额）项目名称	计量单位	数量	综合单价（元）						合计（元）
					人工费	材料费	机械费	管理费	利润	小计	

3.6　工作任务七 措施项目工程计量与计价

【学习目标】

1. 能力目标：具有脚手架搭拆费、建筑物超高增加费、操作高度增加费计量与计价的能力。

2. 知识目标：掌握脚手架搭拆费、建筑物超高增加费、操作高度增加费定额说明和工程量计算规则；熟悉脚手架搭拆费、建筑物超高增加费、操作高度增加费清单计算规范。

3. 素质目标：培养学生毫厘之间守匠心，恪守规范践初心的品质。

【项目流程图】

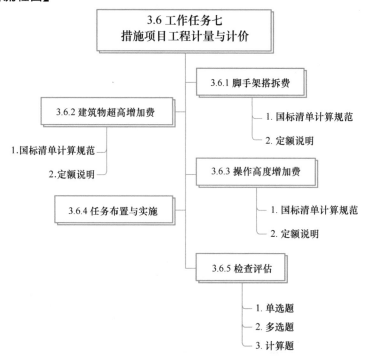

码3.6-1　脚手架搭拆费计量与计价

浙江省常用的安装工程施工技术措施费，主要包括脚手架搭拆费，建筑物超高增加费，操作高度增加费，组装平台铺设与拆除费，设备、管道施工的安全防冻和焊接保护措施费，压力容器和高压管道的检验费，大型机械设备进出场及安拆费，施工排水、降水费，其他技术措施费用。

3.6.1　脚手架搭拆费

1. 国标清单计算规范（表 3.6.1-1）

脚手架搭拆费工程工程量清单计价指引　　　　表 3.6.1-1

项目编码	项目名称	工作内容及包含范围	对应的定额子目
031301017	脚手架搭拆	1. 场内、场外材料搬运； 2. 搭、拆脚手架； 3. 拆除脚手架后材料的堆放	13-2-1～13-2-13

2. 定额说明

《安装预算定额》第十三册为通用项目和措施项目工程（本节称为"本册定额"）。

（1）定额中的机械设备安装工程（起重设备安装、起重机轨道安装），热力设备安装工程，静置设备与工艺金属结构制作安装工程，电气设备安装工程（10kV以下架空线路除外），建筑智能化工程，自动化控制仪表安装工程，通风空调工程，工业管道工程，消防工程，给排水、采暖、燃气工程，刷油、防腐蚀、绝热工程的脚手架搭拆费可按本册定额相应定额子目计算，以"工日"为计量单位。

（2）单独承担的埋地管道工程，不计取脚手架搭拆费。

（3）脚手架搭拆费执行以主册为主的原则。

（4）本册定额第二章"措施项目工程"定额基价中，以"元"为单位的"周转性材料费""其他机械费"，消耗量乘以系数 1.1（依据"浙建站计〔2021〕4 号文"）（原浙建站计〔2020〕11 号文第二部分安装工程动态调整（一）第 1 条废止，原消耗量系数为 1.07）。

【案例 3.6.1-1】某给排水工程定额人工费为 15000 元，其中地下室定额人工费占 40%，求该给排水工程脚手架搭拆费的定额清单综合单价（管理费费率 21.72%，利润费率 10.4%，风险费不计）。

例题解析：$15000/135/100 \times (168.75 + 475.88 \times 1.1) + 168.75 \times 21.72\% + 168.75 \times 10.4\% = 823.33$ 元

3.6.2　建筑物超高增加费

1. 国标清单计算规范（表 3.6.1-2）

码3.6-2　建筑物超高增加费计量与计价

建筑物超高增加费工程量清单计价指引　　　　表 3.6.1-2

项目编码	项目名称	工作内容及包含范围	对应的定额子目
031302007	高层施工增加 （即建筑物超高增加费）	1. 高层施工引起的人工工效降低以及由于人工工效降低引起的机械降效； 2. 通信联络设备的使用	13-2-14～13-2-73

2. 定额说明

建筑物超高增加费是指施工中施工高度超过 6 层或 20m 的人工降效，以及材料垂直运输增加的费用。

层数：指设计的层数（含地下室、半地下室的层数）。阁楼层、面积小于标准层 30% 的顶层及层高在 2.2m 以下的地下室或技术设备层不计算层数。

高度：指建筑物从地下室设计标高至建筑物檐口底的高度，不包括突出屋面的电梯机房、屋顶亭子间及屋顶水箱的高度等。

（1）定额中的电气设备安装工程，建筑智能化工程，自动化控制仪表安装工程，通风空调工程消防工程，给排水、采暖、燃气工程的建筑物超高增加费可按本册定额相应定额子目计算，以"工日"为计量单位。

（2）建筑物超高增加费执行以主册为主的原则。

（3）《浙江省通用安装工程预算定额》（2018 版）第十三册《通用项目和措施项目工程》第二章"措施项目工程"定额基价中，以"元"为单位的"周转性材料费""其他机械费"，消耗量乘以系数 1.1（依据"浙建站计〔2021〕4 号文"）（原浙建站计〔2020〕11 号文第二部分安装工程动态调整（一）第 1 条废止，原消耗量系数为 1.07）。

【案例 3.6.2-1】某商住楼建筑智能化工程，地下一层，地下室高度为 5.1m，地上 9 层，层高均为 3.3m，求该工程计算建筑物超高增加费的基价为多少？

例题解析：层数：指设计的层数（含地下室、半地下室的层数）。阁楼层、面积小于标准层 30% 的顶层及层高在 2.2m 以下的地下室或技术设备层不计算层数。该工程层数是 10 层。高度：指建筑物从地下室设计标高至建筑物檐口底的高度，不包括突出屋面的电梯机房、屋顶亭子间及屋顶水箱的高度等。

该工程高度是 $3.3 \times 9 + 5.1 = 34.8m$。

则基价为 $190.35 \times 1.1 + 202.50 = 411.89$ 元/100 工日。

3.6.3 操作高度增加费

1. 国标清单计算规范（表 3.6.1-3）

码3.6-3 操作高度增加费计量与计价

操作高度增加费工程量清单计价指引　　　　　表 3.6.1-3

项目编码	项目名称	工作内容及包含范围	对应的定额子目
Z031301019	操作高度增加费	操作物高度超过规定高度时所发生的人工降效费用	13-2-74～13-2-92

2. 定额说明

操作高度增加费是指操作物高度超过定额规定的高度时所发生的人工降效的费用。

（1）定额中的机械设备安装工程，电气设备安装工程，建筑智能化工程，自动化控制仪表安装工程，通风空调工程，消防工程，给排水、采暖、燃气工程，刷油、防腐蚀绝热工程的操作高度增加费可按本册定额相应定额子目计算，以"工日"或"元"为计量单位。

（2）操作高度增加费执行以主册为主的原则。

（3）安装工程基本安装高度见表 3.6.1-4。

安装工程基本安装高度　　　　　　　　　　　表 3.6.1-4

附录	专业工程名称	编码	基本安装高度（m）
A	机械设备安装工程	0301	10
B	热力设备安装工程	0302	—
C	静置设备与工艺金属结构制作安装工程	0303	—
D	电气设备安装工程	0304	5
E	建筑智能化工程	0305	5
F	自动化控制仪表安装工程	0306	6
G	通风空调工程	0307	6
H	工业管道工程	0308	20
J	消防工程	0309	5
K	给排水、采暖、燃气工程	0310	3.6
L	通信设备及线路工程	0311	—
M	刷油、防腐蚀、绝热工程	0312	6
N	措施项目	0313	—

3.6.4　任务布置与实施

某单层厂房电气工程，厂房层高 10m，分部分项工程费 450000 元，其中定额人工费 40500 元（其中操作高度 5m 以上的人工占定额人工 20%）。

根据《通用安装工程工程量计算规范》GB 50856—2013 和浙江省现行计价依据的相关规定，利用综合单价计算表完成施工技术措施项目清单的综合单价计算（管理费费率按 21.72%、利润按照 10.4% 计算，风险费不计）。

综合单价计算见表 3.6.1-5。

综合单价计算表　　　　　　　　　　　表 3.6.1-5

工程名称：某厂房电气工程

清单序号	项目编码（定额编码）	清单（定额）项目名称	计量单位	数量	人工费	材料费	机械费	管理费	利润	小计	合计（元）
1	031301017001	脚手架搭拆费	项	1	405.00	1256.31	0	87.96	42.12	1791.39	1791.39
	13-2-4	脚手架搭拆费	100工日	3	135.00	418.77	0	29.32	14.04	597.13	1791.39
2	Z031301019001	操作高度增加费	项	1	2673.00	0	0	580.58	277.99	3531.57	3531.57
	13-2-78	操作高度增加费	100工日	0.6	4455.00	0	0	967.63	463.32	5885.95	3531.57

码3.6-4 检查评估的参考答案

3.6.5 检查评估

1. 单选题

（1）下列费用中不属于安装工程施工技术措施费的有（　　）。

A. 脚手架搭拆费

B. 施工排水、降水费

C. 管道防冻和焊接保护费

D. 冬雨期施工增加费

（2）下列有关安装工程施工技术措施费的说法，正确的是（　　）。

A. 建筑物超高增加费是指施工中施工高度超过 9 层的人工降效，以及材料垂直运输增加的费用

B. 单独承担的埋地管道工程可根据需要计取脚手架搭拆费

C. 安装与生产同时进行增加费不属于施工技术措施费

D. 操作物高度增加费是指操作高度超过 5m 时所发生的人工降效的费用

（3）某商住楼建筑智能化工程，地下一层，地下室高度为 5.1m，地上 9 层，层高均为 3.3m，则该工程计算建筑物超高增加费的基价应为（　　）元/100 工日。

A. 196.43　　　　　　　　　　　　　B. 392.85

C. 411.89　　　　　　　　　　　　　D. 1178.55

2. 多选题

（1）下列不应计算操作高度增加费的是（　　）。

A. 小区内高 6m 的路灯　　　　　　　B. 高 6m 的消火栓管道

C. 20m 高水塔指示灯　　　　　　　　D. 宾馆大厅内高 5.5m 的吊灯

E. 高 12m 的滑触线

（2）建筑物高度 60m 的民用建筑给排水工程，关于其底层加压泵房（层高 6m）内超低碳不锈钢管道（氩弧焊）安装，以下说法正确的是（　　）。

A. 执行《安装预算定额》第八册《工业管道工程》碳钢管项目，其人工和机械乘以系数 1.15，焊条消耗量不变，单价可以换算

B. 执行《安装预算定额》第八册《工业管道工程》不锈钢管项目，其人工和机械乘以系数 1.15，焊条消耗量不变，单价可以换算

C. 执行《安装预算定额》第十册《给排水、采暖、燃气工程》室内薄壁不锈钢管（氩弧焊）定额子目

D. 应计取建筑物超高增加费

E. 不需计算操作高度增加费

3. 计算题

某市区 15 层民用建筑的单独消防安装工程，其分部分项工程量清单项目费合计为 5000000 元，其定额人工费 60210 元，定额机械费 15000 元。另已知 7～15 层定额人工费占总定额人工费的 40%。

根据《通用安装工程工程量计算规范》GB 50856—2013 和浙江省现行计价依据的相关规定，利用表 3.6.5-1 综合单价计算表完成施工技术措施项目清单的综合单价计算（管理费费率按 21.72%、利润按照 10.4% 计算，风险费不计）。

综合单价计算表　　　　　　　　　　表 3.6.5-1

工程名称：某厂房电气工程

清单序号	项目编码(定额编码)	清单(定额)项目名称	计量单位	数量	综合单价（元）						合计(元)
					人工费	材料费	机械费	管理费	利润	小计	
1											
2											

学习情境 4 安装工程结算编制

4.1 工作任务八 竣工结算阶段安装工程施工费用计算

【学习目标】

1. 能力目标：具有竣工结算阶段建筑安装工程施工费用计算的能力。

2. 知识目标：熟悉竣工结算阶段建筑安装工程施工费用构成；掌握竣工结算阶段建筑安装工程施工费用计算方法和计算程序。

3. 素质目标：建立工程思维和创新意识，实现职业理想，恪守职业道德，传承工匠精神。

【项目流程图】

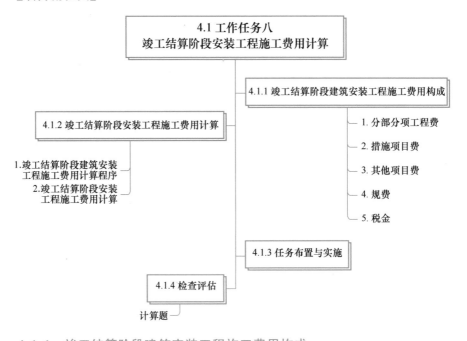

码4.1-1 竣工结算阶段建筑安装工程施工费用构成与计算

4.1.1 竣工结算阶段建筑安装工程施工费用构成

在竣工结算阶段，建筑安装工程费用按照造价形成内容划分，由税前工程造价和税金组成，包括分部分项工程费、措施项目费、其他项目费、规费和税金。

1. 分部分项工程费

分部分项工程费是指根据设计规定，按照施工验收规范、质量评定标准的要求，完成构成工程实体所耗费或发生的各项费用，包括人工费、材料费、机械费和企业管理费、利润。

2. 措施项目费

在竣工结算阶段，施工组织措施项目费除招标投标阶段费用组成外，还包括标化工地增加费。

3. 其他项目费

编制竣工结算时，包括计日工、施工总承包服务费、专业工程结算价、索赔与现场签证费以及优质工程增加费。招标投标阶段其他项目费见表 4.1.1-1。

招标投标阶段其他项目费的组成 表 4.1.1-1

内容名称		内容组成
其他项目费	1. 计日工	在施工过程中，承包人完成发包人提出的工程合同范围以外的零星项目或工作所需的费用
	2. 施工总承包服务费	施工总承包人为配合、协调发包人进行的专业工程发包，对发包人自行采购的材料、工程设备等进行保管以及施工现场管理、竣工资料汇总整理等服务所需的费用，包括发包人发包专业工程管理费（简称"专业发包工程管理费"）和发包人提供材料及工程设备保管费（简称"甲供材料设备保管费"）
	3. 专业工程结算价	发包阶段招标人在工程量清单中以暂估价给定的专业工程竣工结算时发承包双方按照合同约定计算并确定的最终金额
	4. 索赔与现场签证费	索赔费用、现场签证费用
	5. 优质工程增加费	建筑施工企业在生产合格建筑产品的基础上，为生产优质工程而增加的费用

4. 规费

竣工结算阶段的规费费用组成与招标投标阶段相同。

5. 税金

税金组成与招标投标阶段相同。

4.1.2 竣工结算阶段安装工程施工费用计算

1. 竣工结算阶段建筑安装工程施工费用计算程序

竣工结算阶段建筑安装工程施工费用计算程序见表 4.1.2-1。

竣工结算阶段建筑安装工程施工费用计算程序 表 4.1.2-1

序号	费用项目		计算方法（公式）
一	分部分项工程费		Σ分部分项工程（工程数量×综合单价＋工料机价差）
	其中	1. 人工费＋机械费	Σ分部分项工程（人工费＋机械费）
		2. 工料机价差	Σ分部分项工程（人工费价差＋材料费价差＋机械费价差）
二	措施项目费		（一）＋（二）
	（一）施工技术措施项目费		Σ技术措施项目（工程数量×综合单价＋工料机价差）
	其中	3. 人工费＋机械费	Σ技术措施项目（人工费＋机械费）
		4. 工料机价差	Σ技术措施项目（人工费价差＋材料费价差＋机械费价差）

序号	费用项目		计算方法（公式）
	（二）施工组织措施项目费		按实际发生项之和进行计算
	其中	5. 安全文明施工基本费	（1＋3）×费率
		6. 标化工地增加费	
		7. 提前竣工增加费	
		8. 二次搬运费	
		9. 冬雨期施工增加费	
		10. 行车、行人干扰增加费	
		11. 其他施工组织措施费	按相关规定进行计算
三	其他项目费		（三）＋（四）＋（五）＋（六）＋（七）
	（三）专业发包工程结算价		按各专业发包工程的除税金外全费用结算金额之和进行计算
	（四）计日工		∑计日工（确认数量×综合单价）
	（五）施工总承包服务费		12＋13
	其中	12. 专业发包工程管理费	∑专业发包工程（结算金额×费率）
		13. 甲供材料设备保管费	甲供材料确认金额×费率＋甲供设备确认金额×费率
	（六）索赔与现场签证费		14＋15
	其中	14. 索赔费用	按各索赔事件的除税金外全费用之和进行计算
		15. 签证费用	按各签证事项的除税金外全费用之和进行计算
	（七）优质工程增加费		除优质工程增加费外税前工程造价×费率
四	规费		（1＋3）×费率
五	税前工程造价		一＋二＋三＋四
六	税金（增值税销项税）		五×税率
七	建筑安装工程造价		五＋六

2. 竣工结算阶段安装工程施工费用计算

（1）分部分项工程费

分部分项工程费＝∑（分部分项工程数量×综合单价）

综合单价＝规定计量单位项目人工费＋规定计量单位项目材料费＋规定计量单位项目机械费＋（规定计量单位项目人工费＋规定计量单位项目机械费）×企业管理费费率＋（规定计量单位项目人工费＋规定计量单位项目机械费）×利润率＋风险费用

1）工料机费用（表4.1.2-2）

工料机费用计算 表 4.1.2-2

	编制竣工结算
工料机费用	综合单价所含人工费、材料费、机械费除"暂估单价"直接以相应"确认单价"替换计算外，应根据已标价清单综合单价中的人工、材料、施工机械（仪器仪表）台班消耗量，按照合同约定计算因价格波动所引起的价差

2）企业管理费、利润（表 4.1.2-3）

企业管理费、利润费用计算 表 4.1.2-3

	编制竣工结算
计算基数	国标清单计价：清单项目的"已标价人工＋已标价机械" 定额清单计价：定额项目的"已标价人工＋已标价机械"
费率	投标费率不变

（2）措施项目费

措施项目费＝施工技术措施项目费＋施工组织措施项目费

1）施工技术措施项目费

竣工结算阶段的施工技术措施项目费的计算与招标投标阶段相同。

2）施工组织措施项目费（表 4.1.2-4）

施工组织措施项目费费用计算 表 4.1.2-4

	编制竣工结算
施工组织措施项目费	应以分部分项工程费与施工技术措施项目费中依据已标价清单综合单价确定的"人工费＋机械费"乘以各施工组织措施项目相应费率以其合价之和进行计算。 其中，除法律、法规等政策性调整外，各施工组织措施项目的费率均按投标报价时的相应费率保持不变。 标化工地增加费应以施工组织措施项目费计算

（3）其他项目费（表 4.1.2-5）

其他项目费费用计算 表 4.1.2-5

阶段	项目		竣工结算
结算阶段转换内容	1）专业工程结算价		按各专业工程结算金额之和进行计算，各专业工程的结算金额应根据各自的合同约定，按不包括税金在内的全部费用分别进行计价
	2）计日工		计日工数量按实际发生并经发承包双方签证认可的确认数量进行调整
	3）施工总承包服务费		
	其中	① 专业发包工程管理费	按专业发包工程的结算金额（除税单价）及投标费率
		② 甲供材料设备保管费	按确定的结算金额（含税价）及投标费率
	4）索赔与现场签证费		
	其中	① 索赔费用	按各索赔事件的除税金外全费用之和进行计算
		② 签证费用	按各签证事项的除税金外全费用之和进行计算
	5）优质工程增加费		以实际创建标准放入其他项目费用列项

（4）规费（表 4.1.2-6）

规费费用计算   表 4.1.2-6

	编制竣工结算
计算基数	分部分项和技术措施费的"已标价人工费＋已标价机械费"
费率	按规费相应投标费率计算

码4.1-2 竣工结算阶段安装工程施工费用计算案例分析

（5）税金

竣工结算阶段的税金计算与招标投标阶段相同。

4.1.3 任务布置与实施

浙江省某市区公共建筑给排水工程为临街工程，与建筑物同步交叉配合施工，进行竣工结算时，计算得分部分项工程费合计为 6000000 元，其中人工费 1350000 元，机械费 400000 元；施工技术措施费 105000 元，其中人工费 28000 元，机械费 7000 元；另已知专业发包工程结算总造价 700000 元（含税）。本题仅计取创省标化工地增加费、专业发包工程管理费（管理、协调、配合）和安全文明施工基本费，其余的措施项目费和其他项目费用均不计。各项费率按浙江省现行计价依据相关规定计取，区间取费的，取下限费率；采用一般计税法计税，增值税销项税税率为 9%，增值税征收率税率为 3%。利用表 4.1.3-1 计算该工程竣工结算费用，计算结果取整数。

单位工程竣工结算费用表   表 4.1.3-1

工程名称：某市区公共建筑给排水工程

序号		费用名称	计算方法（公式）	金额（元）
1		分部分项工程费	6000000	6000000
1.1	其中	人工费＋机械费	1350000＋400000	1750000
2		措施项目费	105000＋167407	272407
2.1		施工技术措施项目费	105000	105000
2.1.1	其中	人工费＋机械费	28000＋7000	35000
2.2		施工组织措施项目费	131171＋36236	167407
2.2.1	其中	安全文明施工基本费	（1750000＋35000）×6.39%×1.15	131171
2.2.2		标化工地增加费	（1750000＋35000）×2.03%	36236
3		其他项目费	642202＋12844	655046
3.1		专业工程结算价	700000/（1＋9%）	642202
3.2		计日工	—	—
3.3		施工总承包服务费	12844	12844
3.3.1	其中	专业发包工程管理费（管理、协调、配合）	642202×2%	12844
4		规费	（1750000＋35000）×30.63%	546746
5		税前工程造价	6000000＋272407＋655046＋546746	7474199
6		增值税	7474199×9%	672678
7		竣工结算总价合计	7474199＋672678	8146877

4.1.4 检查评估

计算题

某高层建筑电气安装工程（市区，同步交叉施工），进行竣工结算时，计算出分部分项工程费为3200000元（不含甲供材料金额），其中人工费555000元，机械费54200元。施工技术措施项目费29880元，其中人工费7500元，机械费5200元。施工组织措施费仅考虑安全文明施工基本费、二次搬运费。已知专业发包工程结算总造价190000元（含税），该项目创优质工程（设区市级），甲供材料100000元（不含税，税率为13%，未计入分部分项费用）。计取专业发包工程管理费（管理、协调），甲供材料保管费等其他项目费。各项费率按浙江省现行计价依据相关规定计取，区间取费的，取下限费率；按一般计税法计算税金，甲供材料不计入工程造价，计算结果取整数。

请完善表4.1.4-1。

码4.1-3 检查
评估的参考答案

单位工程竣工结算费用表   表 4.1.4-1

序号		费用名称	计算方法（公式）	金额（元）	备注
1		分部分项工程费			
1.1	其中	人工费＋机械费			
2		措施项目费			
2.1		施工技术措施项目费			
2.1.1	其中	人工费＋机械费			
2.2		施工组织措施项目费	—		
2.2.1	其中	安全文明施工基本费			
2.2.2		二次搬运费			
3		其他项目费			
3.1		专业工程结算价			
3.2		计日工			
3.3		施工总承包服务费			
3.3.1	其中	专业发包工程管理费（管理、协调）			
3.3.2		甲供材料保管费			
3.4		优质工程增加费			
4		规费			
5		税前工程造价			
6		增值税			
7		竣工结算总价合计			

4.2 工作任务九 安装工程价款结算和合同价款调整

【学习目标】

1. 能力目标：具有安装工程价款结算的能力；具有安装工程合同价款调整的能力。

2. 知识目标：掌握安装工程价款结算和合同价款调整的方法。

3. 素质目标：精准结算，塑造价值，培养学生精益求精、不断进取的职业精神。

【项目流程图】

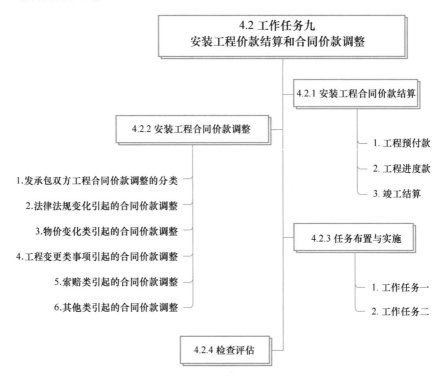

4.2.1 安装工程合同价款结算

码4.2-1 安装工程预付款

安装工程合同价款结算是指依据建设工程发承包合同等进行工程预付款、工程进度款、竣工结算的活动。

1. 工程预付款

工程预付款是指建设工程施工合同订立后，由发包人按照合同约定，在正式开工前预先支付给承包人的工程款。它是施工准备和所需要材料、构件等流动资金的主要来源，国内习惯上又称为预付备料款。

（1）预付款的支付

1）预付款的计算

各地区、各部门对工程预付款额度的规定不完全相同，主要是保证施工所需材料和构件的正常储备。工程预付款额度一般是根据施工工期、建安工作量、主要材料和构件费用占建安工程费的比例以及材料储备周期等因素经测算确定。

① 百分比法。发包人根据工程的特点、工期长短、市场行情、供求规律等因素，招标时在合同条件中约定工程预付款的百分比。根据《建设工程价款结算暂行办法》的规定，预付款的比例原则上不低于合同金额的 10%，不高于合同金额的 30%。

② 公式计算法。公式计算法是根据主要材料（含构件等）占年度承包工程总

238

价的比重，材料储备定额天数和年度施工天数等因素，通过公式计算预付款额度的一种方法。其计算公式为：

$$工程预付款额 = \frac{工程总价 \times 材料比例（\%）}{年度施工天数} \times 材料储备定额天数$$

式中，年度施工天数按 365 天日历天计算。

材料储备定额天数由当地材料供应的在途天数、加工天数、整理天数、供应间隔天数、保险天数等因素决定。

2）预付款的支付时间

① 承包人应在签订合同或向发包人提供与预付款等额的预付款保函（如有）后向发包人提交预付款支付申请。

② 发包人应在收到支付申请的 7 天内进行核实后向承包人发出预付款支付证书，并在签发证书后的 7 天内向承包人支付预付款。

③ 发包人没有按合同约定按时支付预付款的，承包人可催告发包人支付；发包人在预付款期满后的 7 天内仍未支付的，承包人可在付款期满后的第 8 天起暂停施工。发包人应承担由此增加的费用和（或）延误的工期，并向承包人支付合理利润。

（2）预付款的扣回

发包人支付给承包人的工程预付款属于预支性质，随着工程的逐步实施，原已支付的预付款应以冲抵工程价款的方式陆续扣回，抵扣方式应当由双方当事人在合同中明确约定。扣款的方法主要有以下两种：

① 按合同约定扣款。预付款的扣款方法由发包人和承包人通过洽商后在合同中予以确定，一般是在承包人完成金额累计达到合同总价的一定比例后，由承包人开始向发包人还款，发包方从每次应付给承包人的金额中扣回工程预付款，发包人至少在合同规定的完工期前将工程预付款的总金额逐次扣回。国际工程中的扣回方法一般为：当工程进度款累计金额超过合同价格的 10%～20% 时开始起扣，每月从进度款中按一定比例扣回。

② 起扣点计算法。从未施工工程尚需的主要材料及构件的价值相当于工程预付款数额时起扣，从每次结算工程价款时，按材料所占比中扣减工程价款，至工程竣工前全部扣清，起扣点的计算公式如下：

$$T = P - \frac{M}{N}$$

式中　T——起扣点（即工程预付款开始扣回时）的累计完成工程金额；

　　　M——工程预付款总额；

　　　N——主要材料及构件所占比重；

　　　P——承包工程合同总额。

第一次扣还工程预付款的数额计算：

$$a_1 = (\sum_{i=1}^{n} T_i - T) \times N$$

式中　a_1——第一次扣还预付款的数额；

$\sum\limits_{i=1}^{n} T_i$——累计已完工程价值。

第二次及以后各次扣还预付款的数额为：

$$a_i = T_i \times N$$

式中　　a_i——第 i 次扣还预付款数额（$i=2$，3…）；

　　　　T_i——第 i 次扣还预付款时，当期结算的已完工程价值。

码4.2-2　安装工程进度款与竣工结算

2. 工程进度款

发承包双方应按照合同约定的时间、程序和方法，根据工程计量结果，办理期中价款结算，支付进度款。进度款支付周期应与合同约定的工程计量周期一致。

（1）期中支付价款的计算

① 期中支付价款的结算。已标价工程量清单中的单价项目，承包人应按工程计量确认的工程量与综合单价计算。如综合单价发生调整的，以发承包双方确认调整的综合单价计算进度款。

已标价工程量清单中的总价项目，承包人应按合同中约定的进度款支付分解，分别列入进度款支付申请中的安全文明施工费和本周期应支付的总价项目的金额中。

② 期中支付价款的调整。承包人现场签证和得到发包人确认的索赔金额列入本周期应增加的金额中，由发包人提供的材料、工程设备金额，应按照发包人签约提供的单价和数量从进度款支付中扣除，列入本周期应扣减的金额中。

（2）期中支付的程序

① 承包人提交进度款支付申请，承包人应在每个计量周期到期后的 7 天内向发包人提交已完工程进度款支付申请一式四份，详细说明此周期认为有权得到的款额，包括分包人已完工程的价款，支付申请的内容包括：累计已完成支付的合同价款；累计已实际支付的合同价款；本周期合计完成的合同价款；本周期合计应扣减的金额；本周期实际应支付的合同价款。

② 发包人签发进度款支付证书。发包人应在收到承包人进度款支付申请后的 14 天内，根据计量结果和合同约定对申请内容予以核实，确认后向承包人出具进度款支付证书。若发、承包双方对有的清单项目的计量结果出现争议，发包人应对无争议部分的工程计量结果向承包人出具进度款支付证书。

③ 发包人支付进度款。发包人应在签发进度款支付证书后的 14 天内，按照支付证书列明的金额向承包人支付进度款。若发包人逾期未签发进度款支付证书，则视为承包人提交的进度款支付申请已被发包人认可，承包人可向发包人发出催告付款的通知。发包人应在收到通知的 14 天内，按照承包人支付申请的金额向承包人支付进度款。

发包人未按照规定的程序支付进度款的，承包人可催告发包人支付，并有权获得延迟支付的利息；发包人在付款期满后的 7 天内仍未支付的，承包人可在付款期满后的 8 天起暂停施工。发包人应承担由此增加的费用和（或）延误的工期，向承包人支付合理利润，并承担违约责任。

④ 进度款的支付比例。进度款的支付比例按照合同约定，按期中结算价款总额计，不低于 60%，不高于 90%。

⑤ 支付证书的修正。发现已签发的任何支付证书有错、漏或重复的数额，发

包人有权予以修正，承包人也有权提出修正申请。经发承包双方复核同意修正的，应在本次到期的进度款中支付或扣除。

3. 竣工结算

工程竣工结算是指工程项目完工并经竣工验收合格后，发承包双方按照施工合同的约定对所完成的工程项目进行的合同价款的计算、调整和确认。工程竣工结算分为单位工程竣工结算、单项工程竣工结算和建设项目竣工总结算，其中，单位工程竣工结算和单项工程竣工结算也可看作是分阶段结算。

工程竣工结算由承包人或受其委托具有相应资质的工程造价咨询人编制，由发包人或受其委托具有相应资质的工程造价咨询人核对。工程竣工结算编制的主要依据有：

（1）国家有关法律、法规、规章制度和相关的司法解释。

（2）国务院建设主管部门以及各省、自治区、直辖市和有关部门发布的工程造价计价标准、计价方法、有关规定及相关解释。

（3）《建设工程工程量清单计价规范》GB 50500—2013。

（4）施工承发包合同、专业分包合同及补充合同，有关材料、设备采购合同。

（5）招标投标文件，包括招标答疑文件、投标承诺、中标报价书及其组成内容。

（6）工程竣工图或施工图、施工图会审记录，经批准的施工组织设计，以及设计变更、工程洽商和相关会议纪要。

（7）经批准的开、竣工报告或停、复工报告。

（8）发承包双方实施过程中已确认的工程量及其结算的合同价款。

（9）发承包双方实施过程中已确认调整后追加（减）的合同价款。

（10）其他依据。

在采用工程量清单计价的方式下，工程竣工结算的计价原则如下：

（1）分部分项工程和措施项目中的单价项目应依据双方确认的工程量和已标价工程量清单的综合单价计算；如发生调整的，以发承包双方确认调整的综合单价计算。

（2）措施项目中的总价项目应依据合同约定的项目和金额计算；如发生调整的，以发承包双方确认调整的金额计算，其中安全文明施工费必须按照国家或省级、行业建设主管部门的规定计算。

（3）其他项目应按下列规定计价：

① 计日工应按发包人实际签证确认的事项计算。

② 暂估价应按发承包双方按照《建设工程工程量清单计价规范》GB 50500—2013 的相关规定计算。

③ 总承包服务费应依据合同规定金额计算，如发生调整的，以发承包双方确认调整的金额计算。

④ 施工索赔费用应依据发承包双方确认的索赔事项和金额计算。

⑤ 现场签证费用应依据发承包双方签证资料确认的金额计算。

⑥ 暂列金额应减去工程价款调整（包括索赔、现场签证）金额计算，如有余

额归发包人。

（4）规费和税金应按照国家或省级、行业建设主管部门的规定计算。

4.2.2 安装工程合同价款调整

1. 发承包双方工程合同价款调整的分类

在工程施工阶段，由于项目实际情况的变化，发承包双方在施工合同中约定的合同价款可能会出现变动。按照风险共担和合理分摊原则，有效地控制工程造价，发承包双方应当在施工合同中明确约定合同价款的调整事件、调整方法及调整程序。

发承包双方按照合同约定调整合同价款的若干事项，大致包括五大类：

（1）法律法规变化类风险：法律、法规、规章和政策等变化导致费率及要素价格（人工费）的变化。

（2）物价波动类风险：物价波动类风险导致要素价格的变化。

（3）变更类风险：工程变更、项目特征不符、工程量清单缺项、工程量偏差导致综合单价变化。

（4）索赔类风险：提前竣工（赶工补偿）、误期赔偿、索赔、不可抗力导致费用损失。

（5）其他类风险：计日工与现场签证作为一种方式对合同价款予以调整；暂估价与暂列金额的变化可直接列入合同价款的调整。

2. 法律法规变化引起的合同价款调整

码4.2-3 安装工程合同价款调整—法律法规变化类、物价波动类

为了合理划分发承包双方的合同风险，施工合同中应当约定一个基准日，对于基准日之后发生的、作为一个有经验的承包人在招标投标阶段不可能合理预见的风险，应当由发包人承担。《建设工程工程量清单计价规范》GB 50500—2013 第 9.2.1 条规定"招标工程以投标截止日前 28 天，非招标工程以合同签订前 28 天为基准日，其后国家的法律、法规、规章和政策发生变化引起工程造价增减变化的，发承包双方应当按照省级或行业建设主管部门或其授权的工程造价管理机构据此发布的规定调整合同价款"。

在工程建设中，法律、法规变化导致的合同价款的调整方法如下：

（1）施工合同履行期间，国家颁布的法律、法规、规章和有关政策在合同工程基准日之后发生变化，导致工程措施项目费中的安全文明施工基本费、规费、税金调整的，合同双方当事人应当依据法律、法规、规章和有关政策的规定调整合同价款。但是，如果有关价格（如人工、材料和工程设备等价格）的变化已经包含在物价波动事件的调价公式中，则不再予以考虑。

（2）如果由于承包人的原因导致的工期延误，按规定的调整时间，在合同工程原定竣工时间之后，合同价款不予调整。在工程延误期间国家的法律、行政法规和相关政策发生变化引起工程造价变化的，造成合同价款减少的，合同价款予以调整。

（3）如果由于发包人的原因导致的工期延误，国家的法律、法规、规章和有关政策等调整在施工合同原定竣工时间之后，调增的予以调整，造成合同价款减少的，合同价款不予调整。

3. 物价变化类引起的合同价款调整

依据《建设工程工程量清单计价规范》GB 50500—2013 第 3.4.3 条规定：由于市场物价波动影响合同价款的，应由发承包双方合理分摊。因此，发承包双方应按照合同公平公正以及风险合理分担的原则就合同价款进行调整，同时在合同签订阶段时将相关合同条款约定明确，如价款调整的主体、调整幅度等，以避免合同价款调整纠纷事件的发生。

在工程实践中，物价变化引起合同价款调整的方法一般有价格指数调整法、造价信息调整法、实际价格调整法等。

（1）采用价格指数法调整价格差额

价格指数调整价格差额的方法在《建设工程工程量清单计价规范》GB 50500—2013 附录 A 中有明确约定。因人工、材料和工程设备、施工机械台班等价格波动影响合同价格时，根据招标人提供的主要材料和工程设备一览表，并由投标人在投标函附录中的价格指数和权重表约定的数据，按下式进行合同价款调整。

$$\Delta P = P_0\left[A + \left(B_1 \times \frac{F_{t1}}{F_{01}} + B_2 \times \frac{F_{t2}}{F_{02}} + B_3 \times \frac{F_{t3}}{F_{03}} + \cdots + B_n \times \frac{F_{tn}}{F_{0n}}\right) - 1\right]$$

以上价格调整公式中的各可调因子、定值和变值权重，以及基本价格指数及其来源在投标函附录价格指数和权重表中约定。应首先采用有关部门提供的价格指数，缺乏上述价格指数时，可采用有关部门提供的价格。

（2）采用造价信息调整价格差额

施工期内，因人工、材料和工程设备、施工机械台班价格波动影响合同价格时，人工、机械使用费按照国家或省、自治区、直辖市建设行政管理部门、行业建设管理部门或其授权的工程造价管理机构发布的人工成本信息、材料价格信息、机械台班单价或机械使用费系数进行调整；需要进行价格调整的材料，其单价和采购数应由发包人复核，发包人确认需调整的材料单价及数量，作为调整合同价款差额的依据。具体调整方式应在施工合同中约定。

4. 工程变更类事项引起的合同价款调整

工程变更是指合同实施过程中由发包人提出或承包人提出，经发包人批准的对合同工程的工作内容、工程数量、质量要求、施工顺序与时间、施工条件、施工工艺或其他特征及合同条件等的改变。

码4.2-4　安装工程合同价款调整—变更类、索赔类

工程变更的价款调整方法如下：

（1）因工程变更引起已标价工程量清单项目或其工程数量发生变化时，应按照下列规定调整：

① 已标价工程量清单中有适用于变更工程项目的，应采用该项目的单价；但当工程变更导致该清单项目的工程数量发生变化，且工程量偏差超过 15％时，增加部分的工程量的综合单价应予调低；当工程量减少 15％以上时，减少后剩余部分的工程量的综合单价应予调高。

② 已标价工程量清单中没有适用但有类似于变更工程项目的，可在合理范围

内参照类似项目的单价。

③已标价工程量清单中没有适用也没有类似于变更工程项目的，应由承包人根据变更工程资料、计量规则和计价办法、工程造价管理机构发布的信息价格和承包人报价浮动率提出变更工程项目的单价或总价，并应报发包人确认后调整。承包人报价浮动率可按下列公式计算：

招标工程：承包人报价浮动率 $L=(1-$ 中标价/招标控制价$)\times100\%$

非招标工程：承包人报价浮动率 $L=(1-$ 报价/施工图预算$)\times100\%$

④已标价工程量清单中没有适用也没有类似于变更工程项目，且工程造价管理机构发布的信息价格缺价的，应由承包人根据变更工程资料、计量规则、计价办法和通过市场调查等取得有合法依据的市场价格，提出变更工程项目的单价或总价，并应报发包人确认后调整。

（2）工程变更引起施工方案改变并使措施项目发生变化时，承包人提出调整措施项目费的，应事先将拟实施的方案提交发包人确认，并应详细说明与原方案措施项目相比的变化情况。拟实施的方案经发承包双方确认后执行，并应按照下列规定调整措施项目费：

①安全文明施工费应按照实际发生的措施项目依据国家或省级、行业建设主管部门的规定计算，不得作为竞争性费用。

②采用单价计算的措施项目费，应按照实际发生变化的措施项目同分部分项工程费的调整办法确定单价。

③按总价（或系数）计算的措施项目费，除安全文明施工费外，按照实际发生变化的措施项目调整，但应考虑承包人报价浮动因素，即调整金额按照实际调整金额乘以承包人报价浮动率计算。

如果承包人未事先将拟实施的方案提交给发包人确认，则应视为工程变更不引起措施项目费的调整或承包人放弃调整措施项目费的权利。

5. 索赔类引起的合同价款调整

索赔是指在工程合同履行过程中，合同当事人一方因非己方的原因而遭受损失，按合同约定或法律法规规定应由对方承担责任，通过正当的索赔理由和有效证据，向对方提出补偿的要求。

发承包双方均能提出索赔要求并获得以下一项或几项赔偿：

（1）承包人要求赔偿时

根据合同约定，承包人认为非承包人原因发生的事件造成了承包人的损失，应按下列程序向发包人提出索赔：

①承包人应在知道或应当知道索赔事件发生后28天内，向发包人提交索赔意向通知书，说明发生索赔事件的事由。承包人逾期未发出索赔意向通知书的，丧失索赔的权利。

②承包人应在发出索赔意向通知书后28天内，向发包人正式提交索赔通知书。索赔通知书应详细说明索赔理由和要求，并应附必要的记录和证明材料。

③索赔事件具有连续影响的，承包人应继续提交延续索赔通知，说明连续影响的实际情况和记录。

④ 在索赔事件影响结束后的 28 天内，承包人应向发包人提交最终索赔通知书，说明最终索赔要求，并应附必要的记录和证明材料。

（2）发包人要求赔偿时

根据合同约定，发包人认为由于承包人的原因造成发包人的损失，宜按承包人索赔的程序进行索赔。承包人应付给发包人的索赔金额可从拟支付给承包人的合同价款中扣除，或由承包人以其他方式支付给发包人。

（3）发承包双方要求赔偿时

① 承包人可获得下列一项或几项方式赔偿：延长工期；要求发包人支付实际发生的额外费用；要求发包人支付合理的预期利润；要求发包人按合同的约定支付违约金。

② 发包人可获得下列一项或几项方式赔偿：延长质量缺陷修复期限；要求承包人支付实际发生的额外费用；要求承包人按合同的约定支付违约金。

6. 其他类引起的合同价款调整

其他类合同价款调整事项包括现场签证、计日工、暂估价与暂列金额等。

（1）现场签证

现场签证是指发包人或其授权现场代表（包括工程监理人、工程造价咨询人）与承包人或其授权现场代表就施工过程中涉及的责任事件所做的签认证明。施工合同履行期间出现现场签证事件的，发、承包双方应调整合同价款。

（2）计日工

任一计日工项目实施结束，承包人应按照确认的计日工现场签证报告核实该类项目的工程数量，并根据核实的工程数量和承包人已标价工程量清单中的计日工单价计算，提出应付价款；已标价工程量清单中没有该类计日工单价的，由发、承包双方按工程变更的有关规定商定计日工单价计算。

每个支付期末，承包人应与进度款同期向发包人提交本期间所有计日工记录的签证汇总表，以说明本期间自己认为有权得到的计日工金额，调整合同价款，列入进度款支付。

（3）暂估价与暂列金额

在工程招标阶段已经确认的材料、工程设备或专业工程项目，由于标准不明确，当时无法确定准确价格，为方便合同管理和计价，由发包人在招标工程量清单中给定一个暂估价或暂列金额，该暂估价构成签约合同价的组成部分。结算的时候扣除施工合同约定的暂估价或暂列金额，根据现场实际确认的内容，按照施工合同约定计取相应费用。

4.2.3　任务布置与实施

1. 工作任务一

（1）工程概况

某建筑工程的合同承包价为 489 万元，工期为 8 个月，工程预付款占合同承包价的 20%。主要材料及预制构件价值占工程总价的 65%，保留金占工程总费的 5%。该工程每月实际完成的产值及合同价款调整增加额见表 4.2.3-1。

表 4.2.3-1

某工程实际完成产值及合同价款调整增加额

月份	1	2	3	4	5	6	7	8	合同价调整增加额（万元）
完成产值（万元）	25	36	89	110	85	76	40	28	67

（2）工作任务

1）该工程应支付多少工程预付款？

2）该工程预付款起扣点为多少？

3）该工程每月应结算的工程进度款及累计拨款分别为多少？

4）该工程应付竣工结算价款为多少？

（3）任务实施

1）工程预付款＝489×20％＝97.8 万元

2）工程预付款起扣点

$$T=489-\frac{97.8}{65\%}=338.54 \text{ 万元}$$

3）1 月份累计拨款＝25 万元＜338.54 万元，预付款不扣回

2 月份累计拨款＝25＋36＝61 万元＜338.54 万元，预付款不扣回

3 月份累计拨款＝61＋89＝150 万元＜338.54 万元，预付款不扣回

4 月份累计拨款＝150＋110＝260 万元＜338.54 万元，预付款不扣回

5 月份累计拨款＝260＋85＝345 万元＞338.54 万元，应从 5 月份进度款中扣除一定数额预付款。

5 月份进度款＝[85－(345－338.54)]＋(345－338.54)×(1－65％)＝80.80 万元

5 月份累计拨款＝260＋80.80＝340.80 万元

6 月份进度款＝76×(1－65％)＝26.60 万元

6 月份累计拨款＝340.80＋26.60＝367.40 万元

7 月份进度款＝40×(1－65％)＝14.00 万元

7 月份累计拨款＝367.40＋14.00＝381.40 万元

8 月份进度款＝28×(1－65％)＝9.80 万元

8 月份累计拨款＝381.40＋9.80＋97.8＝489 万元

每月应结算的工程进度款及累计拨款如表 4.2.3-2 所示。

表 4.2.3-2

进度款及累计拨款

月份	1	2	3	4	5	6	7	8
应结算工程进度款（万元）	25	36	89	110	85	76	40	28
累计拨款（万元）	25	61	150	260	340.80	367.40	381.40	489

4）竣工结算价款＝合同总价＋合同调整增加额＝489＋67＝556 万元

2. 工作任务二

（1）工程概况

某商业楼消防工程，建筑面积130000m²，地下2层，地上6层，合同工期365天，某施工单位按照建设单位提供的工程量清单及其他招标文件参加了该工程投

标，并以 4255.25 万元的报价中标。双方依据《建设工程施工合同（示范文本）》签订了工程施工合同。

合同约定：本工程采用固定单价合同计价模式；当实际工程量增加或减少超过清单工程量的 5% 时，合同单价予以调整，调整系数为 0.95 或 1.05；投标报价中镀锌钢管 $DN100$ 管道、镀锌钢管 $DN80$ 管道全费用综合单价分别为 186.54 元/m、120.32 元/m。

合同履行过程中，施工承包单位项目部对清单工程量进行了复核。其中：镀锌钢管 $DN100$ 管道实际工程量为 6258.25m，清单工程量 5858.25m；镀锌钢管 $DN80$ 管道实际工程量为 5952.6m，清单工程量 6345.24m，施工承包单位向建设单位提交了工程价款调整报告。

（2）工作任务

施工承包单位镀锌钢管 $DN100$ 管道和镀锌钢管 $DN80$ 管道价款是否可以调整？为什么？调整后的价款分别是多少元？（计算结果保留两位小数）

（3）任务实施

镀锌钢管 $DN100$ 管道：$(6258.25-5858.25) \div 5858.25 = 6.83\% > 5\%$

镀锌钢管 $DN80$ 管道：$(6345.24-5952.6) \div 6345.24 = 6.19\% > 5\%$

合同条款约定"当实际工程量增加或减少超过清单工程量的 5% 时，合同单价予以调整"，经计算镀锌钢管 $DN100$ 管道和镀锌钢管 $DN80$ 管道价款均可以调整。

调整后价款计算如下：

镀锌钢管 $DN100$ 管道：$5858.25 \times 186.65 \times (1+5\%) = 1148114.48$ 元。

镀锌钢管 $DN80$ 管道：$[6345.24-5952.6 \times (1+5\%)] \times 120.32 \times 0.95 + 5952.6 \times (1+5\%) \times 120.32 = 10860.02 + 752027.67 = 762887.69$ 元。

4.2.4 检查评估

（1）合同价款结算包含哪些款项？

（2）发承包双方应当按照合同约定调整合同价款，合同价款调整总体分为哪几类？简述调整方法。

附件 1

《浙江省通用安装工程预算定额》(2018版) 勘误表 (一)

序号	页码	部位	误	正
			第二册 热力设备安装工程	
1	220	工程量计算规则二.1 工程量计算公式	$\delta_1 = S \times \delta - \pi d^2/8$	$\delta_1 = \dfrac{S \times \delta - \pi d^2/8}{S}$
	220	工程量计算规则二.2 工程量计算公式	$V = a \times b \times h - n \times \pi^2/4 \times h$	$V = a \times b \times h - n \times \pi d^2/4 \times h$
			第四册 电气设备安装工程	
2	5	第一章说明 6	非晶合金变压器安装根据容量执行相应的油浸变压器安装定额	非晶合金变压器安装根据容量执行相应的变压器安装定额
			第七册 通风空调工程	
3	152	4-7-31	计量单位: 套	计量单位: 10 副
4	43	7-2-89	项目规格: ≤2400×3	项目规格: ≤2000×3
5	66	7-3-32	风管防火阀未计价主材: (一)	风管防火阀未计价主材: (1.000)
			第八册 工业管道工程	
6	1	册说明三.2	2. 管道预制钢平台的摊销均执行第三册《静置设备与工艺金属结构制作安装工程》相应项目	2. 管道预制钢平台的摊销执行第十三册《通用项目和措施项目工程》的相应项目
			第十册 给排水、采暖、燃气工程	
7	184、185、186、190、191、192、193	定额中未计价主材	定额材料栏中未计价主材阀门的型号、规格，如 P184 中未计价主材闸阀 Z45T-10 DN65、止回阀 H44T-10 DN100	未计价主材阀门删除型号、规格，如 P184 中未计价主材闸阀、止回阀

续表

序号	页码	部位	误		正	
			第十二册　刷油、防腐蚀、绝热工程			
8	293	12-11-29	材料:铜端子 16mm² 单价 2.16		材料:铜接线端子 DT-16 单价 2.59	
			基价（元）	164.69	基价（元）	64.35
			材料费（元）	139.44	材料费（元）	39.10
		12-4-358	名称	消耗量	名称	消耗量
			橡塑管壳	(1.030)	闭孔橡塑套管（气管用），计量单位：m	(10.400)
					闭孔橡塑套管（液管用），计量单位：m	(10.400)
			铝箔胶带 45mm	6.050	铝箔胶带 45mm	2.130
			贴缝胶带 9mm	4.250	贴缝胶带 9mm	0.430
			基价（元）	125.20	基价（元）	78.60
			材料费（元）	94.96	材料费（元）	48.36
9	136	12-4-359	名称	消耗量	名称	消耗量
			橡塑管壳	(1.030)	闭孔橡塑套管（气管用），计量单位：m	(10.400)
					闭孔橡塑套管（液管用），计量单位：m	(10.400)
			铝箔胶带 45mm	3.850	铝箔胶带 45mm	2.660
			贴缝胶带 9mm	3.250	贴缝胶带 9mm	0.530
			基价（元）	102.94	基价（元）	88.57
			材料费（元）	69.46	材料费（元）	55.09
		12-4-360	名称	消耗量	名称	消耗量
			橡塑管壳	(1.030)	闭孔橡塑套管（气管用），计量单位：m	(10.400)
					闭孔橡塑套管（液管用），计量单位：m	(10.400)
			铝箔胶带 45mm	2.920	铝箔胶带 45mm	3.040
			贴缝胶带 9mm	2.180	贴缝胶带 9mm	0.610

续表

序号	页码	部位	误		正	
			名称	消耗量	名称	消耗量
9	136	12-4-361	基价（元）	106.05	基价（元）	96.80
			材料费（元）	69.46	材料费（元）	60.21
			名称	消耗量	名称	消耗量
			橡塑管壳	(1.030)	闭孔橡塑套管（气管用），计量单位：m	(10.400)
					闭孔橡塑套管（液管用），计量单位：m	(10.400)
			铝箔胶带 45mm	2.920	铝箔胶带 45mm	3.330
			贴缝胶带 9mm	2.180	贴缝胶带 9mm	0.670
		12-4-362	基价（元）	111.85	基价（元）	110.82
			材料费（元）	69.46	材料费（元）	68.43
			名称	消耗量	名称	消耗量
			橡塑管壳	(1.030)	闭孔橡塑套管（气管用），计量单位：m	(10.400)
					闭孔橡塑套管（液管用），计量单位：m	(10.400)
			铝箔胶带 45mm	2.920	铝箔胶带 45mm	3.800
			贴缝胶带 9mm	2.180	贴缝胶带 9mm	0.760
		12-4-363	基价（元）	117.66	基价（元）	124.70
			材料费（元）	69.46	材料费（元）	76.50
			名称	消耗量	名称	消耗量
			橡塑管壳	(1.030)	闭孔橡塑套管（气管用），计量单位：m	(10.400)
					闭孔橡塑套管（液管用），计量单位：m	(10.400)
			铝箔胶带 45mm	2.920	铝箔胶带 45mm	4.260
			贴缝胶带 9mm	2.180	贴缝胶带 9mm	0.850

续表

序号	页码	部位	误		正	
			名称	消耗量	名称	消耗量
9	136	12-4-364	基价(元)	124.68	基价(元)	150.35
			材料费(元)	69.46	材料费(元)	95.13
			橡塑管壳	(1.030)	闭孔橡塑套管(气管用)、计量单位:m	(10.400)
					闭孔橡塑套管(液管用)、计量单位:m	(10.400)
			铝箔胶带 45mm	2.920	铝箔胶带 45mm	5.320
			贴缝胶带 9mm	2.180	贴缝胶带 9mm	1.060
		12-4-365	基价(元)	133.99	基价(元)	176.21
			材料费(元)	69.46	材料费(元)	111.68
			橡塑管壳	(1.030)	闭孔橡塑套管(气管用)、计量单位:m	(10.400)
					闭孔橡塑套管(液管用)、计量单位:m	(10.400)
			铝箔胶带 45mm	2.920	铝箔胶带 45mm	6.260
			贴缝胶带 9mm	2.180	贴缝胶带 9mm	1.250
		12-4-366	基价(元)	143.44	基价(元)	200.45
			材料费(元)	69.46	材料费(元)	126.47
			橡塑管壳	(1.030)	闭孔橡塑套管(气管用)、计量单位:m	(10.400)
					闭孔橡塑套管(液管用)、计量单位:m	(10.400)
			铝箔胶带 45mm	2.920	铝箔胶带 45mm	7.100
			贴缝胶带 9mm	2.180	贴缝胶带 9mm	1.420
10	299	册说明四.2	第十三册 通用项目和措施项目工程 2. 施工中遇到的旧设备、旧材料如拆卸后再利用的、其拆除费用可参考相应安装定额、人工乘以系数 0.5、机械乘以系数 0.3……		2. 施工中遇到的旧设备、旧材料如拆卸后再利用的、其拆除费用可参考相应安装定额、人工乘以系数 0.5、材料、机械乘以系数 0.3……	

附件2

《浙江省通用安装工程预算定额》（2018版）勘误表（二）

序号	页码	部位	误	正
			第一册　机械设备安装工程	
1	177	1-8-13	基价（元）798.43　机械费（元）371.27　名称　消耗量　载货汽车10t　0.7	基价（元）465.13　机械费（元）37.97　名称　消耗量　载货汽车10t　0
			第四册　电气设备安装工程	
2	201	章说明二.5	如果采用单独扁钢或圆钢明敷设为均压环时，可执行户内接地母线敷设相应定额	如果采用单独扁钢或圆钢明敷设为均压环时，可执行接地母线敷设"沿砖墙结构明敷"定额子目
3	347	4-13-281	材料：成套灯具消耗量（12.12）	材料：成套灯具消耗量（10.100）
			第五册　建筑智能化工程	
4	30	5-2-39	材料：信息插座　消耗量（1.000）	材料：信息插座　消耗量　—
5	120	5-6-93	材料：电视监控设备　消耗量（1.000）	材料：电视监控设备　消耗量　—
			第八册　工业管道工程	
6	2	册说明六.2（2）	（2）不锈钢管超低碳不锈钢管按本说明外……	（2）不锈钢管超低碳不锈钢管按册说明外……
			第十三册　通用项目和措施项目工程	
7	308	13-1-25	基价：元 251.44　人工费：元 213.57　人工：工日 1.582	基价：元 183.27　人工费：元 145.40　人工：工日 1.077

续表

序号	页码	部位	误		正	
8	321	13-1-118	基价：元	195.60	基价：元	371.10
			人工费：元	136.62	人工费：元	312.12
			人工：工日	1.012	人工：工日	2.312

第十册　给排水、采暖、燃气工程

序号	页码	部位	误		正	
9	123	10-1-242	基价（元）	447.92	基价（元）	225.32
			材料费（元）	324.14	材料费（元）	101.54
			名称	单价	名称	单价
			材料：室内塑料给水管 电熔管件 DN40	43.10	材料：室内塑料给水管电熔管件 DN40	13.10
10	131	10-1-293	基价（元）	400.62	基价（元）	303.62
			材料费（元）	226.6	材料费（元）	129.60
			名称	单价	名称	单价
			材料：室内塑料雨水管 粘接管件 DN150	41.81	材料：室内塑料雨水管粘接管件 DN150	21.81
11	354	附录三（一）4	室外铸铁给水管管件数量取定表有误		更正为：4. 室外铸铁给水管管件	
	355	附录三（二）2	给水室内钢管（焊接）管件数量取定表有误		更正为：2. 给水室内钢管（焊接）管件	

4. 室外铸铁给水管管件

计量单位：个/10m

材料名称	公称直径（mm）									
	75	100	150	200	250	300	350	400	450	500
三通	0.32	0.32	0.30	0.30	0.30	0.29	0.28	0.28	0.28	0.27
弯头	0.44	0.44	0.42	0.40	0.36	0.34	0.32	0.30	0.28	0.28
接轮	0.20	0.20	0.18	0.18	0.16	0.16	0.14	0.14	0.12	0.12
异径管	0.11	0.11	0.11	0.10	0.10	0.09	0.09	0.09	0.09	0.09
合计	1.07	1.07	1.01	0.98	0.92	0.88	0.83	0.81	0.77	0.76

2. 给水室内钢管（焊接）管件

计量单位：个/10m

材料名称	公称直径（mm）												
	32	40	50	65	80	100	125	150	200	250	300	350	400
成品弯头	0.62	0.62	1.23	0.88	0.85	0.83	1.22	0.96	0.88	0.85	0.85	0.84	0.84
成品异径管	0.43	0.45	0.33	0.29	0.26	0.19	0.19	0.16	0.15	0.15	0.15	0.13	0.13
成品管件合计	1.05	1.07	1.56	1.17	1.11	1.02	1.41	1.12	1.03	1.00	1.00	0.97	0.97
煨制弯头	1.23	1.25	1.23	0.88	0.85	0.83	—	—	—	—	—	—	—
挖眼三通	1.91	1.86	1.85	1.92	1.92	1.56	1.00	0.76	0.64	0.63	0.62	0.62	0.62
制作异径管	0.85	0.89	0.33	0.29	0.26	0.19	—	—	—	—	—	—	—
制作管件合计	3.99	4.00	3.41	3.09	3.03	2.58	1.00	0.76	0.64	0.63	0.62	0.62	0.62

《浙江省建设工程计价依据（2018版）综合解释》（一）
（节选）

三、《浙江省通用安装工程预算定额》（2018版）

1. 室外环网柜箱式站（也称室外箱式高压柜）安装如何套用定额？

答：室外环网柜箱式站（也称室外箱式高压柜）安装参照 4-2-64 组合型成套箱式变电站安装的定额。

2. 二次精装修工程，在原粉刷层上进行砖墙开槽，套用管道暗配定额时，消耗量是否可以增加？

答：二次精装修工程，在原粉刷层上进行砖墙开槽，套用管道暗配定额时，其砖墙开槽增加费按照实际开槽的工程量，执行混凝土刨沟槽的相应定额，基价乘以系数 0.2。

3. 屋面避雷网暗敷如何套用定额？

答：屋面避雷网暗敷执行接地母线"沿砖混结构暗敷"定额。

4. 在预制叠合楼板（PC）上现浇混凝土内预埋电气配管如何套用定额？

答：在预制叠合楼板（PC）上现浇混凝土内预埋电气配管，执行相应电气配管砖混凝土结构暗配定额，人工乘以系数 1.30，其余不变。

5. 集水坑内的浮球液位控制器安装如何套用定额？

答：集水坑内的浮球液位控制器安装，执行 4-4-129 水位电气信号装置液位式安装定额，基价乘以系数 0.1。

6. 灯带驱动器、灯具应急电源如何套用定额？

答：灯带驱动器、灯具应急电源（灯具与应急电源分体供应时）安装，执行 4-13-248 霓虹灯安装中"电子变压器"安装的定额。

7. 楼宇亮化灯安装中灯具直径≤100mm 的立面点光源灯具如何套用定额？

答：楼宇亮化灯安装中，立面点光源灯灯具直径（mm）≤100，执行灯具直径（mm）≤150 的定额，基价乘以系数 0.6。

8. 埋地插座如何套用定额？

答：埋地插座执行带接地暗插座的相应定额，人工乘以系数 1.3。

9. 镀锌薄钢板风管（δ＝1.5mm 以内咬口）制作安装，如何套用定额？

答：镀锌薄钢板风管（δ＝1.5mm 以内咬口）制作安装执行镀锌薄钢板风管（δ＝1.2mm 以内咬口）制作安装相应定额，人工、机械乘以系数 1.1。

10. 沿建筑物、构筑物引下的避雷引下线计算长度时是否需要计算附加长度？

答：沿建筑物、构筑物引下的避雷引下线计算长度时，按设计图示水平和垂直规定长度 3.9% 计算附加长度（包括转弯、上下波动、避绕障碍物、搭接头等长度），当设计有规定时，按照设计规定计算。

附件 4

《浙江省建设工程计价依据（2018 版）综合解释及动态调整补充》（节选）

二、安装工程

（一）《浙江省通用安装工程预算定额》（2018 版）综合解释（二）

1. 截面大于 70mm² （3 芯及 3 芯以上）的铜或铜合金护套或波纹铜护套的矿物绝缘电缆如何套用定额？

答：截面 95mm² 以下（3 芯及 3 芯以上）的铜或铜合金护套或波纹铜护套的矿物绝缘电缆敷设，执行 35mm² 以下（3 芯及 3 芯以上）矿物绝缘电缆敷设定额，基价乘以系数 1.3，其电缆头制作安装执行 35mm² 以下多芯矿物绝缘电缆头制作安装的相应定额，基价乘以系数 1.3。

2. 充电桩安装如何套用定额？

答：根据安装方式执行第四册《电气设备安装工程》成套配电箱安装的相应定额。

3. 配电房内低压成套配电柜安装定额是否包括柜间母线的制作安装？

答：配电房内低压成套配电柜安装不包括柜间母线安装，柜间母线安装执行母线安装的相应定额。

4. 10kV 送配电装置系统调试中，如电缆采用交流耐压试验，定额应如何调整？

答：10kV 送配电装置系统调试，定额是按电缆直流耐压试验及泄露试验来考虑的。实际工程如电缆采用交流耐压试验，依据调试报告，执行 10kV 以下交流供电系统调试 4-14-13～4-14-15 的相应定额，机械乘以系数 1.5，其余不变。

5. 固定式挡烟垂壁定额 7-2-161，计量单位为 "m"，请明确定额中挡烟垂壁的高度？

答：定额中固定式挡烟垂壁高度按 500mm 考虑。

6. 成套轻便消防水龙箱安装，如何套用定额？

答：成套轻便消防水龙箱安装，执行第九册《消防工程》室内消火栓（单栓 DN65）相应定额，基价乘以系数 0.6。

7. 消防电源监控主机、电气火灾监控主机、防火门监控主机安装如何套用定额？

答：消防电源监控主机、电气火灾监控主机、防火门监控主机安装执行第九册《消防工程》9-4-27 "报警联动一体机安装" 64 点以下定额，基价乘以系数 0.5。

8. 给水系统中电子除垢仪安装如何套用定额？

答：电子除垢仪安装执行第十册水处理器安装的相应定额。

9. 在管井（封闭式管廊内）里安装风管，如何考虑人工降效？

答：在管井（封闭式管廊内）里安装风管，相应风管、阀门安装定额的人工乘以系数 1.20。

10. 螺纹水表组成安装（DN50 以内、DN80 以内、DN100 以内）如何套用定额？

答：螺纹水表组成安装（DN50 以内、DN80 以内、DN100 以内）执行 10B-2-1～10B-2-3 定额。

螺纹水表组成安装

工作内容：切管、套丝、水表、阀门安装、水压试验。　　　　　　计量单位：组

定额编号				10B-2-1	10B-2-2	10B-2-3
项目				公称直径（mm 以内）		
				50	80	100
基价				68.88	111.20	132.49
其中	人工费（元）			52.79	69.12	77.09
	材料费（元）			14.82	40.25	53.25
	机械费（元）			1.27	1.83	2.15
	名称	单位	单价（元）	消耗量		
人	二类人工	工日	135.00	0.391	0.512	0.571
材料	螺纹水表	只	—	(1.000)	(1.000)	(1.000)
	螺纹阀门	个	—	(1.010)	(1.010)	(1.010)
	镀锌活接头 DN50	个	13.09	1.010	—	—
	镀锌活接头 DN80	个	37.07	—	1.010	—
	镀锌活接头 DN100	个	49.24	—	—	1.010
	聚四氟乙烯生料带　宽20mm	m	0.29	4.280	6.640	8.120
	机油综合	kg	2.91	0.021	0.032	0.040
	水	m³	4.27	0.001	0.001	0.001
	其他材料费	元	1.00	0.290	0.790	1.040
机械	管子切断套丝机 159mm	台班	21.59	0.038	0.064	0.079
	试压泵 3MPa	台班	18.64	0.024	0.024	0.024

（二）动态调整（一）

1.《浙江省通用安装工程预算定额》（2018 版）第十三册《通用项目和措施项目工程》第二章"措施项目工程"定额基价中，以"元"为单位的"周转性材料费""其他机械费"，消耗量乘以系数 1.07。

《浙江省通用安装工程概算定额》（2018 版）第六章措施项目工程定额基价中，以"元"为单位的"周转性材料费""其他机械费"，消耗量乘以系数 1.07。

2.《浙江省通用安装工程预算定额》（2018 版）第十三册《通用项目和措施项目工程》第一章"通用项目工程"中：一般管架制作安装项目（单件质量 100kg 以上），执行 13B-1-1～13B-1-2 定额。木垫式管架及弹簧式管架制作安装不再区分单件质量大小，执行 13-1-33～13-1-36 子目，其中安装人工消耗量均调整为 1.70 工日。原第十三册第一章"通用项目工程"工程量计算规则中第六条"管道支架制作安装项目，如单件质量大于 100kg 时，应执行本章设备支架制作、安装相应项目"废止。

管道支吊架制作、安装

工作内容：准备工作，切断，煨制，钻孔，组对，焊接，打洞，固定安装，堵洞。　　计量单位：100kg

定额编号			13B-1-1	13B-1-2
项目			一般管架（单件质量大于100kg）	
			制作	安装
基价			462.53	277.35
其中	人工费（元）		373.95	210.60
	材料费（元）		31.00	42.48
	机械费（元）		57.58	24.27
名称		单位	单价（元）	消耗量
人	二类人工	工日	135.00	2.77	1.56
材料	型钢综合	kg	—	(106)	—
	低碳钢焊条	kg	6.72	1.552	0.836
	氧气	m³	3.62	0.918	0.494
	乙炔气	kg	7.6	0.321	0.173
	尼龙砂轮片	片	17.24	0.504	0
	垫圈综合	kg	5.6	0.41	0.221
	六角螺栓	kg	8.75	—	0.847
	六角螺母	kg	10.43	—	0.38
	金属膨胀螺栓	10套	6.38	—	2.6
	其他材料费	元	1	3.82	4.56
机械	电焊机综合	台班	115	0.386	0.208
	立式钻床	台班	5.8	0.315	—
	砂轮切割机	台班	47.92	0.14	—
	普通车床	台班	71.33	0.056	—
	电焊条烘干箱	台班	16.84	0.039	0.021

《浙江省建设工程计价依据（2018 版）综合解释及动态调整补充（二）》（节选）

三、《浙江省通用安装工程预算定额》（2018 版）

（一）综合解释（三）

1. 排管外混凝土包封定额是否已经考虑了混凝土垫层？

答：定额中已综合考虑混凝土垫层，计算工程量时包封混凝土和混凝土垫层工程量合并一起计算。

2. 综合支架制作安装如何套用定额？

答：综合支架制作安装执行一般管架制作安装 13-1-31、13-1-32、13B-1-1、13B-1-2 的相应定额。

3. 镀锌薄钢板防排烟风管如采用防火板包覆，防火板安装如何套用定额？

答：风管防火板安装执行 12B-4-1 定额。其工程量按防火板的外表面积计算，以"m²"为计量单位。

防火板包覆（风管）

工作内容：运料、龙骨支架制作安装、下料、切割、安装、固定、密封、包角等

计量单位：10m²

定额编号				12B-4-1
项目				防火板安装（风管）
基价				383.31
其中	人工费（元）			364.5
	材料费（元）			16.25
	机械费（元）			2.56
	名称	单位	单价（元）	消耗量
人工	二类人工	工日	135	2.7
材料	防火板	m²	—	(11.600)
	镀锌钢板 δ1.0	kg	—	(4.1850)
	U 型成品轻钢龙骨	kg	—	(6.220)
	自攻螺丝 ST4.2	10 个	0.26	28.3
	砂轮片 φ100	片	4.31	0.48
	其他材料费	元	1	6.82
机械	砂轮切割机	台班	16	0.16

4. 电动挡烟垂壁安装如何套用定额？

答：电动挡烟垂壁安装执行固定式挡烟垂壁安装定额，人工乘以系数 1.3，工作内容包括挡烟垂壁、电动装置、五金配件安装。其电气部分的安装执行第四册《电气设备安装工程》的相应定额。

5. 楼宇亮化工程中的立面点光源灯带（线槽式）安装执行 4B-13-1 定额子目。一体化线条灯（洗墙灯）安装执行 4-13-286 定额子目。

立面点光源灯带（线槽式）安装

工作内容：开箱清点、测定划线、打眼埋螺栓、线槽安装、灯具拼装固定、焊接包头等

计量单位：10m

定额编号				4B-13-1
项目				立面点光源灯带（线槽式）
基价				401.74
其中	人工费（元）			337.5
	材料费（元）			64.24
	机械费（元）			0
	名称	单位	单价（元）	消耗量
人工	二类人工	工日	135	2.5
材料	成套灯具	m	—	(10.1)
	铜芯塑料绝缘线 BV2.5	m	1.29	4.58
	镀锌膨胀螺栓带 2 螺母 2 垫圈 M10	套	1.72	32.64
	冲击钻头 φ12	个	4.48	0.19
	其他材料费	元	1	1.34

（二）动态调整（二）

1.《浙江省通用安装工程预算定额》（2018 版）第四册《电气设备安装工程》第八章"电缆敷设工程"章说明第二点第 20 条说明调整如下：

本章矿物绝缘电缆敷设定额适用于铜或铜合金护套的矿物绝缘电缆；截面 70mm² 以下（3 芯及 3 芯以上）的铜或铜合金护套的矿物绝缘电缆敷设，执行 35mm² 以下（3 芯及 3 芯以上）的矿物绝缘电缆敷设定额，基价乘以系数 1.2，其电缆头制作安装执行 35mm² 以下矿物绝缘电缆头制作安装的相应定额。

波纹铜护套的矿物绝缘电缆执行铜芯电力电缆敷设的相应定额，人工乘以系数 1.3，其电缆头制作安装执行铜芯电力电缆头制作安装的相应定额。

其他护套的矿物绝缘电缆执行铜芯电力电缆敷设的相应定额，人工乘以系数 1.1，其电缆头制作安装执行铜芯电力电缆头制作安装的相应定额。

原浙建站计〔2020〕11 号文第二部分安装工程综合解释（二）第 1 条废止。

2.《浙江省通用安装工程预算定额》（2018 版）第十三册《通用项目和措施项目工程》第二章"措施项目工程"定额基价中，以"元"为单位的"周转性材料费""其他机械费"，消耗量乘以系数 1.1。

原浙建站计〔2020〕11 号文第二部分安装工程动态调整（一）第 1 条废止。

四、《浙江省通用安装工程概算定额》（2018 版）

（一）动态调整（二）

1.《浙江省通用安装工程概算定额》（2018 版）第二章第四节"电缆工程"说明第二点第 12 条说明调整如下：

矿物绝缘电缆敷设定额适用于铜或铜合金护套的矿物绝缘电缆。

波纹铜护套的矿物绝缘电缆执行铜芯电力电缆敷设的相应定额，人工乘以系数1.3，其电缆头制作安装执行户内电力电缆终端头制作安装（1kV）的定额子目。

其他护套的矿物绝缘电缆执行电力电缆敷设的相应定额，人工乘以系数1.1，其电缆头制作安装执行户内电力电缆终端头制作安装（1kV）的定额子目。

2.《浙江省通用安装工程概算定额》（2018版）第六章《通用项目和措施项目工程》第二节"措施项目工程"定额基价中，以"元"为单位的"周转性材料费""其他机械费"，消耗量乘以系数1.1。

原浙建站计〔2020〕11号文第二部分安装工程动态调整（一）第1条废止。

附件 6

关于增值税调整后我省建设工程计价依据增值
税税率及有关计价调整的通知

各设区市建委（建设局）：

根据《住房和城乡建设部办公厅关于重新调整建设工程计价依据增值税税率的通知》（建办标〔2019〕193 号）和《财政部税务总局海关总署关于深化增值税改革有关政策的公告》（财政部税务总局海关总署公告 2019 年第 39 号）要求，现对《浙江省建设工程计价依据》（2018 版）中的增值税税率及有关计价作如下调整：

一、计算增值税销项税额时，增值税税率由 10％调整为 9％。

二、使用 2018 版计价依据编制招标控制价时，取费基数保持不变（机械费不调整）。按一般计税法要求计算税金时，定额基期有关价格要素中扣除进项税额后的价格（费）调整如下：

1. 各专业工程定额中以"元"为单位出现的其他材料费、摊销材料费、其他机械费等乘以调整系数 1.02。

2. 施工机械台班单价在扣除机上人工费和燃料动力费后乘以调整系数 1.02。

3. 目前尚未发布信息价的材料按基期价格统一乘以调整系数 1.02。

三、综合考虑市场各种因素，建设工程施工取费中的其他费率不作调整。

四、本通知自 2019 年 4 月 1 日起执行。

浙江省住房和城乡建设厅

2019 年 3 月 27 日

附件 7

浙江省关于印发新冠肺炎疫情防控期间有关
建设工程计价指导意见的通知

浙建站定〔2020〕5 号

各市造价管理机构，义乌市造价站：

为深入贯彻习近平总书记关于坚决打赢新冠肺炎疫情防控阻击战的重要指示精神，确保建设工程项目顺利实施，维护发承包双方合法利益，最大程度减少疫情对建设工程造成的不良影响，根据省委、省政府《关于坚决打赢新冠肺炎疫情防控阻击战全力稳企业稳经济稳发展的若干意见》和省住房和城乡建设厅《关于全力做好疫情防控支持企业发展的通知》等文件精神，现就新冠肺炎疫情防控期间有关建设工程计价的指导意见通知如下：

一、工期调整事项

1. 合理顺延工期。发承包双方可依法适用不可抗力有关规定，妥善处理因疫情防控产生的工期延误风险，根据实际情况合理顺延工期。

二、费用调整事项

2. 疫情防控专项费用。因疫情防控期间复（开）工增加的防疫管理（宣传教育、体温检测、现场消毒、疫情排查和统计上报等）、防疫物资（口罩、护目镜、手套、体温检测器、消毒设备及材料等）等费用，经签证可在工程造价中单列疫情防控专项经费，并按照每人每天 40 元的标准计取。该费用只计取增值税。发承包双方应做好施工现场人员名单的登记和签证工作。

对于复（开）工人员按疫情防控要求需要隔离观察的，在隔离期间发生的住宿费、伙食费、管理费等由发承包双方协商合理分担。

3. 停工损失费用。受疫情影响造成承包方停工损失，应根据合同约定执行；如合同没有约定或约定不明的，双方应基于合同计价模式、风险承担范围、损失大小、采取的应急措施等因素，合理分担损失并签订补充协议。停工期间工程现场必须管理的费用由发包方承担；停工期间必要的大型施工机械停滞台班、周转材料等费用由发承包双方协商合理分担。

4. 施工降效费用。鼓励符合条件的项目抓紧复（开）工。疫情防控期间复（开）工项目完成的工作量可计取施工降效费用，该费用由发包方承担。承包方应确定施工降效的内容并编制施工降效费用预算报发包方审查。

5. 赶工措施费用。因疫情引起工期顺延，发包方要求赶工而增加的费用，依据《浙江省建设工程计价规则》（2018 版）8.4.5 款规定由发包方承担。承包方应配合发包方要求，及时确定赶工措施方案和相关费用预算报发包方审核。赶工措施方案和相关费用已经考虑施工降效因素的不再另行计取施工降效费用。

6. 要素价格上涨费用。因疫情防控导致人工、材料价格重大变化的，发承包双方应按合同约定的调整方式、风险幅度和风险范围执行。相应调整方式在合同中没有约定或约定不明确的，发承包双方可根据实际情况和情势变更，依据《浙江省建设工程计价规则》（2018 版）5.0.5 款规定"5％以内的人工和单项材料价格风险由承包方承担，超出部分由发包方承担"的原则合理分担风险，并签订补充协议。合同虽约定不调整的，考虑疫情影响，发承包双方可参照上述原则协商调整。

三、其他有关事项

7. 相关费用支付。因疫情防控增加的建设工程施工费用，经发包方确认后应与工程进度款同步支付。鼓励发承包双方协商提高工程款支付比例，可按不低于 85％比例支付。

8. 合理约定计价条款。对于即将招标投标或尚未签订合同的项目，发承包双方应充分考虑疫情对人工、材料、机械等计价要素和施工降效的影响，合理约定工程计价条款，避免签约后在合同履行过程中出现争议。

9. 做好造价信息服务。各市工程造价管理机构要加大人工、材料价格的采集、测算和调整频率，及时发布市场价格信息和价格预警，为合理确定和调整工程造价提供依据。

10. 开展价款结算争议调解。各市工程造价管理机构要积极开展工程价款结算争议调解工作，帮助工程参建各方依法妥善处置因疫情导致的工期延误、价格上涨等事项，及时化解工程争议和矛盾，推动建筑市场和谐稳定发展。

浙江省建设工程造价管理总站
浙江省标准设计站
2020 年 2 月 21 日

关于调整疫情防控专项费用计取标准的通知

（浙建站定〔2020〕8 号）

各市造价管理机构，义乌市造价站：

省住房和城乡建设厅《关于全力做好疫情防控支持企业发展的通知》（浙建办〔2020〕10 号）发布以后，对加强建筑业疫情防控和支持建筑业企业发挥了积极作用。随着我省疫情防控响应等级的调整，防疫物资供需矛盾的缓解，经报请省住房和城乡建设厅疫情防控办公室同意，对浙建办〔2020〕10 号中"疫情防控专项费用"的计取标准调整通知如下：

1. 从 2020 年 3 月 2 日至 3 月 22 日二级响应期间，疫情防控专项费用从原来的每人每天 40 元调整为每人每天 15 元。

2. 从 2020 年 3 月 23 日三级响应起，建筑工程施工项目因疫情防控产生的费用由发承包双方协商解决。

浙江省建设工程造价管理总站

浙江省标准设计站

2020 年 3 月 24 日

附件 9

省建设厅关于调整建筑工程安全文明施工费的通知

(浙建建发〔2022〕37 号)

各市建委（建设局）：

为进一步规范建筑工地安全文明管理水平，加强施工现场新冠疫情常态化防控管理和"智慧工地"建设，全面推进安全责任保险制度，根据住房和城乡建设部办公厅《关于印发房屋建筑和市政基础设施工程施工现场新冠肺炎疫情常态化防控工作指南的通知》（建办质函〔2020〕489 号）、浙江省住房和城乡建设厅《关于加快推进全省"智慧工地"建设的通知》（浙建质安发〔2019〕208 号）、《关于推进建筑施工领域安全生产责任保险制度的实施意见》（建建发〔2018〕348 号）、《浙江省应急管理厅关于进一步推进我省安全生产责任保险规范化工作的通知》（浙应急法规〔2020〕9 号）等，我厅委托省建设工程造价管理总站对我省 2018 版计价依据的有关安全文明施工费进行测算，决定调整相关费用计取规定。现将有关事项通知如下：

一、调整安全文明施工基本费组成及费率

安全文明施工基本费中增加疫情常态化防控和"智慧工地"增加费两项费用，安全文明施工基本费按照《浙江省建设工程计价规则（2018 版）》的费率乘以 1.15 系数。

1."智慧工地"增加费包括实名制信息采集及考勤设备、扬尘在线视频监测设备、远程高清视频监控设备、起重机械安全监控设备、软件和管理等增加的相关费用。

2.疫情常态化防控费用包括人员进出防护费、防护物资费、相关核酸检测费、宣传教育费、临时隔离设施费、防控人员费以及其他额外增加的内容，不包括疫情防控一、二级响应或被列为封控区、管控区、防范区后按照当地防疫要求发生的隔离、核酸检测、停工等费用。

二、明确安全生产责任险费用列支

建筑施工领域安全生产责任保险由相应的施工总承包企业以项目为单位进行参保，包括从业人员人身伤亡、第三者人身伤亡和第三者财产损失赔偿、事故抢险救援、医疗救护、事故鉴定、法律诉讼等费用。安全生产责任保险费用纳入企业管理费。

三、调整概算定额综合费率

建设单位在编制工程概算时，总价综合费用按照《浙江省建设工程计价规则》（2018 版）规定的费率乘以 1.04 系数。

本通知自 2022 年 4 月 1 日起执行。在建工程合同有约定的，按合同约定执行；合同没有明确约定的，2022 年 4 月 1 日以后发生的工程量可按本规定协商签订补充协议。

浙江省住房和城乡建设厅

2022 年 3 月 24 日

附件 10

《建设工程工程量计算规范（2013）浙江省补充规定》（节选）

一、通用部分

（一）建设工程工程量计算规范 2013（以下简称"计算规范"）中规定对于挖沟槽、基坑、一般土石方因工作面和放坡增加的工程量是否并入各土石方工程量中，应按各省、自治区、直辖市或行业建设主管部门的规定实施，我省在具体贯彻实施时，应按照计算规范有关规定，将因挖沟槽、基坑、一般土石方因工作面和放坡所增加的工程量并入各土石方工程量中计算。如各专业工程清单提供的工作面宽度和放坡系数与我省现行预算定额不一致，按定额有关规定执行。

（二）计算规范本次增补了技术措施项目清单，对于其工程量的计算，规定了"相应专项设计不具备时，可按暂估量计算"。我省在具体贯彻实施时结合本省实际情况，对于技术措施项目清单，工程数量可以计算或有专项设计的，必须按设计有关内容计算并提供工程数量；否则，对可由施工单位自行编制施工组织设计方案，且无需组织专家论证的，按以下原则处理：

1. 其工程数量在编制工程量清单时可为暂估量，并在编制说明中注明。办理结算时，按批准的施工组织设计方案计算；

2. 以"项"增补计量单位，由投标人根据施工组织设计方案自行报价。

二、《房屋建筑与装饰工程工程量计算规范》GB 50854—2013（略）

三、《通用安装工程工程量计算规范》GB 50856—2013

1. 根据我省实际，增补《通用安装工程工程量计算规范》GB 50856—2013 附录 N 措施项目表 N.1 专业措施项目（编码：031301），计量单位：项；

2. 增补《通用安装工程工程量计算规范》GB 50856—2013 浙江省补充项目。

序号	项目编码	项目名称	项目特征	计量单位	工程量计算规则	工作内容
1	Z030409012	利用卫生间底板钢筋网焊接	1. 名称 2. 材质 3. 规格 4. 安装形式	m	按设计图示卫生间周长以长度计算	利用卫生间底板钢筋网焊接
2	Z030502021	过路盒	1. 名称 2. 类别 3. 规格 4. 安装方式	个	按设计图示数量计算	开孔、安装壳体、连接处密封
3	Z030502022	屏蔽线缆（包含泄漏同轴电缆）	1. 名称 2. 规格 3. 线缆对数 4. 敷设方式	m	按设计图示数量计算	1. 敷设 2. 标记 3. 卡接或制作接头

续表

序号	项目编码	项目名称	项目特征	计量单位	工程量计算规则	工作内容
4	Z030503011	多表远传设备安装	1. 名称 2. 类别 3. 功能 4. 规格	个	按设计图示数量计算	1. 本体安装和连线 2. 单体测试
5	Z030503012	抄表采集系统安装	1. 名称 2. 类别 3. 功能 4. 规格	个	按设计图示数量计算	1. 本体安装和连线 2. 单体测试
6	Z030503013	多表远传中心管理系统	1. 名称 2. 类别 3. 功能	台/系统	按设计图示数量计算	整体调试
7	Z030508001	柴油发电机(组)及其附属设备安装	1. 名称 2. 类别 3. 规格	台(套)	按设计图示数量计算	1. 本体安装 2. 单体调试 3. 试运行
8	Z030508002	UPS不间断电源及附属设备安装	1. 名称 2. 类别 3. 规格	台(套)	按设计图示数量计算	1. 本体安装 2. 单体调试 3. 试运行
9	Z030508003	其他电源设备安装	1. 名称 2. 类别 3. 规格	台(套)	按设计图示数量计算	1. 本体安装 2. 单体调试 3. 试运行
10	Z030508004	信号避雷装置安装	1. 名称 2. 功能 3. 安装位置	个	按设计图示数量计算	1. 本体安装 2. 单体调试
11	Z030509001	家居控制设备安装	1. 名称 2. 规格 3. 类别 4. 程式 5. 通道数	台(套)	按设计图示数量计算	1. 本体安装 2. 单体调试
12	Z030509002	家居智能化系统设备调试	1. 名称 2. 规格 3. 类别	台(套)	按设计图示数量计算	单体调试
13	Z030509003	小区智能化系统设备调试	1. 名称 2. 规格 3. 类别	系统	按设计图示数量计算	联体调试
14	Z030509004	小区智能化系统设备试运行	1. 名称 2. 规格 3. 类别	系统	按设计图示数量计算	全区试运行

续表

序号	项目编码	项目名称	项目特征	计量单位	工程量计算规则	工作内容
15	Z030904018	机箱（柜）	1. 名称 2. 规格 3. 类型	台	按设计图示数量计算	安装
16	Z031003018	沟槽式法兰阀门	1. 类型 2. 材质 3. 规格、压力等级 4. 连接形式	个	按设计图示数量计算	1. 阀门安装 2. 沟槽法兰安装
17	Z031003019	喷泉设备	1. 名称 2. 材质 3. 规格、压力等级 4. 连接形式	个	按设计图示数量计算	安装
18	Z031003020	水表箱	1. 材质 2. 规格 3. 安装部位	个	按设计图示数量计算	1. 箱体安装 2. 墙体修凿
19	Z031004020	容积式热交换器	1. 类型 2. 型号、规格 3. 安装部位	台	按设计图示数量计算	安装
20	Z031301019	超高增加费	操作物高度	项	按相关规定计算	操作物高度超过规定高度时所发生的人工降效费用
21	Z031301020	机械设备安装措施费	—	项	按相关规定计算	金属桅杆及人字架等一般起重机具的摊销

附件 11

《建设工程工程量清单计算规范（2013）浙江省补充规定（二）》（节选）

（一）通用部分

园林绿化和仿古建筑工程工程量计算规范浙江省补充规定中，补充了措施项目及其清单编码，其他专业工程如何处理？

答：其他专业措施项目的浙江省补充内容如下：

项目名称	工作内容及包含范围	清单专业工程		
		房建工程	安装工程	市政工程
提前竣工措施	因缩短工期要求增加的施工措施，包括夜间施工、周转材料加大投入量等	Z011109008	Z031302008	Z041109008
工程定位复测	工程施工过程中进行全部施工测量放线和复测	Z011109009	Z031302009	Z041109009
特殊地区施工增加措施	工程在沙漠或其边缘地区、高海拔、高寒、原始森林等特殊地区施工增加的措施	Z011109010	—	Z041109010
优质工程增加措施	施工企业在生产合格建筑产品的基础上，为生产优质工程而增加的措施	Z011109011	Z031302010	Z041109011

《浙江省建设工程计价依据（2018 版）综合解释及动态调整补充（三）》（节选）

一、《浙江省建设工程计价规则》（2018 版）

（一）综合解释（二）

1. 装配整体式混凝土结构工程，计算企业管理费等费用调整系数的 PC 率（预制装配率）如何确定？

答：PC 率（预制装配率）按《工业化建筑评价导则》2016 版规定确定，PC 率（预制装配率）$K_预 = \dfrac{V_预 + V_叠}{V_总}$，其中：$V_预$—预制构件混凝土体积，$V_叠$—叠合构件现浇混凝土体积；$V_总$—±0.000 以上（不含±0.000）混凝土总体积。

2. 标化工地增加费招标投标阶段是以暂列金额计入，竣工结算时如何计算？

答：创标化工地要求和标化工地增加费计取标准应在招标文件和施工合同中明确约定，未明确约定的，可按计价规则规定，以实际完成应予计量的分部分项工程费与施工技术措施项目费的"定额人工费＋定额机械费"乘以标化工地增加费相应费率计算。

（二）动态调整（一）

序号	页码	条款号	原规定	调整后
1	42	5.0.6 第 3 款	工程延误开工：发承包双方签订施工合同后，发包人由于征地拆迁、设计调整等原因导致延期开工的，遇到人工、材料、机械价格大幅上涨或下跌，发承包双方在复工前可按以下办法调整合同价格，并签订补充协议：按照实际开工月份对应的信息价与基准价格计算工程的人工、材料、机械的价差，在投标报价基础上调整相应的合同（含税金），调整的价款与工程进度款同期支付，工程结算时以开工前 28 天对应月份的信息价作为基准价格，根据合同约定的风险幅度计算价差	工程延误开工：发承包双方签订施工合同后，发包人由于征地拆迁、规划调整等原因导致延期开工的，遇到人工、材料、机械价格大幅上涨或下跌，发承包双方在复工前可按以下办法调整合同价格，并签订补充协议：按照实际开工月份对应的信息价与基准价格计算工程的人工、材料、机械的价差，在投标报价基础上调整相应的合同（含税金），调整的价款与工程进度款同期支付，工程结算时以实际开工月份对应的信息价作为基准价格，根据合同约定的风险幅度计算价差
2	49	8.3.2 第 1 款	法律、法规、规章和政策发生变化，导致工程安全文明施工基本费、规费、税金调整的，应按规定调整合同价款	法律、法规、规章变化，以及安全文明施工基本费、规费、税金等政策调整，导致费用变化的，应按相关规定调整合同价款

......

四、《浙江省通用安装工程预算定额》（2018 版）

（一）综合解释（四）

1. 火灾监测系统中电流互感器安装如何套用定额？

答：火灾监测系统中电流互感器安装执行 4-4-121 辅助电流（电压）互感器安装定额子目。

2. 32 路硬盘录像机安装如何套用？

答：32 路硬盘录像机安装执行 5B-1-1 定额。

1. 数字硬盘录像机、磁盘阵列机、光盘库安装、调试

工作内容：开箱检查、接线、接地、本体安装调试、网络调试等

计量单位：台

定额编号			5B-1-1
项目			录像设备
			32 路硬盘录像机
基价（元）			277.04
其中	人工费（元）		275.54
	材料费（元）		1.50
	机械费（元）		—
名称		单位	单价（元）	消耗量
人工	二类人工	工日	135	2.041
材料	电视监控设备	台	—	(1.000)
	其他材料费	元	1	1.5

3. 5-5-13 至 5-5-30 调音台定额子目中"4+2/2、6+2/2、8+4/2、8+2/2/2"等型号规格，分别代表什么含义？

答：调音台型号规格说明：

"单声道输入路数＋立体声输入路数/编组输出路数/主输出路数"如没有"＋"，表示只有单声道输入路数，无立体声输入路数。只有一个"/"，表示只有主输出路数，无编组输出路数。

4. 5-8-25 至 5-8-28 "小区家居智能系统调试（户）"定额子目的计量单位"系统"代表的含义是什么？

答：该定额子目的计量单位"系统"是以一户为一个系统。

5. 双面彩钢复合风管制作、安装（法兰连接）如何套用定额？

答：双面彩钢复合风管制作、安装（法兰连接）执行 7B-2-1～7B-2-5 定额。

双面彩钢复合风管制作、安装（法兰连接）

工作内容：绘制、切割、粘接、法兰安装、风管加固、固定成品保护、搬运组装、支吊架制作安装、风管吊装

计量单位：10m²

定额编号				7B-2-1	7B-2-2	7B-2-3	7B-2-4	7B-2-5
项目				双面彩钢复合矩形风管 长边长（mm）				
				≤300	≤630	≤1000	≤2000	＞2000
基价（元）				559.17	489.72	448.96	392.30	363.44
其中	人工费（元）			362.48	328.86	304.16	263.39	239.36
	材料费（元）			121.09	96.71	92.14	87.70	82.90
	机械费（元）			75.60	64.15	52.66	41.21	41.18
名称		单位	单价（元）	消耗量				
人工	二类人工	工日	135.00	2.685	2.436	2.253	1.951	1.773
材料	复合风管板材	m²	—	(10.800)	(10.800)	(10.800)	(10.800)	(10.800)
	风管专用法兰	m	—	(16.800)	(16.800)	(16.800)	(16.800)	(16.800)
	风管专用胶水	kg	12.930	0.720	0.680	0.650	0.620	0.580
	金属膨胀螺栓 M8	套	0.310	7.500	5.000	—	—	—
	金属膨胀螺栓 M10	套	0.480	—	—	3.800	3.000	2.500
	镀锌六角带帽螺栓 M8×14-75	套	2.490	6.150	4.000	—	—	—
	镀锌六角带帽螺栓 M10×14-70	套	4.640	—	—	3.200	2.500	1.778
	角钢 Q235B 综合	kg	3.970	7.266	7.990	8.800	9.670	10.630
	热轧光圆钢筋 综合	kg	3.970	15.188	9.872	6.580	5.480	4.220
	其他材料费	元	1.000	5.000	5.500	6.000	6.500	7.000
机械	开槽机	台班	229.000	0.300	0.250	0.200	0.150	0.150
	弧焊机 综合	台班	66.690	0.100	0.100	0.100	0.100	0.100
	台式钻床 16mm	台班	3.900	0.060	0.060	0.050	0.050	0.040

（二）动态调整（三）

序号	页码	部位	原项目	调整后
1	第四册 174	4-8-95	机械：载货汽车 5t 台班 382.30 0.07 载货汽车 10t 台班 709.76 0.08 机械费 91.74；基价 795.84	机械：载货汽车 5t 台班 382.30 0.14 载货汽车 10t 台班 709.76 0.16 机械费 175.28；基价 879.38
2	第五册 127	5-6-146	人工：二类人工 工日 135.00 0.011； 人工费 1.49；基价 1.49	人工：二类人工 工日 135.00 0.05； 人工费 6.75；基价 6.75
		5-6-148	人工：二类人工 工日 135.00 0.011； 人工费 1.49；基价 1.49	人工：二类人工 工日 135.00 0.011； 人工费 6.75；基价 6.75

附件 13

浙江省住房和城乡建设厅关于发挥标准造价作用助推
建筑业做优做强的指导意见

浙建建〔2023〕7 号

各市、县（区、市）建委（建设局）、招投标行政监督部门：

根据《浙江省人民政府办公厅关于进一步支持建筑业做优做强的若干意见》（浙政办发〔2022〕47 号）要求，为进一步规范我省建设工程招标投标和工程计价市场行为，深化工程建设标准、造价和招投标改革，维护发承包双方合法权益，现就发挥标准造价作用助推建筑业做优做强提出以下指导意见。

一、持续强化工程标准引领

1. 完善工程标准体系。充分发挥工程建设标准全局性、系统性、前瞻性引领作用，重点对碳达峰碳中和、绿色建筑、新型建筑工业化、智慧城市、海绵城市、智能建造等领域的标准研究制定给予立项倾斜和技术指导。推进以标准为核心的技术基础建设，统筹做好工程建设标准制定的科学决策、组织实施和监督管理工作，积极发挥标准化专家委员会智库作用，提高工程建设标准技术水准，巩固提升建筑品质和工程质量。

2. 提升标准创新先进性。分类实施、多源拓展工程建设标准编制工作，适度提高涉及安全、质量、性能、健康、节能等方面的标准指标要求，鼓励协会、学会和企业开展编制具有创新性、竞争性的高水平团体标准和更先进、可操作、可持续的企业标准。加强标准编前研究、编中指导、编后落实等全过程管理，推动标准贯彻、实施、出成效。

3. 拓宽科技成果转化渠道。推进建设领域科技创新能力和绿色低碳技术的推广应用，发布《浙江省建设领域"十四五"重点推广应用新技术和淘汰、限制使用技术目录》。拓宽科技创新成果向标准转化渠道，让行之有效的新技术、新工艺、新材料、新设备在工程建设中得到固化、推广、应用和见效。探索研究科技创新与科技推广有机融合，促进创新链与产业链精准对接。

二、着力规范招标投标行为

4. 建立造价风险预警机制。各地招标投标行政监督部门加强招标项目造价风险预警工作，定期测算、公布不同类型工程项目的风险警戒值，引导招标人在招标文件中设置专门条款明确招标风险控制价，根据最高投标限价、投标报价和风险控制价，确定评标基准价，防止投标人恶意竞价、低价抢标。

5. 规范招标文件编制。各地招标投标行政监督部门要加强对招标人指导，依据全省统一的示范文本依法合理编制招标文件，防止招标文件中出现"包括但不限于的风险范围""只减不增、只罚不奖"等将风险无限转嫁给投标人的不合理条款。各地招标投标行政监督部门加强招标文件备案审查工作，持续营造公开、公平、公正的市场竞争环境。加强施工合同数字化管理，推行建设工程施工合同网签，规范发承包双方合同签订和履行行为，保护各方主体的合法权益。

6. 科学研判投标报价。招标人组织评标专家对投标人的综合单价进行评审，保证中标价科学合理。中标价如出现《浙江省建设工程计价规则》（2018 版）（以下简称《2018 版计价规则》）所列的异常报价情形，发包人可与承包方协商确定合理单价，并在合同中明确约定。协商确定的单价仅用于工程量调整和变更后综合单价的确定。

三、合理分摊工程风险费用

7. 明确风险分摊约定比例。工程建设要素价格市场风险由发承包双方合理分摊。合同工期在 6 个月以上的工程项目，在合同中约定人工、材料要素价格的风险幅度和范围；合同工期在 18 个月以上的工程项目，人工、材料要素价格的风险幅度可约定在 3% 以内。合同工期在 6 个月以上的建设工程可采用形象进度分段调整或者按月动态调整，原则上不采用整体工程一次性结算方式。

建设工程实施过程中，为落实当地新冠疫情防控要求发生的人员隔离、停工损失，发承包双方按照不可抗力的原则合理分摊，一般承包方承担不超过 50% 的费用，合同有明确约定除外。

8. 明确价格调差范围原则。发包人在招标文件中明确占工程材料费比重较大的材料和人工动态调整价差，调差范围可参照省市造价管理机构发布的市场信息价，原则上包括人工、金属材料、水泥、砖瓦、灰、砂石及混凝土制品、玻璃及玻璃制品、管材类、电线电缆及光纤光缆、电气线路敷设材料、水、电、燃料动力材料等。未发布市场信息价或者约定品牌要求的材料，可参照同类产品信息价的波动幅度约定调差原则。

9. 调整优质工程增加费。对《2018 版计价规则》各专业工程的优质工程增加费费率适当调整（详见下表），发包人有优质工程的要求，在编制招标控制价时按暂列金额的方式计列优质工程增加费，作为创优工程成本费用补偿，同时发承包双方可在合同中另行约定对等的奖罚条款。

奖项等级	优质工程增加费费率	最高额度
国家级优质工程 （鲁班奖、詹天佑奖、国家优质工程奖）	税前造价 1.6% 计取	不超过 1000 万元
省级优质工程	税前造价 1.0% 计取	不超过 500 万元
设区市级优质工程	税前造价 0.6% 计取	不超过 200 万元
县（市、区）级 优质工程	税前造价 0.3% 计取	不超过 100 万元

合同没有约定优质工程要求，实际获得优质工程奖的，可按照实际获奖等级相应费率标准 50% 计取优质工程增加费，并签订补充协议；合同有约定优质工程要求，但实际获奖等级低于合同约定等级的，可按照实际获奖等级相应费率标准 75%～100% 计取优质工程增加费（合同没有优质工程奖罚约定的，按照下限计取）；实际获奖等级高于合同约定等级的，可按照实际获奖等级相应费率标准 75%

计取优质工程增加费。

四、积极推行工程快速结算

10. 保障工程价款支付比例。政府投资和国有投资工程项目带头做好合同履约、价款支付示范，按照合同约定及时支付工程预付款、进度款和结算款。工程预付款的支付比例原则上不低于扣除暂列金额后签约合同价的 10%，其中工资性预付款比例不低于合同价 1%，工程预付款不包括需单独支付的安全文明施工费。对跨年度的重大工程项目，可按年度工程计划逐年预付。政府投资项目工程进度款支付比例不低于已完成工程价款的 85%，经发承包双方确认的变更调整和要素价格动态调差，与工程款同期同比例支付。

11. 推行无争议价款先支付。政府投资和国有投资的工程项目推行施工过程结算和无争议部分先付的竣工结算。建设单位与施工单位在施工合同中约定结算审核期限，超过期限未办结的，按照合同约定及时支付无争议部分的工程价款。造价咨询企业应积极配合发承包双方按时完成结算审核工作，不得无故拖延。对有争议部分的结算价款应按照合同约定及时协商沟通，协商不成的可向项目属地工程造价管理机构申请争议调解。

12. 完善信用评价体系建设。健全完善工程造价咨询企业、招标代理机构及执（从）业人员的信用评价体系，鼓励政府投资和国有投资的工程项目委托信用等级较好的招标代理机构和造价咨询企业开展咨询服务。支持工程造价咨询企业参与全过程工程咨询业务，充分发挥项目全生命周期造价服务的优势，不断深化工程咨询领域结构性改革。

各地建设主管部门、招标投标行政监督部门统筹协调工程标准、科技推广、招标投标、工程计价、信息发布、纠纷调解等方面工作，强化部门联动、协同机制，提升系统化、数字化管理能力，切实解决标准造价行业堵点痛点问题，全力助推我省建筑业高质量发展。

浙江省住房和城乡建设厅
2023 年 2 月 3 日

参 考 文 献

[1] 中华人民共和国住房和城乡建设部．建设工程工程量清单计价规范：GB 50500—2013[S]. 北京：中国计划出版社，2013.

[2] 中华人民共和国住房和城乡建设部．通用安装工程工程量计算规范：GB 50856—2013[S]. 北京：中国计划出版社，2013.

[3] 浙江省建设工程造价管理总站．浙江省通用安装工程预算定额（2018 版）[S]．北京：中国 计划出版社，2018.

[4] 浙江省建设工程造价管理总站．浙江省建设工程计价规则（2018 版）[S]．北京：中国计划 出版社，2018.

[5] 浙江省建设工程造价管理总站．浙江省通用安装工程概算定额（2018 版）[S]．北京：中国 计划出版社，2020.

[6] 中国建设工程造价管理协会．建设项目设计概算编审规程：CECA/GC 2—2015[S]．北京： 中国计划出版社，2016.

[7] 中国建设工程造价管理协会．建设工程招标控制价编审规程：CECA/GC 6—2011[S]．北 京：中国计划出版社，2011.

[8] 中国建设工程造价管理协会．建设项目施工图预算编审规程：CECA/GC 5—2010[S]．北 京：中国计划出版社，2010.

[9] 中国建设工程造价管理协会．建设项目工程结算编审规程：CECA/GC 3—2010[S]．北京： 中国计划出版社，2010.

[10] 全国造价工程师执业资格考试培训教材编审委员会．建设工程技术与计量（安装工程） [M]．北京：中国计划出版社，2021.

[11] 全国造价工程师执业资格考试培训教材编审委员会．建设工程计价[M]．北京：中国计划 出版社，2021.

[12] 苗月季．建设工程计量与计价实务（安装工程）[M]．北京：中国计划出版社，2019.

[13] 彭蓉．安装工程计量与计价[M]．哈尔滨：哈尔滨工业大学出版社，2014.

[14] 全国一级建造师执业资格考试用书编写委员会．机电工程管理与实务[M]．北京：中国建 筑工业出版社，2018.